U0450735

政治心理学经典译丛·编委会

编委（以姓氏拼音为序）

陈定定 丛日云 冯惠云 韩冬临 韩召颖 贺 凯 胡 勇 季乃礼 林民旺
刘 伟 刘训练 蒲晓宇 乔 木 尚会鹏 石之瑜 谈火生 唐世平 王 栋
王二平 王丽萍 王正绪 魏万磊 萧延中 谢 韬 熊易寒 尹继武 张传杰
张警吁 张清敏 郑剑虹 郑建君

主编 尹继武

| 政治心理学经典译丛

人格与政治　实证、推论与概念化指南

〖美〗弗雷德·I. 格林斯坦（Fred I. Greenstein）著　景晓强 译

Personality and Politics
Problems of Evidence, Inference, and Conceptualization

中央编译出版社
Central Compilation & Translation Press

译丛总序

这是一个智慧的年代，一位先哲如是说。起初，智慧或许只是一丝火花，飘落于人的头脑中。那些飘落在茫茫脑海中的智慧之花，只有少数是幸运的，它们在智者的敏锐捕捉下，经叙事和言说，流传于世。于是，思想的世界才有了经典。政治心理学，作为一门系统的学科，至今不过百余年，论时间，论影响，自然难以与传统人文学科并肩。所以，何谓政治心理学的经典，何以成为经典，自然成为知识叙述时不可回避的问题。

虽然政治心理学晚近才得以兴起、发展与繁荣，但我们看到，借助于心理学学科的迅速发展，同时在波澜壮阔的政治形势推动下，政治心理学的研究，产生了广泛的学术和社会影响。任何思想的盛宴，均不可脱离盛宴的主人而空谈。同理，政治心理学的奠基和发展，也离不开一批先哲，正是他们的拓荒与耕耘，才有了今日学科发展的繁荣。回首历史，我们应时刻铭记于心的是，那些思想前辈，在早先的学术研究条件下，生产了一批哺育后来者的经典著作。在学科发展史上铺下一块块砖石的前辈们，烙下了不同时代、研究阶段的特征。或汲取当时的心理学理论营养，或专注于问题领域研究，或从案例分析中归纳规律，或偏重于定性分析，或诉诸心理学实验或定量技术。凡此种种，他们对政治心理学的拓展性贡献，他们所提供的智慧和思想，使后人受益无穷。

从华莱士第一次试图从人性的角度来分析政治非理性，到两次世界大战之间拉斯韦尔在美国对政治心理学的开山贡献，政治心理学学科初现雏形。那时候，精神分析学说成为主流的理论营养，这也滋养了几位杰出的后来者，比如乔治夫妇和埃里克森等人。随后，心理学中认知革命兴起，政治心理学全面走向了认知路径。围绕选举政治、政治态度以及外交决策等方面的研究，均是乘认知革命之东风，成为战后政治心理学的主流。同时，社会心理学也开始发挥影响，造就了一批研究群体政治心理的经典之作。最新、也是最为前沿的政治心理学，可能更多向情感和情绪研究回归，以及在研究方法上进一步向实验技术迈进。

说实话，要从形形色色的研究中，挑选出政治心理学的经典之作，亦非易事。幸运的是，我们基于若干种标准，经过反复斟酌，多方咨询，细致盘点了政治心理学学科发展中的重要著作，陆续挑选了一些名家名作。这种选择，要么基于选择对学科发展产生巨大影响和推动的先哲及其著作，要么基于选择能够全面反映政治心理学经典以及进展的著述，同时也不排斥新锐的力作，尽管其努力尚须时间证明。由于政治心理学的学科交叉性，我想，对于何谓经典或许见仁见智，但我们所选择的著作，虽不敢称之为巨著，但大多是不同研究路径的里程碑著作，或是学科发展史上的扛鼎之作，或是学科知识谱系的典范，或是引领前沿的新著。我们意在为海内外学界，呈现一幅骨肉鲜明的政治心理学知识图谱。

理论是灰色的，生命之树常青；理论是解释过去的，而现实给我们带来希望。100年来，政治世界已是天翻地覆。10年前，我们难以想象20年之后的政治世界。经典的著作，是对于当下时代和社会最为重要问题的回答。时过境迁，时代的发展，产生了新的问题，也对人的思想产生了新的冲击。经典的著作，不在于对细枝末节的精雕细琢，而在于对人性与政治关系的永恒解读。技术的变迁，可以改变世界，改变宇宙，但是，它改变不了人性，也改变不了政治。所以，经典的政治心理学著作，一定是围绕人性与政治这个永恒的话题，展开自己的叙述和解释。唯有如此，经典才能传承，经典才能感受。思想家之深刻，就在于对人性的深邃洞察，当然，心理学方法的突飞猛进，为我们更为客观、全面以及深刻地认识自己，明白政治世界，提供了更为有效的技术保障。

认识自己，理解世界，这是一个永恒的主题。政治心理学的经典之作，能够给我们提供别具一格的思想启迪。相信本套译丛的出版，对于我们架构完整的政治心理学学科谱系，更好地理解政治世界中的人性，能够贡献绵薄之力。政治心理学的本土化，是一项长期的工程，我们也希冀为此提供一个良好的知识基础。当然，译作之中可能存在的纰漏及不当之处，还望读者不吝批评指正。

尹继武　谨识

致　谢

研究人格和政治这么长的时间，我获得的帮助不计其数，我一直满怀感恩，生怕有所疏漏。在酝酿写作本书的过程中，通过研讨会或者讲座中的交流，许多人对我的研究工作以及初稿提出过宝贵建议。在此恕我没能一一列出这些早期帮助过我的朋友的姓名，但是他们对我的帮助我将永远铭记在心。征得出版方的同意，本书中的部分内容选自以下我曾经公开发表的论文。

第一章："The Need for Systematic Inquiry into Personality and Politics: Introduction and Overview," *Journal of Social Issues*, (1968), 1 - 14。

第二章："The Impact of Personality on Politics: An Attempt to Clear Away Underbrush," *American Political Science Review*, 61 (1967), 629 - 41。

第三章："Art and Science in the Political Life History: A Review of Davies's Private Politics," *the Journal of the Australasian Political Studies Association*, 2 (1967), 176 - 80。

第四章和第五章："Personality and Political Socialization: the Theory of Authoritarian and Democratic Character," *Annals of the American Academy of Political and Social Science*, 361 (1965), 81 - 95。

全书的所有章节："Personality and Politics: Problems of Evidence, Inference, and Conceptualization," *American Behavioral Scientist*, 11: 2 (1967), 38 - 53; Seymour Martin Lipset, ed., *Politics and the Social Sciences*, New York: Oxford University Press, 1969, 163 - 206。

对于这些早期发表的论文，我结合读者们的反馈情况，以及自己后来的思考，适应著作出版的要求，进行了深入修改，才收录到本书中。当然，如今呈现在大家面前的研究成果，不是上述研究简单组合形成的论文集。第一章、第三章和第五章包含了很多以前从来没有发表过的内容，第六章也是全新的。

我很早就对人格与政治话题感兴趣，然而到了耶鲁大学研究生院学习时，我的这一兴趣才朝向更加规范的学术研究方向发展。非常幸运的是，在耶鲁大学研究生院期间，我参加了政治心理学界的三位泰斗级专家开设的研讨班，他们分别是：罗伯特·E. 莱恩（Robert E. Lane）、哈罗德·D. 拉斯韦尔（Harold D. Lasswell），以及南希·莱茨（Nathan Leites）。后来，我在耶鲁大学、卫斯理安大学和埃塞克斯大学开设的"人格与政治学"研讨班，成为磨砺我学术观点的主要平台。研讨形式起初只是对相关研究文献的漫谈式讨论，渐渐地又变成我个人比较系统的阐释讲授。这两种研习模式的改变发生在1964到1965年间，此时幸运再次光临我，我成为行为科学高级研修中心（The Center for Advanced Study in the Behavior Science）的研究员。在此我结识了该研究领域的许多著名学者，其中必须提到的一位是M. 布鲁斯特·史密斯（M. Brewster Smith）。我对他的感谢绝对不止于因为在第27页（中文译文第25页）引用了他的观点来组织我的论证，更在于这本书几易其稿，史密斯不但非常耐心地看过每一次的修改稿，而且还做出了极其中肯的评论，我非常珍视他的评论与鼓励。除了史密斯之外，其他的四位评议人审阅了最后一稿，当然我必须声明，文责自负。这些评议人分别是：詹姆斯·D. 巴伯（James D. Barber）、亚历山大·乔治（Alexander George）、霍华德·黎文索尔（Howard Levinthal），以及迈克尔·帕伦蒂（Michael Parenti），其中巴伯和乔治除了参与最后审稿之外，还曾经多次给我提建议，以至于可能我们自己都记不清具体的场合了。迈克尔·勒纳（Michael Lerner）非常好心地帮我做了参考文献，而且还不辞辛苦并委婉指出了我分析中存在的一些问题，得益于他的督促，我确实解决了其中的一部分。

我意识到本研究至今还存在一些未解决的难点，在书中我完全呈现了自己研究的真实状态，也提请读者进一步关注这些相应的难点问题，希望后续能得到更好的解决。我必须声明的是，有人可能会认为我遗漏掉了一些政治心理学专著中不该省略的重要议题（或者概念），如文化或者角色，但在我看来，这并不是影响本书的严重问题。在讨论"人格与政治"时，

致　谢

许多当代的政治科学家愿意大量使用"角色"和"文化"这样的术语,他们在使用"角色理论"或者"政治文化"等术语时非常自信,貌似这些术语所指都非常清楚。尽管我承认不排除有人对这些术语用得很到位,但经过深入考虑,我还是决定少用"角色"或者"文化"这样的词。

"词语,可以按照我们自己选择的意义来使用",路易斯·卡罗尔的蛋头人(humpty dumpty)所说的这一格言尽管广为征引,但在研究中把字词的用法阐述清楚却是非常重要的。我选择以下三种范畴作为研究的基本元素(basic raw material):指涉个体心理倾向的范畴,指涉对个人有明显影响的环境因素范畴,指涉个体行为的范畴。不同的作者以不同的方式运用"角色"或者"文化"这样的术语。有时这样的术语被赋予内部因素的含义,有时用以代表外部的行为因素,有时用来概括行为,有时则包含了多重的含义。我偶尔提到这对术语,甚至简要地讨论它们使用中的问题。经过深思,我决定不以这些术语作为我研究的核心范畴,我认为,看似需要用"角色"或者"文化"这样的术语来表达的观点,都可以转化为用倾向、环境和行动反应等其他术语来表达。我进一步假定,至少就我的研究而言,上面提到的三个范畴不仅简洁而且更加清晰。当然,读者可以做出自己的评判,不过我得事先提醒某些读者,我确实拒绝使用"文化"或者"角色"等受人追捧的术语。

本研究能够完成,离不开为我提供经费支持的机构:卫斯理安大学在1964—1965年度、1968—1969年度分别为我提供了一学期和一年的学术休假,并不时给予我部分经费支持;1961—1962年得益于心理研究和发展基金的支持,我在纽约精神分析研究所做了一年非常有益的兼职研究工作;通过卫斯理安大学申请的福特基金使我能够聘用一些大学生协助我开展研究;感谢1964年、1967年夏季的社会科学研究理事会设立的教职员工补助;行为科学高级研究中心、国家科学基金委1968—1969年为我从事博士后项目提供了资助;埃克塞斯大学是我研究的港湾,不仅激发着我的智识兴趣,而且在后期非常紧张的校对和修订的时期,提供了大量的文印等相关工作支持,如此,手稿才能提交给审稿人。

我的妻子芭芭拉的功劳也很大,她非常明智,不愠不怒,直到最后书稿付梓阶段都是如此。在那个阶段,因为我苦苦研究如此之久,心力交痒，几乎要功亏一篑。而正是她作为我的编辑顾问和研究助手，数周全力以赴，做出了毋庸置疑的贡献，有力推动工作进展，才使本书得以最后问世。

弗雷德·I. 格林斯坦

1969 年 6 月

埃塞克斯大学，科尔切斯特，英国

前　言

瘟疫、饥荒以及其他灾祸等严峻形势，对于那些救死扶伤的人士而言，会使他们的善行义举更为迫切。同理，当政治行为体隔三差五做出稀奇古怪、极具个性的事情时，注定会大大推动学术界关于人格与政治关系的研究，尽管该领域充满了争议。

1974年的美国正面临这样的局面。这次着手撰写新版前言，恰逢备受煎熬、自毁长城的总统理查德·尼克松刚刚辞职，由于本书最早于1969年出版，如今再版，我就必须要从尼克松特别呈现的一些政治人格特质来解释这一热点议题，显然从总体上看，这不仅涉及总统本人，也与这届美国政府的其他高层领导人相关。而且，这刚好也是整理1969年本书初版之后人格与政治研究相关研究成果的机会，简略的梳理工作可以通过综述最近的文献完成，其中包括我最新的两项研究[1]。

早期学术界对人格与政治的研究兴趣，曾经是由当时出现的重大历史事件而激发的。在20世纪30年代和40年代，从常用的情境角度来研究某国家及该国领导人的行动，并不能取得令人满意的解释，由此催生了一大批关于人格与政治的追问与思考，这些相关的议题包括威权主义人格研究，从群众运动角度对纳粹现象的探讨，德国（或其他国家）国民性格分析，以及纳粹头目的心理特质分析（可以借助比较久远的心理传记、心理学家和精神科医生对监禁中的纳粹分子所进行的采访来开展）。甚至现如

---

[1] Fred I. Greenstein, "Political Psychology: A Pluralistic Universe," in Jeanne N. Knutson, ed., *Handbook of Political Psychology* (San Francisco: Jossey-Bass, 1973), 438–70, and my "Personality and Politics," in Fred I. Greenstein and Nelson W. Polsby, eds., *The Handbook of Political Science*, vol. 2 (Reading, Mass: Addison-Wesley, forthcoming 1975).

今关于阿道夫·希特勒性格的解释，依然是在接续回答纳粹时代学者们所执着研究的问题。①

"水门"基本上成了描述尼克松总统骇人听闻的丑行的符号，"水门事件"的发生，一时间使得从心理层面分析尼克松成为学术界的重点。在尼克松就任总统之前，他不过是研究者从心理角度猜想推测的对象，但是围绕他当选后的行为，特别是他第二次当选后的行为，讨论相关问题时就迫切需要考虑其人格特质。源于独特动力的人格，甚至使尼克松自己供出了关于自身人格特质的证据，这是以健在政治人物为研究对象的学者们通常无法获得的资料，包括尼克松与他的助手们私下沟通的录音带，这些录音最能连累人，也最能说明问题。

当政治学学者不考虑尼克松总统生涯半途而废的心理动力原因时，实际上就是将这个地盘拱手让给了公共作家或者其他学科的研究者，比如那些对于"政治现实"并不敏感的精神病专家。看看下面这则由多年报道华盛顿情况的英籍记者所做的强硬论断，就是典型新闻风格的心理分析例子。回顾了一系列针对"水门事件"的非心理层面的解释后，彼得·詹金斯（Peter Jenkins）在尼克松辞职之前写道：

> 尼克松的总统生涯是其人格的投射。他出身于美国普通的中产阶级家庭。他当众展现出传统的、基要派②的宗教价值观，尽管缺乏强烈的奉献精神或者坚定的理想信念，但却依然使他获得了总统职位。他的对抗性人格是令人讨厌的，不过，所幸的是他并不擅长于运用权力，而且也没什么方向性，甚至把现象当本质，关注小恩怨而不是全方位压制对手。正如霍尔德曼（Haldeman）③所抱怨的："我们是如此（曾被删掉的形容词）老实，以至于我们每次都会被抓住。"一个公关

---

① 在本书第四章和第五章会大量涉及这些文献。了解这些文献的情况，也可以参考本书结尾部分由迈克尔·勒纳（Michael Lerner）所做的关于参考文献的述评，第168—171页，第180—181页。

② 福音派中的好战分子。——译者注

③ 时任白官办公厅主任，尼克松曾命令他动用美国中央情报局（CIA）阻止美国联邦调查局（FBI）对水门潜入行动的资金来源进行调查。——译者注

前言

顾问的确不具备成为专制元首的潜质。整个水门事件代表尼克松总统任期的典型特征——欺骗、丢人和无能。

"怎么会发生这样的事情？"可能碰巧美国人民把尼克松选为总统是个不幸的决定。但是他们怎么会知道尼克松可能是个神经病？"怨谁呢？"怨就怨尼克松——尼克松就是那个罪魁祸首。[1]

政治学家将会怎样评价这样的观点？从人性的角度来解释这样轰动全美的"水门事件"以及其他引人注目的政治现象时，与其他领域的人士相比，政治学家如何才能更加娴熟？这恰恰是本书关心的议题，以如今的形势来看，与初版相比，本书新版现在似乎更合时宜。

具备不同人格特质的行为体，在政治领域既可能失败也可能成功。尼克松时代其他一些非常著名的政治人物——出身于学者、在国际舞台上纵横捭阖的外交家，如亨利·基辛格，也曾经是许多心理学研究的对象。从基辛格的诸多学术论著来看，他并不认可从心理范畴对政治现象进行解释的做法，尽管他也注意到许多政治人物自己常常做出这样的解释，但他却认为这种倾向是美国外交界领导人天真幼稚的表现。[2] 然而，就任国务卿之后，他却乐意接受自己外交上的成就给他本人带来的盛誉，乐意将那些他参与外交斡旋所取得的许多重大成就归因于他自己的个人特质。

众所周知，基辛格个人对于20世纪60年代末、70年代的世界政治产生了巨大的影响，下文将提到的以色列外交部长阿巴·埃班（Abba Eban）的陈述，较好地总结了这一观点。埃班的评论虽然强调的是基辛格对于推动阿以和平进程的贡献，这些评论实则代表了对多次活跃于各种政治舞台的基辛格的杰出才能的称赞。

---

[1] Peter Jenkins, "Portrait of a Presidency," *New York Magazine*, June 24, 1974, p. 36.

[2] Henry A. Kissinger, "Domestic Structure and Foreign Policy," *Doedalus*, 95 (1966), 503–29.

依我看，国务卿基辛格所发挥出来巨大的个人作用，反驳了如下观点：历史是非个人的力量与个人力量在其中不起作用的客观情境所塑造的……我认为人的确很重要。我坚信，将美国的威望与国务卿基辛格博士的杰出才能联系起来，对于创造新的政治氛围，是至关重要的。毕竟，十月战争之后的局面较以前大为不同。进展取代了僵局；谈判磋商也取代了花言巧语，因而我觉得美国和美国国务卿颇负盛名。①

在更广泛的意义上，正如本书开头指出的，当我们近距离观察政治现象的日常细节时，政治行为体的人格特质似乎是无所不在的。一个与该观点的有趣类比，正是我们在最近极具影响力的解释**集体**政治现象的"层次分析"范式中发现的，运用这一研究模式，格雷厄姆·艾利森（Graham Alison）在其著作《决策的本质》中，对外交政策的形成过程进行了分析。②

艾利森提到了研究集体政治行为的三种模式。第一种模式，追随经济人理论模型，在研究中把国家视为单一"理性"行为体。正如艾利森所指出的，运用这样的研究模式，并不能就诸如古巴导弹危机这样的事件做出充分的解释，因为，当我们将理性行为体假定引入对一连串相关事件的分析中时，会涌现出一系列处置古巴导弹危机的可选方案。他紧接着描述了第二种分析层次，在该层次进行研究时，不再将国家视为一个单一行为体，而是把国家看成官僚机构的集合体。围绕这些机构之间的常规工作以及竞争关系展开分析，能够用来解释对"理性"的偏离。由此，美国中情局和海军部门的官僚们，关于到底是谁、究竟应该做什么的问题表现出分歧，对他们之间的分歧进行研究，似乎有助于解释美国在侦察苏联往古巴

---

① Bernard Gwertzman, "CKissinger and the Question of 'Policy Bias'," *New York Times*, March 25, 1974.

② Graham Allison, *The Essence of Decision: Explaining the Cuban Missile Crisis* (Boston: Little, Brown, 1971). 在艾利森早期探讨这一问题的论文中，研究框架中用到的概念术语与他如今的著作略微有所不同，参见 "Conceptual Models and the Cuban Missile Crisis," *American Political Science Review*, 63 (1969), 689–718。

部署导弹情况方面的迟缓表现。但是,艾利森也注意到了,就算是运用官僚模型所做出的解释,也不是完全令人满意的。

艾利森聚焦古巴导弹危机中美国政府的实际决策进程,展开详尽细致的个案研究,并将这一研究方法命名为"政府决策"层次的政治研究。在这种第三层次的研究中,虽然艾利森并没有进行心理分析,但是他明确指出了众多行为个体及其人格特质的重要性。

> 该层次所开展的细致政治分析的核心在于人格。每个人的抗压方式,每个人的作风,这些人格特质和风格彼此之间的联系与冲突,都会综合起来体现在政策中,都是不可忽略的重要因素。①

艾利森在对古巴导弹危机进行分析时,对该危机所涉及的各个主要行为体人格特质的讨论,基本上还是停留在浅表层面。但是,研究者可能、甚至一些分析人士必定会试图由此展开对以下问题的明确阐释:行为体是如何"抗压"的,这种抗压方式如何影响到其行为风格,如何影响个体层面、国际层面的政治结果。

艾利森针对如何将国家视为单一理性行为体的研究思路进行了分析,非常有趣的是,要使这样的分析变得更有说服力,研究者需要把国家分解为持有不同目标和规程的官僚单位的组合,并将这些单位直接类比为政治科学家和行为科学家研究的个人(包括单一行为体和类型行为体),正如我在其他学术讨论中所指出,有一系列不同于还原主义的研究模式,可以帮助政治心理学找到实现准确性和合理性的出路。②

如果政治行为体的行为看起来没什么反常,一般倾向于用"情境"变量对其进行解释。在群体层面运用从情境角度解释的研究思路,可以直接拿来与艾利森描述的理性—行为体解释类比。实际上,进行情境研究的学者主要分析行为体周围的外部限制,解释具有"常见"理性目标的个人在给定的外部参照下将会如何采取实用的举动。

---

① Allison, *op cit.*, p. 166.
② Greenstein, "Political Psychology: A Pluralistic Universe," *op cit.*, pp. 443–45.

这种解释模式似乎适用于多数政治行为体。但是，这种情境分析或者理性行为体（无论是个人还是集体）分析的两个致命缺点，大大削弱了这类解释的效力。一方面，目标会发生变化，在既定的外部环境约束下，行为体追求利益最大化时目标发生的这些变化，情境或理性行为体研究路径是无法对其提供解释的。另一方面，即便当诸多行为体面临同样处境、持有相同的目标时，这些政治行为体的行为也会表现出差异，本书第二章会对此展开详细讨论的。

M. 布鲁斯特·史密斯的人格与政治研究"思路图"，提醒我们要注意众多政治行为体的各种人格特质与情境之间的互动。在本书第27页呈现的这一研究思路图，可能有一处误导了大家，即人格倾向板块与行为结果板块之间的直接因果连线箭头，情境板块与行为结果板块之间的直接因果连线箭头，彼此相互独立。但是，正如奥尔波特（Allport）所强调的（参见第36页），人类的行为**从来**都不是直接由情境所导致的；中间一定会经由心理变量的调节影响。① 这是些无法直接观察的变量，它们是基于对个体行为模式的长期观察而构建的概念。虽然这些心理变量是不可直接观察的，但要解释相同情境刺激下不同行为体的行为差异，必须要借助这样构建而来的概念。

当面临大致类似的刺激，个体差异表现相当显著时，常见的研究思路是引入比较简单的、基本的心理解释——涉及行为体之间的意识形态差异，一般常见的心理品质（内向、外向、攻击性等等）。该解释中涉及的内容是个体心理的典型表现，如果问及当事人这些内容，他们也会意识到或者经提醒后很容易意识到这些方面。做个宽泛的类比，我感到，这种简单的研究思路主要运用一般的非专业概念、从单一方面进行心理解释，与艾利森的第二种研究思路相仿，也就是将政府分解为一系列具有特定运转规程、相互竞争的机构，来解释对理性预期（seeming rationality）的偏离。

但是，在研究中运用心理特质概念或者一般意义上的意识形态概念，依赖行为体自身能够意识到的心理层面要素进行分析，所能获得的关于政

---

① 为了解决这一问题，我对史密斯的研究思路图进行了重构，对重构的具体讨论可参见注释1中提到的第二篇文献。

治行为的解释，就说服力而言，比情境—理性—行为体解释好不了多少。如果所研究的对象是一些独特的政治行为，以及诸如尼克松在其总统第二任期内的自我挫败的行为，情况尤其如此。（参照一下我在第三章对伍德罗·威尔逊政治生涯最后阶段的分析，可以与尼克松的政治失败展开比较。）事态经过一步又一步的发展，不可避免导致了尼克松的辞职，在此期间他的一举一动，本身看起来可能是情境使然或者可以借助简单的心理常识来进行解释，但是他整体的行为**模式**似乎没办法运用这些表面上的行为准则来加以说明。因此，至少对于诸如尼克松总统最后任期表现，以及其他特别成功的政治成就这样的案例而言，第三种研究思路，即类似于艾利森群体分析第三层面的那种更具"诊断性"的心理分析，就必不可少。

以其作为分析路径的特性来看，政治心理分析的三个层面（或者可称之为三类），类似于艾利森关于群体行为分析的三个层次。正如艾利森所指出，这些层次并不是"实在"的。它们是研究者在认识问题的过程中，选择性关注研究对象时所依循的各种思路，如果要最终形成关于个人或者群体如何行动的整体解释，还是要在研究中综合这些分析思路。如果不从整体加以考虑，会造成后续研究的麻烦，特别是当研究中所关注的政策问题本身在情境中自然呈现时，情况尤其如此。而且，从政治心理学的视角来看，如果在研究中不把这三个层次综合起来进行分析，可能会使得心理解释成为一种补充范畴，使得深度心理分析成为补充范畴**中**的一种补充范畴，这样一来，就会导致在研究中没有充分考虑参与政治的行为体特质而出现的危险后果。

正如本书第二章分析所指出的，这样的问题出现在经验研究当中，也存在于理论讨论当中。实际上，这一章强调了一系列论断，这些论断，可看作是介于人格与政治研究的**批评者**与**拥护者**所持有的各种观点之间的中间道路。这两类观点集中讨论了何种情境下**必须**考虑人格因素，整体上构成了一个命题集合。针对这一代表中间立场的研究思路，有两则非常详实的评论，一个出自心理传记作家贝迪·格兰德（Betty Glad）[①]，另一个出

[①] Betty Glad, "Contributions of Psychobiography," in Jeanne N. Knutson, ed., *The Handbook of Political Psychology* (San Francisco: Jossey-Bass, 1973), p. 300.

自迈克尔·勒纳（Michael Lerner），勒纳基于对普通民众中的三个人的详细采访，做出了才华横溢的深度研究①。他们二者都认为，应该突出强调政治行为体的人格特质，而不是单纯要求研究者在分析时只是附带考虑人格特质。

在矫正这一研究局限的过程中，应该时刻意识到不同的学者关注相应的不同的理论焦点。以行为体人格是如何界定了其自身的行动区间作为研究兴趣的学者，单纯依赖一套关于行为体"人格"会影响政治的情境类型的命题，是远远不够的。正如克拉克（Kluckhohn）与默里（Murray）的名言②一样：

每个人在某些方面
a. 和所有其他人一样
b. 和其他人中的一部分人一样
c. 和其他人根本不一样

特别是在分析那些能够塑造事态的政治领导人时，人性的第三种面相，即独特个性，会打消学者们对于第二章所提出的一系列命题的兴趣。传记作家必须对这些个案进行综合分析，就像乔治夫妇（Alexander L. George 和 Juliette George）与塔克（Tucker）这些杰出的心理传记作者们所做的非凡研究一样，本书对乔治夫妇关于威尔逊的研究进行了详细的说明③，最近塔克撰写的斯大林的心理传记也实属上乘佳作。④

不幸的是，我们缺乏把一流心理传记著作与同类虽严肃认真但水平一

---

① Michael Lerner, "Personal Politics," unpublished, Yale doctoral dissertation, 1970.
② Clyde Kluckhohn and Henry A. Murray, "Personality Formation: The Determinants," in Clyde Kluckhohn and Henry A. Murray, eds., *Personality in Nature, Society and Culture* (New York: Knopf, 1953), p. 53.
③ Alexander L. George and Juliette George, *Woodrow Wilson and Colonel House: A Personality Study* (New York: John Day, 1956); 附有新序言的平装版 (New York: Dover, 1964)。
④ Robert C. Tucker, *Stalin as Revolutionary, 1879 – 1929: A Study in History and Personality* (New York: Norton, 1973).

般的作品区别开来的详细标准,后者包括诸如以下的研究:如弗洛伊德(Freud)与布利特(Bullitt)合作的那本广为诟病的威尔逊传①、维克多·沃尔芬斯坦(Victor Wolfenstein)关于列宁、托洛茨基和甘地的比较分析②。作为一名政治学家,沃尔芬斯坦大胆明确使用心理动力范畴进行研究,这反而成了心理分析学术共同体对其展开批评的基点。③(我在本书第三章致力于说明何以对这些标准进行优化。)同样地,马兹利什(Mazlish)所写的《理解尼克松》一书④也在学术界引起了争论。各类评论家都感到,与作者观点没有形成充分关联的精神分析的概念,被强行移植到了组织得非常松散的传记研究中,引入这些概念看起来并没有对于作者的讨论提供实质性的帮助。⑤

回忆我写作《人格与政治》的过程,经历了一次又一次立场上的后退。最初是想针对当时与这一主题相关的研究成果进行严肃认真的评论,但之后我越来越感觉到,这些当年我在本科学习阶段带着不加鉴别的热情阅读过的文献,再读时却呈现出彼此相互争论的特点,如此一来,这本书

---

① Sigmund Freud and William C. Bullitt, *Thomas Woodrow Wilson, Twenty-Eighth President of the United States: A Psychological Study* (Boston: Houghton Mifflin, 1967).

② E. Victor Wolfenstein, *The Revolutionary Personality: Lenin, Trotsky, and Gandhi* (Princeton, N. J.: Princeton University Press, 1967).

③ Erik H. Erikson, "On the Nature of Psycho-Historical Evidence: In Search of Gandhi," *Dadalus*, 97 (1966), 695 – 730; 这篇论文被收录重印于 Fred I. Greenstein and Michael Lerner, *A Source Book for the Study of Personality and Politics* (Chicago: Markham, 1971; now distributed by Humanities Press, Atlantic Highlands, New Jersey)。这个研究成果汇编载录该文时,增加了一些精神分析学者的相关评论和编者按语。编者对于汇编所收集的该领域的 28 项基本研究,都进行了导读介绍,这些基本研究成果也是上面提到的埃里克森的论文的主要参考文献。

④ Bruce Mazlish, *In Search of Nixon* (New York: Basic Books, 1972); 平装本有一个简洁的新前言 (Baltimore: Penguin Books, 1973)。

⑤ 可特别参考 Robert Coles in "Shrinking History-Part Two," *New York Review of Books*, March 8, 1973, 25 – 9。还要注意克里斯(Coles)的另一则评论,即 "Shrinking History-Part One," *New York Review of Books*, February 22, 1973, 15 – 21,马兹利什的反驳以及克里斯的回应发表于该刊的另一期,the May 3, 1973, issue, 36 – 8。关于另外一本非常有趣但却也存在争议的心理传记可以参考 Fawn M. Brodie, *Thomas Jefferson: An Intimate History* (New York: Norton, 1974)。

的写作方向就必然转到了围绕研究方法论的分析。

《人格与政治》一书的讨论覆盖了该领域存在的暗礁险滩，这是本书的评论家们所一再强调的。绝大多数评论都指出，如果闯入人格与政治研究这一迷茫沼泽的研究者想要找到一个向导的话，这本书是目前最好的旅行指南。细想这些相关评论，我觉得本书像是盲人摸象寓言中的那头大象，所面对的是一群观点各异的盲人，对于接触到的同一厚皮动物的特点，他们每个人的理解都不一样。本书中被一些评论家所称道的部分，恰恰同时也是另一些评论家所不屑一顾的，这不足为奇。然而，令我感到最为沮丧的是，对于我提出的该领域存在的一些难题症结，评论家们并没有给予充分的关注，可能是我对这些问题症结的区分过于专业化或者陈述得有些含蓄。

总的来看，评论家们远远超越了摸象的盲人，他们从整体上所做的关于本书的许多论断，有助于我深入思考本书的框架结构，并由此做出进一步的拓展。理查德·梅勒曼（Richard Merelman）对全书的**整体**论证进行了细致而又透彻的总结，除了阐释我表达得过于含蓄的一些观点外，他还发现了研究中的一些疏忽和盲点，对此我已经在之后政治心理学的研究中尝试加以克服。[1]

出于新版修订的需要，也为了澄清一些讨论，下面我将按照先后顺序逐章呈现我对相关议题的最新思考，每章都是从对我当初所聚焦的议题的扼要再现开始。

第一章的内容，不但包含了我对于开展人格与政治研究的辩护，还提出了一个从三个维度整理文献的思路：单一行为体个案研究；政治行为体类型的多重案例研究；聚合研究，即试图综合关于行为体个人的微观数据，将其用于对宏观现象的分析，这些宏观现象涵盖了从小范围的人际互动到政治组织之间互动的所有内容。第一章还提出了从情境角度开展人格与政治研究的准则，这样就可以避免在对单一行为体开展解释和其他研究时，把政治行为还原为个体人格特质的附属物。为达到这一目的，我在书

---

[1] Richard Merelman, "Review of *Personality and Politics*," *American Political Science Review*, 64 (1970), p. 919. 关于进一步的研究成果可以参见注释1中提到的《政治学研究手册》。

中从头到尾贯通运用了史密斯研究思路图来对人格与政治进行研究。本书第一版面世后，我感到对史密斯的研究思路图做进一步的注解是很有意义的，这样可以明晰隐含在该图中的一些要素。我对思路图的修订（可以参考第9条注释），特别强调了那些会对行为造成影响的**可以感知到的环境**（enviroments-as-perceived）以及"实际的"外部环境。在重构中组织各板块的图示和箭头，就使得研究者在思考行为情境刺激何以促成行为时，如此去理解情境刺激，即情境刺激对行为的作用必然受会到行为体知觉及其有意识的偏好的调节，情境刺激一定也会与行为体意识到的与没有意识到的偏好、行为所亲近的参照群体的倾向相互影响。

我照此重新组织来修订这一研究思路图，也是为了避免让大家形成以下的感受，即受第26页所引用的史密斯研究思路图对行为刻画的影响，可能会使读者认为政治行为处于稳定的状态。史密斯的研究框架强调反馈过程，对于仓促而就的读者而言，他们可能由此会在不经意间认为，行为总体上趋于强化现存的人与环境互动的关系模式。因而，我特别引入了一个强调个体行为的板块图示，特别是身居要职的个体，其行为可能会塑造自身所处环境的某些特征。毕竟，尼克松周围正是那些将他带进水门之灾的白宫智囊人士。环境的关键特征是尼克松自己塑造的，尽管这并不是一成不变的。

如前所述，第二章探究了运用人格范畴来解释政治现象的批评者与赞成者之间的共识基础。我首先讨论了对于在该领域开展研究的部分典型批评意见，这些批评的产生更多源自一种概念层面而非经验层面的分歧，而且这些分歧，无须诉诸经验考证，只要通过澄清研究策略就可以有效得到化解，然后，我开始明确讨论经验层面的争论议题。这些议题，集中在两个大家都熟悉的明显的争议点上，一个是关于究竟是行为体的人格倾向还是环境会在更大程度上决定行为的问题，一个是关于自我防御的心理机制在日常行为中到底会不会产生影响的问题，这样的争论大概不能界定为"要么……要么……"类型的争论。正如我们已经在本书出版后的反馈中看到的，我预想到的一系列人格特质（无论是否为行为体的自我防御心理）对政治行为产生影响的情境的命题清单，由于把人格变量作为补充解释而被批评者视为还原主义的宪章。这样的理解是不合适的，在我看来，第二章的命题清单不但应该被视为人格与政治学者从事研究的机会目标，而且也应是其他领域学者所必须考虑的问题。这些命题主张明确了研究中

必须要考虑内在人格倾向的情境,但是这并不意味着(正如格兰德和勒纳所指出的)清单界定了分析政治人格的**充分**条件。

第三章关于单一行为体的个案心理研究,与第四章关于政治行为体类型的多重案例研究所强调的重点是非常类似的,也就是这两种研究模式注重从逻辑层面而非实际层面区分三项研究任务:对行为表现进行描述,分析内在的心理动力机制,回溯行为体、行为体类型的成长历程。自本书1969年出版以来,大卫·巴伯的著作《总统风格:对白宫主人的预言》无疑是该领域的一个重大成果,该书同时涉及了单一行为体和类型行为体的研究。① 这本书对从塔夫脱到尼克松期间的诸位美国总统进行了分类,巴伯的分类工作以传记案例研究为基础,依据多年来他一直研究的四维类型框架而展开。他为了完善自己所提出的政治人格类型,把一系列聚焦于行为体的认知"世界观"的问题与行为体当时所处的情境整合在分类框架当中。在1972年之前,巴伯就根据尼克松在某些场合固执于无意义路线的情感倾向,预测到了尼克松总统可能在第二任期出事,巴伯的著作也因此得到了普遍的关注。巴伯对于现任总统的大胆分析中,尤为突出的价值在于,他的作品在人格与政治研究专业学者中激发了以下主题的讨论,即在哪种情况下研究者们可以基于那些被准确证明的政治人格类型学来开展令人满意的实证或者推论工作。对于想探究如何阐释单一行为体心理分析标准和行为体类型分类标准的学者来讲,必须要读一读亚历山大·乔治针对巴伯这本书的那篇很有影响的评论文章,这篇评论简直是理论阐释领域的《塔木德经》。②

---

① James David Barber, *The Presidential Character: Predicting Performance in the White House* (Englewood Cliffs, N. J.: Prentice-Hall, 1972).

② Alexander L. George, "Assessing Presidential Character," *World Politics*, 26 (1974), 234-82. See also Erwin C. Hargrove, "Presidential Personality and Revisionist Views of the Presidency," *American Journal of Political Science*, 18 (1973), 819-35; and Barber's "Strategies for Understanding Politicians," *American Journal of Political Science*, 19 (1974), 443-67. 在研究界有一种不公平的做法令人感到难过,有些人试图将一些公众人物贬低为"病人"。在我看来,《事实》杂志的特刊号大大助长了这股歪风,在这一刊物平台,编者说服了许多精神科医生,让这些精神病医生围绕1964年总统选举时的候选人巴里·戈德华特(Barry Goldwater)的精神健康状况夸夸其谈地发表评论。关于这段历史的总结概括参见George's "Assessing Presidential Character"。近期这种做派的一个典型例子参见Eli S. Chesen's *President Nixon's Psychiatric Profile* (New York: Wyden, 1973),这本书的作者振振有词,借用了大量精神病专业术语,依赖一些二手资料,通过电视来观察尼克松以及他的那些被众议院"水门事件"委员会所审查的部属们,由此来展开分析。

前言

在第四章讨论类型政治行为体心理研究时，选择极为错综复杂的威权主义研究文献作为分析的典型案例。在该领域数目巨大的文献当中，占支配地位的是量化研究，这些研究采用的心理测评量表效度经常不可靠。为此，我对该类型研究的重建，倾向于强调重新回到这类研究当初针对的理论议题，这一点在研究中常常被忽略。本书以及我后来的论文都收集并讨论过这一领域的有价值的成果，这些工作对我与勒纳如今的合作研究很有启发①，针对我关于该领域的相关研究，评论界中肯地指出，我对政治心理学量化研究关注太少了。无疑，这些评论所指出的缺陷，揭示了我做学问时的一些偏见，我对于那些基于高度专业分析人士调查结果的研究是有所戒备的，这些调查人士往往带着非常简单的"人为"编制的问卷开展调查工作，这些问卷并不能反映政治中的复杂互动，如实际情境中态度的形成、表达和行动。

在此，我不愿再埋怨心理测评的复杂，而是想要提请大家注意自本书1969年出版以来该领域的两项重大成果。一项是理查德·克里斯蒂（Richard Christie）与他同事合作开展的关于"马基雅维利主义"的研究，这本将"马基雅维利主义"作为一种心理—政治特点的研究，历时数年完成，写得非常细致严谨。这个与政治相关的心理倾向，体现为"将他人视为工具，因而在支配别人时感到非常自在"的习性，为了确定研究该倾向时不受意识形态信仰差异影响的测评标准，作者前后对量表进行了一系列的调整完善。克里斯蒂与同事们的这一成果，尤为令人称赞的一点，在于他们将情境的随机偶然性作为一种"调节变量"来处理，研究在何种情境下，个体所展现出来的马基雅维利主义习性，可能会或者不会对行为方式产生影响。在他们的研究中，尽管没有对心理类型的普遍重要性做出假定，但依然对于影响行为的心理因素与环境因素之间的复杂互动进行了合理的解释。②

另一项重大进展，是麦克洛斯基（McClosky）长期以来分析数据所取

---

① Greenstein and Lerner, eds., *A Source Book for the Study of Personality and Politics*.
② Richard Christie and Florence L. Geis, *Studies in Machiavellianism* (New York: Academic Press, 1970).

得的成果,这些数据选取了20世纪50年代末期的公民和政治领导人为样本,是通过非常丰富并且可靠的工具采集而来的。对于他在那些著名的早期研究发现中所提出的心理测量观点,麦克洛斯基和他的学生们逐步进行了详细的论证。如今,他们已经能够从研究数据中甄别出那种复杂微妙的关系,也就是那些越来越明显体现出人格与政治关联的关键点,当然这些关系与其说是普遍存在的,不如说是在互动过程中才形成的。① 针对相关主题的许多研究都阐述了这一观点,比如,梅圭尔(MeGuire)关于"影响力"的研究和费德勒(Fiedler)关于领导力的研究。②

正如梅圭尔所说:

> 情况很有可能是这样的,即人格因素将在与各种其他(因素)互动的过程……才会对影响力产生作用。因而,虽然我们在了解人格—影响力相互作用状况的过程中努力找到最具有代表性的例子,但很可能这些都是各方面因素互动对影响力产生的综合效应,而非人格因素完全不受其他因素影响独自发挥着主要作用。③

再比如,费德勒的研究也指出:

> 领导力人格特质的存在将不能直接预测领导力对事态产生的影

---

① 除了第一章(英文原文18页第30个注)提到的麦克洛斯基早期作品之外,运用这些数据形成的研究成果还可参见以下论文:Giuseppe Di Palma and Herbert McClosky, "Personality and Conformity: The Learning of Political Attitudes," *American Political Science Review*, 64 (1970), 1054 – 73 (收录重印于 Greenstein and Lerner, op. cit., pp. 119 – 57; Paul M. Sniderman and Jack Citrin, "Psychological Sources of Political Belief: Self-Esteem and Isolationist Attitudes," *American Politcal Science Review*, 65 (1971), 401 – 17; and Paul M. Sniderman, *Personality and Democratic Politics* (Berkeley: University of California Press, 1974)。

② Fred I. Fiedler, "Leadership," pamphlet (New York: General Learning Press, 971), p. 15.

③ William J. McGuire, "Personality and Susceptibility to Social Influence," in Edgar F. Borgatta and William W. Lambert, eds., *Handbook of Personality Theory and Research* (Chicago: Rand McNally, 1968), p. 139.

响，我们现在非常清楚之所以如此的原因。如果说某人在一些情境中是位具有实际影响的领导者，而在其他情境中却不是，那么，显然领导力人格特质独立或者与其他人格特质共同存在，最多只能预测具体的特定情境，这就是（费德勒所呈现的）随机偶然模型表明的道理。

第五章阐明了将深层人格倾向与大大小小的政治体系整体特征关联起来的复杂性，通过推断，我们知道遗传因素和成长经历共同造就了这些人格倾向。在聚合研究领域，我特别想推荐给大家1969年之后出版的两部著作，分别出自亚历山大·乔治①和欧文·L. 贾尼斯（Irving L. Janis）②，这两部著作都讨论了领导群体内成员之间关系的人际特征。他们二位都将群体互动的内在特征作为研究的焦点，这些不受人格特质支配的互动经由政治决策过程，促成了令人大致满意的结果。将这些典型的社会心理进程的框架稍做调整，就可以将我在第三章、第四章讨论的单一行为体与类型行为体的影响纳入进去研究。实际上，政治科学家乔治与心理学家贾尼斯，都已经在他们此前的著作中为开展这项工作打下了坚实的基础。③ 研究兴趣也并非仅仅局限于从个体人格特质数据来推断政治学与心理学领域的系统数据。这也是长期以来人类学家和经济学家所关注的内容，经济学家们做了大量旨在把微观与宏观层面关联起来的研究。而且，追随涂尔干"在社会层面分析社会现象"的社会学研究者主张，该领域目前一个严谨而且相当系统的发展趋势，就是努力为证明社会系统与组成该系统的成员之间的关系奠定基础。拉扎斯菲尔德（Lazarsfeld）和罗森伯格（Rosenberg）的

---

① Alexander L. George, "The Case for Multiple Advocacy in Making Foreign Policy," *American Political Science Review*, 66 (1972), 751 – 95. 该文中附有 I. M. Destler 的评论与 George 的回应。

② Irving L. Janis, *Victims of Groupthink* (Boston: Little, Brown, 1973).

③ 例如，George's "Some Uses of Dynamic Psychology in Political Biography: Case Materials on Woodrow Wilson," in Greenstein and Lerner, *op. cit.*, pp. 78 – 98; and Janis's "Decision Conflicts: A Theoretical Analysis," *Journal of Conflict Resolution*, 3 (1959), 6 – 27 (reprinted in Greenstein and Lerner, *op. cit*, pp. 171 – 94).

经典著作《社会研究的语言》一书的再版，见证了社会学家围绕这一议题展开研究的主动作为。①

下面我将总结新版的序言，此处的观点并不是当初在本书中所提出，而是当我试图运用本书的观点来理解美国总统与他的智囊人士之间的关系事实时，反复浮现在脑海中的想法。在分析真实世界的政治进程时，知悉大量现存学术文献中心理学经典议题，绝对不能替代对具体政治进程各种行为显著心理特性的认识。这也正是我在其他学术场合提到的**政治**心理学（*political* psychology）与政治**心理学**（political *psychology*）的区别。尽管在研究中我也参考过关于尼克松在任时的一些临床心理诊断结果。但是，简单运用心理学或者精神病学术语来理解总统或者其他政治行为体，这种做法实在是不可取。对于看似适宜用临床上经典的心理理论加以解释的行为，很可能源自该行为发生时行为体所处情境的心理规定或要求。与总统研究相距比较远的一个例子是关于美国黑人的调查结果，该调查利用最为广泛应用的人格测试量表，通过测评发现美国黑人有偏执"病症"。正如金瑟（Gynther）所指出的，对这些测评结果的心理病理学解释简直是一派胡言，因为被试群体的"偏执"得分高，实际上，这正是那些住在贫民窟里随遇而安的普通黑人对环境压力的真实反应。② 同理，美国总统们每天在要求非常高、压力非常大的环境中工作。总统不会像托儿所的阿姨那样给人温柔、宽容的直觉。然而，总统和其他高级领导的心理不适长期看来是致命的问题，对于民主国家来说尤其如此。但是，对于总统开展工作而言，其行动中警觉和怀疑的"现实"配置是必不可少的，除非总统在履职尽责方面极其不作为。

在人格与政治研究领域，无论是经验性研究还是预测性研究，其共同的一个任务，就是把对真实政治世界的理解与该领域各种研究路径的

---

① Paul F. Lazarsfeld, Ann K. Pasanella, Morris Rosenberg, eds. , *Continuities in the Language of Social Research* (New York: The Free Press, 1972), especially Section III.

② Malcolm Gynther, "White Norms and Black MMPIs: A Prescription for Discrimination," *Psychological Bulletin*, 78 (1972), 386 – 402.

敏锐运用融合起来（比如，心理学、社会心理学、精神病学和人类学的某些分支）。①

---

① 对此更为充分的讨论，参见我的论文"Political Psychology: A Pluralistic Universe," cited in n. 1, especially pp. 545 – 67。当针对行为的"角色""文化""社会背景"以及"情境"解释与关于该行为的"人格"解释有关时，这些分析路径作为研究方法的价值何在，关于这一问题的讨论，可以参考我在本序言注释1提到的第二篇文献。

目录 Contents

第一章　人格与政治研究领域概览 ⋯⋯⋯⋯⋯⋯⋯⋯⋯⋯⋯⋯⋯ 1
　第一节　人格的定义问题 ⋯⋯⋯⋯⋯⋯⋯⋯⋯⋯⋯⋯⋯⋯⋯⋯ 2
　　一、心理学学者赋予"人格"的含义 ⋯⋯⋯⋯⋯⋯⋯⋯⋯⋯ 2
　　二、政治学学者赋予"人格"的含义 ⋯⋯⋯⋯⋯⋯⋯⋯⋯⋯ 3
　　三、本书中"人格"的用法和研究的焦点 ⋯⋯⋯⋯⋯⋯⋯⋯ 5
　第二节　系统开展人格与政治研究为何势在必行？⋯⋯⋯⋯⋯ 6
　第三节　系统的政治人格研究何以姗姗来迟？⋯⋯⋯⋯⋯⋯⋯ 11
　第四节　人格与政治研究知识谱系中的文献情况 ⋯⋯⋯⋯⋯⋯ 13
　　一、人格与政治研究知识谱系的梳理：个案研究、类型研究和
　　　聚合研究 ⋯⋯⋯⋯⋯⋯⋯⋯⋯⋯⋯⋯⋯⋯⋯⋯⋯⋯⋯ 13
　　二、现有研究中存在问题的根源分析 ⋯⋯⋯⋯⋯⋯⋯⋯⋯ 17
　　三、人格与政治研究的前景展望 ⋯⋯⋯⋯⋯⋯⋯⋯⋯⋯⋯ 19
　第五节　研究人格与政治的"思路图" ⋯⋯⋯⋯⋯⋯⋯⋯⋯⋯ 24
　第六节　本书的计划 ⋯⋯⋯⋯⋯⋯⋯⋯⋯⋯⋯⋯⋯⋯⋯⋯⋯ 30

第二章　针对人格与政治研究的反对意见 ⋯⋯⋯⋯⋯⋯⋯⋯⋯ 31
　第一节　两种错误的反对意见 ⋯⋯⋯⋯⋯⋯⋯⋯⋯⋯⋯⋯⋯ 32
　　一、各种人格"互抵平衡"的观点 ⋯⋯⋯⋯⋯⋯⋯⋯⋯⋯ 32
　　二、社会特征比人格特质更重要的主张 ⋯⋯⋯⋯⋯⋯⋯⋯ 33
　第二节　三种部分正确的反对意见 ⋯⋯⋯⋯⋯⋯⋯⋯⋯⋯⋯ 37
　　一、个人行动何时会影响事态（"行动无关紧要"）？⋯⋯⋯ 38
　　二、人格差异何时会影响行动（"行为体无关紧要"）？⋯⋯ 43
　　三、自我防御需要在何种情境下可能体现于政治行为中？⋯⋯ 53

第三节　关于各种反对意见的结论 ……………………………… 57
第三章　单一政治行为体心理研究 ……………………………… 58
　　第一节　单一行为体研究和类型行为体研究的共同特征 …… 58
　　　一、"人格"：一个可以循环运用的概念构想 ……………… 58
　　　二、现象学、动力学和起源分析：三种相互补充的人格特质研究
　　　　　路径 …………………………………………………………… 60
　　第二节　单一行为体心理研究存在的问题 …………………… 62
　　第三节　乔治夫妇关于威尔逊人格的研究 …………………… 67
　　　一、现象学分析：威尔逊呈现出来的人格特质 …………… 68
　　　二、乔治夫妇对于威尔逊人格的动力学解释 …………… 69
　　　三、关于起源的假设：乔治夫妇对威尔逊成长经历的分析 ……… 74
　　第四节　提升单一行为体心理研究说服力的方法 …………… 79
　　第五节　关于单一政治行为体心理研究的结论 ……………… 84
第四章　类型政治行为体心理研究 ……………………………… 86
　　第一节　关于威权主义人格的研究文献 ……………………… 88
　　第二节　威权主义人格类型学的重构 ………………………… 93
　　　一、威权主义人格的现象学分析 …………………………… 94
　　　二、威权主义人格的动力学分析 …………………………… 97
　　　三、威权主义人格的起源分析 ……………………………… 101
　　第三节　重构威权主义人格类型研究的学术意义 …………… 104
　　第四节　关于类型政治行为体心理研究的结论 ……………… 108
第五章　人格特质对政治系统的聚合影响 …………………… 109
　　第一节　从人格结构到政治结构：如何关联的问题 ………… 112
　　　一、人格结构≠信念系统 …………………………………… 112
　　　二、深层人格结构和信念≠政治行为 ……………………… 113
　　　三、心理倾向和个人政治行为≠整体政治结构和进程 ……… 115
　　第二节　聚合研究的主要策略 ………………………………… 115
　　　一、基于对小型政治进程的直接观察"自下而上"展开分析 …… 116
　　　二、在心理特质频率和系统特征之间建立联系 ……………… 121

三、考虑到"非叠加因素"来修正频率分析结果 …………… 124
　　四、"返回来"对系统及其心理要求展开理论分析 …………… 126
　第三节　关于聚合研究的结论 ……………………………… 127
第六章　结　论 ……………………………………………………… 128
　第一节　要点回顾 …………………………………………… 129
　第二节　关于自我防御的着重说明 ………………………… 132
　第三节　作为因变量的人格：一个道德规范性质的应用 … 135
　第四节　结束语 ……………………………………………… 138
参考文献介绍 ………………………………………………………… 140
　第一节　一般背景：对人格研究的介绍 …………………… 141
　第二节　人格与政治研究中的理论和方法论议题 ………… 144
　第三节　单一政治行为体人格研究 ………………………… 149
　第四节　类型政治行为体人格研究 ………………………… 153
　第五节　人格特质的聚合研究 ……………………………… 165

人名索引 ……………………………………………………………… 172
主题索引 ……………………………………………………………… 185

第一章　人格与政治研究领域概览

本书的标题开宗明义，集中概括了全书的主要内容：人格与政治研究中的实证、推论和概念化三大议题。通俗地讲，我要深入讨论的主题是：研究者应该怎样去分析行为体人格特质对政治所造成的影响。研究政治的学者应该怎样思考这类问题？应该收集什么样的事实证据？如何组织并运用事实证据得出有意义的结论？在此首先提出我围绕这一主题进行研究的基本逻辑线索，具体的全面论证过程详见此后各章节。

第一，我的基本假定是：我们一般概括为"人格"的各种因素经常会对政治造成许多重要的影响。我多次强烈地感受到，当人们越是近距离细致观察政治行动时，就越发能够体会到，作为有血有肉的生命个体，政治行为体总是受到人性优势与弱点的影响。这样的现象如何发生？深入地看，人在参与实际政治生活过程中有着相当复杂的表现，这些表现绝不是学者们在解释政治行为时常用的非人格范畴所能简单概括的，比如角色扮演者、当局者、文化群体中的成员，以及职业、阶级、性别和年龄等社会属性范畴，仅仅依赖这些范畴来分析个体对政治的影响是远远不够的。

第二，由此，在政治科学中开展"人格与政治"研究是非常必要的，研究者应该重点关注并深入研究这一领域。

第三，实际上关于"人格与政治"的研究并**不充分**。主要的原因在于，很多学者总感觉无法按照政治学研究规范来分析人格。因此，人格这样重要的话题，就变成了新闻记者工作"领地"里的内容。这样来分工并不合适，政治学专业学者不该把"人格"留给新闻记者来讨论，因为这个议题不仅非常重要而且尤为复杂，很难把握，恰恰需要经过专业学术训练的政治学学者进行深入的考察。

第四，在这一领域开展专业学术研究最基本的准备工作，是梳理清楚现有关于人格与政治研究文献中出现的各种议题。

第五，然而现存的这些研究文献不够系统——有经验类研究，有方法论研究，有概念化研究，甚至在某种程度上，大家认为这就是这一主题研究应有的状态。实际上，现有的关于"人格与政治"的各种研究，虽令人兴奋但却非常散乱，任其发展下去将不利于研究的深化。

第六，因此，如果能够解开现有研究的这团"乱麻"，开辟出令人满意的研究路径，那么各种相关争议将会被化解，进而可能形成建设性的研究导向。

第一节 人格的定义问题

一、心理学学者赋予"人格"的含义

仅仅界定清楚"人格与政治"就是一件非常费力的事，可见该研究领域的混乱，而问题的症结在于"人格"是一个有争议的概念范畴。在心理学界，关于究竟怎样来界定"人格"是有分歧的，而政治学学者对这一概念的分歧比心理学者还要多。当然，大家都清楚，在特定的各种语境中，概念的具体用法不同，试图形成一个绝对权威的定义是不可能。但是厘清和明晰概念是非常有益的，我们应该意识到概念的运用范围，给出关于概念定义的简明扼要的讨论，这将有助于我们更全面地研究问题。

长期以来心理学家无法就"人格"定义达成一致。奥尔波特（Allport）曾对人格定义的经典研究表明，对这一概念的定义至少有五十种。[1] 在很大程度上，这种定义的多元局面源自心理学者共同面临的一个基本问题，在人格理论持续多元化发展的过程中，不同理论取向的研究者在概括个体心理特征时所使用术语的数量及其性质自然也会各不相同。

不过在心理学界，理论上的多元无序状态也许被轻易夸大了。尽管不

---

[1] Gordon Allport, *Personality* (New York: Holt, 1937), pp. 24–54.

同的理论家用不同的定义方法来界定人格概念，但是我们常常发现，不同定义仅仅是换了个说法而已，也就是不同定义者使用不同的词语来表述同一事物。而且，心理学家对于"人格"概念的定位有一个基本的共识："人格"不是直接能够观察到的现象，而是经过**推断得出的存在**（referent to an inferred entity）。"人格"作为研究中建构的概念，是用来解释个体为何在面临形形色色的外部刺激时做出了有规律的行为反应。

纵使人格有不同定义方法以及各种定义之间存在细微的差别，我们依然可以发现心理学家关于人格构成要素的共识。人格理论家们假定，人格是人们观察世界（认知）、表达感受（情感），以及与他人建立联系（认同）的心理**结构**（"structures"）。另一方面，心理学家关于人格理论应该在何种程度上重视内心世界（inner life）层面的共识就没这么多了，而在医院工作的临床心理工作者以及认同弗洛伊德精神分析理论的学者感兴趣的往往是内心世界，他们特别强调自我防御的进程。在这些学者看来，实际上人们常常是通过下意识的自我防御过程调节自己的行为，管理内心的冲突，而其他学者并不赞同这样的观点。对于被政治学学者广泛研究的表层心理倾向（the closer-to-the-surface psychological disposition），比如态度以及与之相关的各种表层心理倾向这些调查研究中常见的重点内容，究竟是否是人格的基本组成部分，心理学界也是存在争议的。

二、政治学学者赋予"人格"的含义

无论不同的心理学学者在定义人格时所强调的特质有何差异，心理学界一般是在广义上使用人格这一概念的。对他们来讲，人格涵盖了个性心理中所出现的一切重要的规律性倾向。然而，政治学学者似乎是从更加狭义层面使用人格这一概念，我们在许多政治学文献的具体语境中可以大致推断，当用来指涉与政治行为相关的、模糊（而又具体）[undefined (and reified)] 的实际存在时，政治学学者会用到"人格"概念。首先，政治学研究者在使用人格这一概念时一般都排除了政治态度的含义。其次，政治学学者在使用这一概念时还常常将其含义范围缩小到内心层面（layer of psyche）——人们内在的心理冲突、自我保护以及具体表现，而这些要素恰恰是临床心理学学者一贯强调的。

当从自我防御的角度界定人格时，人格与政治研究也就主要是分析精神病理因素对政治行为的影响，从这一思路出发，政治科学家们就一定能够把握政治和社会研究中的一条清晰而又饱受争议的学术脉络。具体如下：早在20世纪30年代，哈罗德·D.拉斯韦尔（Harold D. Lasswell）的著作《精神病理学与政治》，开创了运用弗洛伊德所提出的精神分析的概念和主张进行政治学研究的先河。[①] 当时，拉斯韦尔借鉴了包括弗洛伊德在内的许多精神分析学派的理论来分析政治现象。20世纪30年代以后，更多的研究者开始运用精神分析理论对政治乃至更大范围的宏观社会现象进行深入分析：埃里克·弗洛姆（Erich Fromm）、赫伯特·马尔库塞（Herbert Marcuse）、诺尔曼·O.布朗（Norman O. Brown）等著名学者关于政治与社会现象研究的那些影响深远的宏观理论体系[②]；还有本尼迪克特（Benedict）、戈尔（Goer）和米德（Mead）关于各国国民文化心理分析的著作；再加上尝试用临床心理学观点解释国家之间冲突的探索，以及许多中微观层面的"威权主义"的质性研究、公众人物的心理传记和平民百姓的临床心理个案分析。由此看来，实际上"人格与政治"是一个内涵非常丰富的研究领域，大家绝不能像一些政治学者那样，把人格与政治研究直接简单等同于关于选举的心理研究。

---

① Harold D. Lasswell, *Psychopathology and Politics* (Chicago: University of Chicago Press, 1930)；该书内容在 *Political Writings of Harold D. Lasswell* (Glencoe, ILL.: Free Press, 1951) 得到重印；新的平装本 *Psychopathology and Politics* (New York: Viking Press, 1960) 出版时收入了"反思：三十年之后"一节，这一版的附录中略去了参考文献。

② Erich Fromm, *Escape from Freedom* (New York: Rinehart, 1941); Herbert Marcuse, *Eros and Civilization* (rev. ed.; Boston: Beacon Press, 1966); and Norman O. Brown, *Life Against Death* (Middletown, Conn.: Wesleyan University Press, 1959). 另外一些有影响力的著作包括：Franz Alexander, *Our Age of Unreason* (rev. ed.; Philadelphia: Lippincott, 1951); Ranyard West, *Conscience and Society* (New York: Emerson, 1945); 以及 R. E. Money-Kyrle, *Psychoanalysis and Politics* (New York: Norton, 1951). 本段后面提到的威权主义研究以及个案研究的相关文献，我在后面评论人格与政治研究的文献时，会举出具体的例子。

三、本书中"人格"的用法和研究的焦点

在一定程度上我将聚焦于精神分析学派所强调的深层次心理（depth psychology），从这一角度来研究政治。许多社会科学工作者往往搁置这一议题并使之边缘化。大量关于精神分析的争论性与阐释性文献指出了研究深层次心理议题的弊端，如今这样的文献依然不断涌现。我们承认，精神分析研究中的一些概念和观点，无论从经验层面还是从逻辑层面来看，都存在一些混乱，但必须强调的是，我们绝不能因此而忽视精神分析学的观点和理论所关注的政治现象。① 运用精神分析学理论研究政治现象的学者主张，多数政治行为可能都有其自我防御的根源，比如政治中随处可见的许多"非理性现象"，类似的观点是非常中肯的。只要这种可能性存在，就应该澄清标准，以便于学者们进一步判断运用精神分析学的概念来解释关于政治行为的各种假设是否成立。

需要说明的是，许多心理学家用人格这一范畴来概括个人稳定的综合心理特质，我重点关注的自我防御进程也只是这种广义人格的一小部分。同大多数政治学者一样，当我使用"人格"这一概念时，我绝不是指人们直接表现出来的政治态度。总的看来，我在本书中不讨论态度研究的议题，因为这些议题，特别是与选举行为相关的态度，研究得已经比较深入了。我倾向于在非政治的心理特质层面上运用"人格"这一概念，比如我们可能会认为某人是外向的、敌意的或者冷漠的，或者他们有其他更为复杂的人格特质。然而，当我们将人格内涵限定在这一范围内时，需要非常谨慎。先前许多"人格与政治"研究遇到的常见问题，主要源于研究者没有从广义的角度考虑，心理因素和非心理因素会共同影响政治行为。而且

---

① 关于一些有争论的议题，可以参考相关的专题研究文集 Sidney Hook, *Psychoanalysis: Scientific Method and Philosophy* (New York: New York University Press, 1959)。还有些有趣的建设性研究，旨在回应争论，澄清这些问题，参见 A. C. MacIntyre, *The Unconscious: A Conceptual Analysis* (London: Routledge and Kegan Paul, 1958); Peter Madison, *Freud's Concept of Repression and Defense: Its Theoretical and Observational Language* (Minneapolis: University of Minnesota Press, 1961); 以及 B. A. Farrell, "The Status of Psychoanalytic Theory," *Inquiry*, 7 (1964), 104–23。

我们从狭义角度分析人格对政治造成影响的多数结论，一般也广泛适用于分析心理变量对政治行为的影响。我在此特别强调这一点，下文中我会经常交替使用到"政治心理""政治人格""人格与政治"等术语，只有在必要时我才会对这些术语进行细致的区分。

第二节　系统开展人格与政治研究为何势在必行？

下面我们将具体分析系统推进人格与政治研究的必要性。大约20年前，沃尔特·里普曼（Walter Lippmann）指出："谈论政治时不考虑人的因素……是研究中存在的最大问题。"[1] 无论我们使用关于"政治"的两大经典定义的哪一种，不管是从规范层面还是从经验层面来看，这一评论都毋庸置疑。我们可以将所有关于政府的活动都称为政治事务。或者可以采用拉斯韦尔的观点从功能角度界定政治，政治即常规制度环境中展现出来的行为模式[2]——比如说，运用权力和影响力解决纠纷。或者也可以采用大卫·伊斯顿（David Easton）提出的"价值的权威性分配"来定义政治。[3] 无论从哪个角度去理解政治，政治都是关于人的行为的事情，正如库尔特·勒温（Kurt Lewin）以及许多学者所说的一样，政治是行为体所处的环境（environmental situations）和行为体的心理倾向（psychological predispositions）共同发生作用的结果。

政治行为表现是行为体所处环境和行为体心理倾向共同发生作用的结果，我们在此强调的这一观点固然不是新观点，但的确非常重要。只有意识到这一关键点，我们才能更好理解，在政治分析中，心理方面的事实与证据通常是不可或缺的、值得我们深入研究的基本要素。对此，拉扎勒斯

---

[1] Walter Lippmann, *Preface to Politics* (New York: Mitchell Kennerley, 1913), p. 2.

[2] 拉斯韦尔好像是第一位对政治的传统性定义和功能性定义（the distinction between functional and conventional definitions of politics）进行区分的学者。*Psychopathology and Politics, op. cit.*, Chap. 4.

[3] David Easton, *The Political System* (New York: Knopf, 1953), 第五章以及其他章节。

(Richard S. Lazarus)在他的著作中写了这样一段话：

> 人的行为（可观察到的行动）的出现及其主观经验（比如思想、情感和希望）的形成源自两个方面：一方面，外部的刺激影响着他；另一方面，由遗传心理特质与个人经验互动所形成的内在心理倾向影响着他。当我们关注前者的时候会发现，之所以某人反复采取某种行动方式，主要是因为该行为体受到所处情境特点的影响所致。比如某人攻击他的朋友是由于朋友羞辱了他；某人对某门课程失去了兴趣是因为授课老师很乏味或不能给他启发；某人没有完成他的学习计划，是因为他在校读书时，必须要养活自己，所以没有足够时间学习。显而易见，在不同时段、不同环境中，人的行为都不同，会随着外部条件的变化而变化。
>
> 然而，即使我们承认外部刺激对人的行为具有决定性作用，我们也应该意识到，仅仅通过外部情境来解释人的行为是远远不够的，事实上，人的行为必然在一定程度上是由个人的人格特质所决定的。[①]

论及这一观点时大家一定能想到，有很多有关政治事态发展主要取决于关键行为体个人心理特质或者行为体集体心理状态的例子。以1964年共和党选举政治为例，对于到底什么是影响当时共和党总统候选人提名以及后来选战形势的主要因素，学术界除了从政治行为体人格特质层面解释外，还有大量其他层面的解释，但是无论是哪一种解释，如果不考虑到行为体心理特质的影响肯定是不全面的。比如一个非常有实力的竞选者为了获得提名，竟然与自己的原配妻子离婚，娶了另一个离异女士；比如共和党资深政治家的犹豫不决；再如，在两年前的一次新闻发布会上，共和党1960年的总统候选人勃然大怒，这种坏脾气，损伤了共和党的形象；另外，还可以考虑1964年总统候选人自毁长城的政治风格（他不愿与自己

[①] Richard S. Lazarus, *Personality and Adjustment* (Englewood Cliffs, N.J.: Prentice-Hall, 1963), pp. 27–28. 关于影响行为的心理因素与情境因素互动的政治心理学专题讨论，可参见 James Davies, *Human Nature in Politics* (New York: Wiley, 1963)。

在党内的竞争对手和解，总是自曝短处让选民们抓住他的软肋）；以及参与竞选的主要选手展现出来大量鲜明的心理特质。许多芸芸众生的心理也会通过群体行为的聚合对选举形势产生影响，例如当时共和党初选阶段选民们的心理和参加共和党全国总统提名大会的代表们的心理。

在解释敌对关系时，尤其需要引入心理方面的分析。比如，1967年人数众多、装备精良的阿拉伯军队之所以被以色列打败，主要是由于双方领导及部属在战术和作战动力方面存在巨大差异。1962年古巴导弹危机是一个更明显的例子，在生死攸关的危急时刻所制定的政策，与对政治行为体内在心理倾向的判断高度相关。深入讨论这个案例的细节是非常有益的，因为这一事件本身很有特色，而且危机期间围绕该事件的研究争论，其意义已经远远超越了单纯的"学术"价值。

在短短几天的古巴导弹危机中，美国和苏联之间的核战争似乎一触即发。当时苏联正准备在古巴部署导弹，一旦完成部署就能够摧毁美国的防御系统。为了往古巴运送更多导弹，苏联的运输船只在公海航行，在此期间，美国总统肯尼迪发布了要求苏联撤除已经安装在古巴的导弹的通牒，并且声明要检查苏联的船只，阻止苏联继续向古巴运送导弹。苏联到底是会先打响核战争的第一枪，并由此迅速引发毁灭人类的第三次世界大战，还是接受美国的检查，中止仍在运送导弹的船只的行程，并撤除已经部署在古巴的导弹，对于美国决策者来讲，这些情况当时根本不明朗。

在美国向苏联发起通牒的千钧一发之际，以及在随后的几天里，直到导弹被撤回，美国所有的决策都建立在针对苏联领导人心理倾向所做出的分析的基础之上，美国要判断由赫鲁晓夫及其同僚构成的苏联决策层，对美国各种举动可能做出的反应（包括按兵不动）。[1]苏联运送导弹的船只**确实**不再往古巴前进，返回了苏联。紧接着苏联以前部署在古巴的导弹也**确实**撤走了。在这两个时期内的任何一个时间段，如果美国决策层对苏联领导人心理做出误判，并基于误判采取进一步的行动，可能会造成世界政治权力平衡的剧变，进而引发全面战争。

在苏联停止用船只向古巴运送导弹后，苏联还没有立即撤除已经在

---

[1] 苏联决策层制定的对美政策同样也是建立在对美国领导人心理分析的基础上。

古巴部署好的导弹，此间，《纽约时报》的读者来信专栏有一则交流讨论，该讨论特别强调，政策制定是与对政治行为体心理进行预判密不可分的。其中一部分作者强调，当务之急是美国应该立即采取克制性的行动，尤其是应确保苏联人体面地撤除已经部署在古巴的导弹。他们的观点如下：

> 如果美国要想将来持续保持对世界局势的影响力，那些主张不惜一切代价制止苏联的人必须收起他们所热衷的政策。只有将争端把握在可控的范围之内，**让其他国家尽可能容易接受处理结果**，胜利与和平才能够实现……我们给对方施压是否有效，不仅取决于压力本身的大小，而且取决于怎样使对方更愿意妥协……美国已经展示了它的决心，绝不容许苏联对美国形成包围。如果坚持极端政策，可能会使有些国家很没面子，进而会妨碍我们通过外交进行灵活协调。①

另外一个作者伯纳德·F. 布罗迪（Bernard F. Brodie）却坚决反对这种貌似合理的观点，他认为，上述那些主张让苏联人体面撤退的人根本不了解苏联领导人的独特个性，他们的建议如果被采纳，很可能会危及世界和平。为此，布罗迪还直接引用了人格与政治研究专家南希·莱茨（Nathan Leites）的观点。

> 有人认为美国的对苏政策应该使赫鲁晓夫不那么难堪地摆脱尴尬，要避免对其进行羞辱，这种观点所代表的外交理念适用于1914年之前。如今赫鲁晓夫冒险把导弹运送到加勒比海的举动非常鲁莽，在美国外交的重压之下又满不在乎地撤退，这些行为方式根本不符合第一次世界大战前的世界外交模式。而南希·莱茨博士提出的关于布尔什维克行为解码分析的论点（codification），恰好可以解释苏联的这两个政策举措……古巴导弹危机有力印证了南希的这一研究成果。

---

① Letter of Roger Fisher, Donald G. Brennan, and Morton H. Halperin, *New York Times*, October 28, 1962 [文中黑体（原文为斜体）为原文所加，下同]。

莱茨博士指出苏联人的心理特征如下：一方面，这位苏联共产主义领导人认为，只要机会允许，就应该与对手抗争，这是道义上的需求，即他认为推进革命绝不能懈怠。另一方面，他也不愿意顶着巨大的风险，毁掉已经取得的基础成果。因此，如果形势所迫，在风险的确很大的情况下，苏联领导人乐意撤退，不会采取为了保全面子而不顾大局的幼稚行动。

我们不欠（赫鲁晓夫）什么人情，但是如果我们确实想要尊重他，那最好的方法是实施绝对明确的威慑，让赫鲁晓夫与他的同僚不必犹豫，真切地认识到快速撤退是非常必要的。对于赫鲁晓夫个人而言，以及从其担任的苏联领导角色要求看，他宁可在极其严重的威胁面前撤退，在不太严峻的形势下过早投降是他无法容忍的。**我们应该明白，美国态度决不能过早缓和，这样不但不会换来苏联的缓和，反而会使苏联更加强硬……**①

关于这场讨论的细节我不再赘述。这两种竞争性的观点并不是完全对立的，在某种程度上也不是完全相互排斥的。我想强调的是，这些争论议题对于我们理解政治事务、控制政治局面都是非常重要的。无论是《纽约时报》观点交锋的具体内容，还是分析促成古巴导弹危机的极其宏阔背景时出现的问题，都是如此。这一背景下发生的案例表明，政治上（或者其他方面）的刺激一定会对政治行为体的行为产生影响，而要想准确预测政治行为体如何反应，我们必须把握清楚行为体的心理特质，行为体的心理

---

① *New York Times*, November 13, 1962。布罗迪所参考南希·莱茨的早期著述主要有 *The Operational Code of the Politburo* (New York: McGraw-Hill, 1951) 和 *A Study of Bolshevism* (Glencoe, Ill.: Free Press, 1953)。后来莱茨关于古巴导弹危机的论述参见 Leites, "Kremlin Thoughts: Yielding, Rebuffing, Provoking, Retreating," RAND Corporation Memorandum RM-31618-ISA (May, 1963)。关于这一问题的研究还可参考 Alexander L. George, "Presidential Control of Force: The Korean War and the Cuban Missile Crisis," paper presented at the 1967 Annual Meeting of the American Sociological Association。还可参见 Edward D. Hoedemaker 在其论文中对古巴导弹危机的评论 "Distrust and Aggression: An Interpersonal-International Analogy," *Journal of Conflict Resolution*, 12 (1968), 69–81。

特质是介于外部刺激与政治反应之间的调节变量。

学术界应该高度关注并研究影响政治的心理问题。但是，实际上分析政治现象乃至大规模社会现象的个人先在条件（the personal antecedents of political and other large-scale social phenomena）的整个研究工作却总是普遍遭到质疑。至今我们应该做的研究很多，实际做到的很少，而要弥补这一缺陷，需要一套完善的方法。

第三节　系统的政治人格研究何以姗姗来迟？

在前面的讨论中我曾经提出过，人格与政治研究发展缓慢的原因之一，在于现有研究论著中存在的问题。在详细考察这些文献及其发展变化之前，我们将关注导致人格与政治研究发展缓慢的几个深层次原因。

从政治科学经验性研究的简短发展历程来看，多数情况下，在开展政治分析时往往不运用明确的心理假定，这似乎是一种大家都特别能接受的做法。如果一位学者研究自己熟悉的文化背景中的一般行为体（"normal" actors），通常在分析问题时，要么图省事只观察政治环境方面的变量，要么只是研究一下与行为体的社会地位相关的部分心理属性（如社会经济状况、年龄、性别）。

但是，多数研究中通常隐含的对行为体心理的常识性假定在以下两种情境中却经不起推敲：a. 本土文化中行为体的行为背离了常规预期；b. 怎样解释其他文化背景下的行为体的行为。有两个相关的例子为证：第一，亚历山大·乔治与朱丽叶·乔治（Alexander L. George and Juliette L. George）[①] 的研究表明，美国总统伍德罗·威尔逊在某种情境下，根本不愿与自己的对手妥协，而这有悖于美国政治家的一贯实践。[②] 第二，

---

① 后面统称为乔治夫妇。——译者注

② Alexander L. George and Juliette L. George, *Woodrow Wilson and Colonel House: A Personality Study* (New York: John Day, 1956); 增加了新序言的平装本（New York: Dover, 1964）。

对古巴导弹危机中布尔什维克领导人的表现,运用莱茨提出的理论解释可能更适用。然而,当政治学学者在研究中确实意识到,对政治行为的心理层面进行明确的假定非常重要时,却发现心理研究的现状往往会拖了他的后腿。政治学学者非但没有找到对他有启发的心理学观点,相反,却发现心理学研究中存在大量在不同程度上相互对抗的理论模型与研究框架,对于什么是个体内在倾向的本质、用什么样的术语来概括这些特征、采用哪种方法去观察这类问题等都缺乏共识。

如果某位政治学研究者坚决要系统运用心理分析路径,他可能会更加失望。因为当他致力于解释自己所感兴趣的复杂行为时,他所看到的多数心理研究及理论简直与自己研究的行为类型毫不相关。即便有些心理学者的确触及了他想要研究的问题,结果他却发现这些心理学研究中关于政治议题的结论似乎过于简单化,对研究并没有什么启发。心理学学者的研究结果看起来不能带给政治学研究相应的启发,主要原因在于许多心理学学者在认识上的误区:心理学不应该是解释社会行为中具体案例的科学。相反,心理学家致力于发现支配各种具体社会行为的一般原则。正如某一心理学家所言,心理学要刻意"保持社会距离"(socially indifferent),即心理学研究应该剔除、忽略源于特定情境而形成的行为,比如国会委员会、政党大会上的行为。

当社会学、人类学、政治学和经济学等其他学科的研究者试图从心理学中获得借鉴时,他们觉得不满甚至常常感到气愤。他们满怀热情去研读心理学理论,结果却很受挫。乍一看貌似不错的研究,这些学者们看完后居然发现它们没有参考价值,极其普通,甚至是错的,对他们来讲简直是浪费时间……心理学学者确实而且必须要开展关于社会事件和社会活动的研究,这是唯一可行的出路……目前的心理学研究只不过是这样的一门学科:从具有丰富内涵的行为中抽象出概念,继而这些概念构成了心理学子学科的行话……

提出上述观点的作者的后续分析进一步表明,为什么心理学学者对政治与社会问题发表自己的见解时,总是遭到具有政治学学识的读者们的质疑。

我强烈地感觉到，当我们面对大多数社会现象时，我与我的［心理学］同行们的观点是多么的简单而平凡。我们对大多数社会行动的历史背景非常无知，我们不理解各种制度与安排相互交织的错综复杂局面……总之，面对社会现象，心理学学者往往如同门外汉，特别是论及那些宏大背景中的社会现象时，更是如此。之所以出现这样的结果，主要原因在于心理学家往往将社会行动的场域仅仅当作自己所研究的各种趣事发生的**地方**，而不是**追问的焦点**（the focus of inquiry）。①

然而，人格与政治研究进展缓慢的主要原因在于：现有研究文献中充满了争议，这正是我们必须在下文中转而讨论的问题。

第四节 人格与政治研究知识谱系中的文献情况②

一、人格与政治研究知识谱系的梳理：个案研究、类型研究和聚合研究

现有关于"人格与政治"的研究大致可以分为三类：一是**个案**（single-case）心理研究，主要针对单一政治行为体；二是政治行为体类型心理研究（也就是多重案例研究）；三是聚合研究，主要研究多个单一行为体、类型行为体通过多种途径聚合起来共同对政治机制运行造成的影

---

① Richard A. Littman, "Psychology: The Socially Indifferent Science," *American Psychologist*, 16 (1961), 232–36.
② 作者在文中用 "personality and politics" 主要指人格与政治研究领域或主题；用 personality-and-plitics 主要指人格与政治研究领域已形成的研究成果。译者统一将前者译为 "人格与政治"，后者译为 "人格与政治研究的知识谱系"。——译者注

响，聚合途径涵盖了从日常面对面打交道的小组，到国际层面的组织和政治平台等多种方式。

个案分析的相关研究包括对普通民众的深层心理分析，如莱恩（Lane）的著作①，史密斯、布洛诺和怀特（Smith, Bruner and White）的合著②，以及许多著名人物的心理传记③。我这里提出的类型心理研究中的"类型"，主要是根据心理特征来对政治行为体进行分类的结果——分类标准有很多，可以根据单一的心理变量对某一人口群体成员进行分类，比如根据"政治效能"进行分类，也可以根据几个相互联系的心理属性所构成的复合特征进行分类。目前最广为人知、发展最成熟的、可能也最具有争议的政治行为体类型研究，是"威权主义"类型研究。④还有一些类型研究是关于教条主义者⑤、反人类主义者⑥、马基雅维利主义者⑦，以及内心恪守传统易受他人支配的人格类型（tradition-inner-and-

---

① Robert E. Lane, *Political Ideology* (New York: Free Press of Glencoe, 1962).

② M. Brewster Smith, Jerome Bruner, and Robert White, *Opinions and Personality* (New York: Wiley, 1956).

③ 比如, George and George, *op. cit.*; Erik H. Erikson, *Young Man Luther: A Study in Psychoanalysis and History* (New York: Norton, 1958); Lewis J. Edinger, Kurt Schumacher: *A Study in Personality and Political Behavior* (Stanford, Calif.: Stanford University Press, 1965); Arnold Rogow, James Forrestal: *A Study of Personality, Politics, and Policy* (New York: Macmillan, 1963); E. Victor Wolfenstein, *The Revolutionary Personality: Lenin, Trotsky, Gandhi* (Princeton, N. J.: Princeton University Press, 1967); 以及 Betty Glad, *Charles Evans Hughes and the Illusions of Innocence* (Urbana: University of Illinois Press, 1966). 也可参考 A. F. Davies, *Private Politics* (Melbourne: Melbourne University Press, 1966).

④ Theodor W. Adorno, Else Frenkel-Brunswik, Daniel J. Levinson, and R. Nevitt Sanford, *The Authoritarian Personality* (New York: Harper, 1950); Richard Christie and Marie Jahoda, eds., *Studies in the Scope and Method of "The Authoritarian Personality"* (Glencoe, Ill.: Free Press, 1954).

⑤ Milton Rokeach, *The Open and Closed Mind* (New York: Basic Books, 1960).

⑥ Morris Rosenberg, "Misanthropy and Political Ideology," *American Sociological Review*, 21 (1956), 690–95.

⑦ Richard Christie and F. Geis, *Studies in Machiavellianism* (New York: Academic Press, forthcoming).

other-directedness)① 的研究。另外也有一些学者从角色扮演的维度对政治行为体进行分类，比如拉斯韦尔提出的鼓动者—管理者—理论家的三种政治行为体类型②，以及巴伯提出的观察型议员、自我广告型议员、立法型议员、勉强型议员四种议员类型。③

我用"聚合"分析一词来概括第三种"人格与政治"研究的特征，主要是借鉴了试图在宏观经济与微观经济之间建立连接的相关研究中的提法④。在聚合分析的相关文献成果中，不仅包括我之前提到的关于群体内行为的微观研究和关于整个人类社会心理的宏观研究，还有不少关于民族文化心理特征的研究⑤，以及结合人际情感紧张状态解释国家之间冲突的研究。⑥

尽管实际上具体研究可能不限于单纯采用一种分析模式，但依然可以呈现它们之间的逻辑关系，使得这三种路径作为梳理人格与政治研究的知识谱系中出现的各种议题的方式更有启发意义。个案研究侧重于分析单一行为体；类型研究对行为体进行分类，继而解释这一类型行为体的行为特点及根源；聚合研究则充分利用个案研究和类型研究的成果，把诸多单一、类型行为体放在更宏大的体系中，解释由他们所组成的整体的情况。每种研究路径有不同的要求，也面临不同的问题。此外，三种研究路径之间存在着有趣的相互依存关系，如下图所示：

---

① David Riesman, with Nathan Glazer and Reuel Denney, *The Lonely Crowd* (New Haven, Conn.: Yale University Press, 1950).

② Harold D. Lasswell, *Psychopathology and Politics*, op. cit.

③ James D. Barber, *The Lawmakers* (New Haven, Conn.: Yale University Press, 1965).

④ Gardner Ackley, *Macroeconomic Theory* (New York: Macmillan, 1961).

⑤ 例如，Geoffrey Gorer, "Burmese Personality" (New York: Institute of Intercultural Studies, 1943, monograph); Ruth Benedict, *The Chrysanthemum and the Sword* (Boston: Houghton Mifflin, 1946); 以及 Geoffrey Gorer, *The American People* (New York: Norton, 1948)。

⑥ Otto Klineberg, *Tensions Affecting International Understanding* (New York: Social Science Research Council, Bulletin 62, 1950); Leon Bramson and George W. Goethals, *War: Studies from Psychology, Sociology, Anthropology* (New York: Basic Books, 1964).

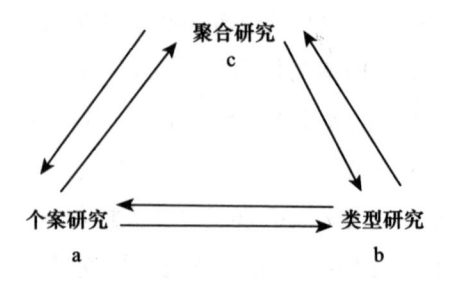

```
         聚合研究
            c
         /    \
        /      \
       /        \
   个案研究 ←——→ 类型研究
      a              b
```

比如，通常当我们观察某个行为体在具体情境中的行为，发现其行为方式与我们对该情境下行为体表现的一般预期不同，我们无法解释出现此类出入的原因时，我们会转向探索政治人格对行为体行为的影响。我们试图从行为体的人格结构出发来分析这种行为的独特性，随着研究的深入，我们可能会进一步发现，**我们**研究的行为体与某些其他行为体很相似，如果找到了他们的共同点，我们将其归纳为一类，也就是从个案研究转移到类型研究（a→b）。也存在这样的可能，当研究个案时，我们借助类型研究中的经验与理论进行演绎推理，进一步将我们关注的个体归入某个类型，从而根据类型特征对个体的心理及其行为方式进行推断。这就是从类型研究向个案研究的转移（b→a）。因此，乔治夫妇在《伍德罗·威尔逊和豪斯上校》一书中能够运用临床心理学关于强迫型人格（compulsive types）类型的研究来分析伍德罗·威尔逊的心理和行为。[1]

当我们从个案与类型研究转向聚合研究时，我们发现许多人格类型分布与系统相关的理论成果（b→c）。此类成果的一个代表性例子是弗洛姆（Erich Fromm）提出的理论，他认为，当时德国存在较多威权主义人格类型的政治行为体，这是造成魏玛共和国瓦解的重要原因。[2] 而且，事实表明，相对于其他生活领域，位高权重的个人更可能对政治领域的集体系统（aggregate system）产生重要的影响（a→c）。三种路径相互依存的最后一种表现，即学术界围绕"文化与人格""社会结构与人格"等主题的研究，尽管该类研究获得的认可度没有那么高，但却历史久远。最近

---

[1] 参见亚历山大·乔治的评论："Power as a Compensatory Value for Political Leaders," *Journal of Social Issues*, 24: 3 (1968), 29 – 50。

[2] Erich Fromm, *op. cit.*

兴起了"政治社会化"研究，这些研究都致力于探索体系对于组成体系的单一行为体和行为体类型的影响（c→a）或者（c→b）。关于这一研究路径，我们还可以追溯至古希腊的规范政治研究传统，政治体系是否能够为体系成员带来心理上的幸福感，已经成为评判不同政治组织体制优劣的部分依据。

二、现有研究中存在问题的根源分析

对"人格与政治"研究的批评意见中，有的是针对整个研究中存在的问题，有的则是针对具体的某一种研究路径。在所有这些评论中，批评家们最常提到的一点是：针对政治行为的人格解释，很多都是未经具体论证的一知半解，也许是不可论证的。

我们不妨首先从对各种具体研究路径的批评开始讨论。

个案研究通常是对政治行为体内在的"主体性"进行分析。批评者对该研究的指责如下：个案研究者在诠释个体心理时，往往缺乏一套可靠而又准确的公认标准。他们认为，关于个案的诠释是不可复制的，这些评论家还特别强调，借助精神分析理论对个体进行阐释貌似也比较武断。此外，政治心理学家分析特定历史个案时，强调精神病理性特点比较多，缺乏对个人力量与创造性适应能力的敏锐洞察。在早期许多运用精神分析理论撰写的政治人物传记中，也常常由于普遍存在这些问题而受到批评。比如精神分析学家 L. 皮尔斯·克拉克（L. Pierce Clark）在 1933 年出版的关于林肯的传记中，根本没有提出关于林肯非凡政治才能的令人满意的解释。[1]

类型研究同样也面临一些问题。当学者们运用定量方法研究心理类型，致力于开发出效度和信度都不错的人格及其相关政治因素的测量方法时，他们遇到了很难对付的麻烦。例如，20 世纪 50 年代大量关于"威权主义"的研究，由于存在测量错误而使这些研究的科学性大打

---

[1] L. Pierce Clark, *Lincoln: A Psycho-Biography* (New York: Scribners, 1933). 后来埃里克森（Erikson）在其著作中意识到了这一点，并着手纠正对精神病理的强调，详见 *Young Man Luther, op. cit.*。

折扣。① 在早期的许多研究中，关于人格与政治态度的心理测量是彼此相关的：总体上看，这种相关关系不是很显著，而且也不够稳定，之所以如此，在我看来，是由于借助过于粗糙的自变量和因变量指标来研究相当复杂与微妙的现象所造成的。② 而出现这些问题的深层次原因则在于，在许多类型研究中清晰的概念化工作远远不够。

然而，相对个案研究和类型研究，聚合研究，即关于国民性格、国际危机和各种制度功能的心理分析，遭到的质疑最多。③ 在许多聚合分析中，研究者似乎毫无顾忌地直接运用心理学的观点，不加限制地解释社会进程。由于缺乏充分而且必要的解释，"还原主义"就成了批评这种研究取向的常用标签，例如，直接从人格角度或者从典型德国人的童年经历角度来分析德国人。

当我们仅仅用整体中的一小部分来解释复杂的现象时，往往会被贴上"还原主义"的贬义标签。批评家认为：人格与政治研究知识谱系中的三类研究取向都以多种形式表现出来"还原主义"的特点，这是各种问题的总病根。部分关于单一行为体的心理传记强调精神病理分析，是"还原主义"的表现。有些威权主义类型研究强调，早期人格特点影响自我防御模式，进而成为成年后种族歧视与政治顺从的主要决定因素，这也是"还原主义"的表现。上述这些人格与政治研究的知识谱系中出现的"还原主

---

① 关于改进威权主义人格研究中测量方法的代表性研究参见 Martha T. Mednick and Sarnoff A. Mednick, *Research in Personality* (New York: Holt, Rinehart, and Winston, 1963). 高度关注工具有效性的研究范例，可参见 Herbert McClosky, "Conservatism and Personality," *American Political Science Review*, 52 (1958), 27–45; Herbert McClosky and John H. Schaar, "Psychological Dimensions of Anomy," *American Sociological Review*, 30 (1965), 14–40; 以及 Herbert McClosky, "Personality and Attitude Correlates of Foreign Policy Orientation," in James Rosenau, ed., *Domestic Sources of Foreign Policy* (New York: Free Press of Glencoe, 1967), pp. 51–109。

② 对早期的"属性相关"（"trait-correlational"）政治心理学研究文献，可以参见 Smith, Brunet, and White, *op. cit.*, Chap. 2。

③ 可以进一步参考，例如，Theodore Abel, "Is a Psychiatric Interpretation of the German Enigma Necessary?" *American Sociological Review*, 10 (1945), 457–64; 以及 Reinhard Bendix, " Compliant Behavior and Individual Personality," *American Journal of Sociology*, 58 (1952), 292–303。

义"问题，主要是研究者忽略了影响行为的心理方面或者非心理方面等因素，研究中视野不够宽阔。这些研究在综合多变量进行情境解释方面用力不够，因为在特定情境中，政治行为的发生会受到多方面因素的影响，各种影响因素之间也会相互作用。

最后，在对人格与政治研究的**这一系列**批评意见中，还有一种反对观点，持此类反对观点的人在不同程度上认为，人格与政治研究领域**总体上看来**不会有什么大作为。他们的理由如下：在对行为的解释中，社会因素作用超过了人格因素；情境变量似乎比人格变量对事件的影响更大一些；人格对事件的影响是非常有限的；在日常生活中，自我防御就更无关紧要了。然而，经过仔细考察和深入研究，我们会发现轻视乃至回避人格与政治研究的理由都**不充分**。不过，这些批评为我们改善人格与政治研究提供了重要建议，因此也值得我们去关注。

我将在后面的章节中详细介绍和讨论这些反对意见；下面首先回顾一下最近研究中出现的一些非常有价值的成果，其中包括一个重要研究思路构想①，这一研究思路旨在避免各种各样的"还原主义"问题，进一步明晰了特定情境下的多个变量对行为的综合影响。

三、人格与政治研究的前景展望

对于人格与政治研究知识谱系缺乏系统性的问题，我在前面论述中表示过失望，大家千万不要因此认为该领域没有有趣或者有价值的成果。事实恰恰相反，过去有很多非常有趣的研究成果，绝不仅限于拉斯韦尔早期的研究贡献。最近也产生了许多非常乐观的进展，这些研究不仅针对以前三种研究路径中的问题进行了修改调整，而且对整个人格与政治研究进行了完善。

在个案研究中，令人敬佩的成果，可能是学术界最为普遍称道的埃里克·埃里克森的《青年路德》和乔治夫妇的《伍德罗·威尔逊与豪斯上校》这两部著作。② 与早期关于政治人物的精神病理传记相比，这

---

① 即全书多次提到的史密斯提出的研究框架。——译者注
② See Erikson, *op. cit.*, and George and George, *op. cit.*

两项研究成果的学术水平遥遥领先。埃里克森和乔治夫妇都能够出色运用精神分析学说的理论来解释饱受争议、令人费解的政治领袖,他们既不是简单将政治人物的解释还原为精神分析层面的自我防御,也没有忽略非心理层面的影响,而且还充分考虑了被研究对象自身的优长以及弱点。乔治夫妇关于威尔逊总统的研究对政治心理学家具有重要的启示意义:一方面,他们研究了当代著名的政治家;另一方面,他们在研究方法层面也为同行树立了典范。虽然乔治夫妇主要用历史叙事的方式描述了威尔逊,并尽可能减少理论推理与解释,但是他们始终保持了较强的方法论意识和理论意识,能够用理论来引导叙述。乔治夫妇在《伍德罗·威尔逊与豪斯上校》出版后的补充说明论文以及其他相关论著中,讨论过他们研究的理论假定和方法。[①] 这些具体讨论使得个案研究的操作方法更为具体和完善,从而使个案研究具有可重复性,因而也更为客观,这是乔治夫妇对个案研究的重大贡献。在第三章集中讨论个案分析的时候,我大量借鉴了乔治夫妇对威尔逊的研究,以及他们研究单个行为体时所采用的逻辑与方法。

在类型研究中也有可喜的进展。詹姆斯·D. 巴伯对立法者的研究提供了一个重要的例子。[②] 巴伯对康涅狄格州的议员进行了访谈和问卷调查。他提出了两个变量,其中一个变量是州议员对自身这一身份的态度,通过他是否愿意担任更长任期的州议员来观察。另一个变量是州议员参与群体活动的水平,通过各种立法活动的客观指标来观察。每个变量可以赋两种值,由此巴伯构建了对州议员的四种分类模型。如下表所示。

[①] Alexander L. George, "Power as a Compensatory Value for Political Leaders," *op. cit.*; "Some Uses of Dynamic Psychology in Political Biography" (unpublished paper, 1960); and Alexander L. George and Juliette L. George, "Woodrow Wilson: Personality and Political Behavior" (paper presented at the 1956 Annual Meeting of the American Political Science Association).

[②] Barber, *op. cit.*

在州议会的活动水平 对州议员身份的认同	高	低
积极	立法型议员	观察型议员
消极	自我广告型议员	勉强型议员

巴伯发现了议员们在动机和行为方面虽各有差异，但大体可以根据他的分类标准区别出四种类型的行为模式。比如，巴伯提出的"立法型议员"，这一类议员对自身立法者身份表现出强烈的积极认同、参与具体立法行动的频率也很高，立法型议员愿意付出巨大努力对各种立法建议进行理性讨论选择，最终形成解决问题的好政策。其余的三类议员都展现出不同的动机模式和鲜明的政治风格，但与立法型议员相比，这三类议员都没有致力于追求通过立法形成政策。与"立法型议员"完全不同的，是那些对立法者身份认同比较消极、立法行动参与频率也很低的人，他们只愿意在办公室里完成例行公事。巴伯将这一类议员界定为"勉强型议员"。还有一类议员，虽然参与立法行动的频率不高，但积极认同对自身的议员身份，被巴伯称为"观察型者"，表现出李斯曼式（Riesmanesque）的倾向，他们参与政治活动只是为了寻求情感上的宽慰。最后，那些对州议员身份态度比较消极但在立法行动中参与频率很高的议员，被巴伯归为"自我广告型议员"一类，这类议员往往是"追名逐利的年轻人"，将参与政治活动当作获得关注、得到提拔的途径之一。

巴伯基于核心变量的各种不同关系建构出的类型学分析，主要是采用了拉斯韦尔在其《精神病理学与政治》[1] 以及后续相关研究中[2]提出的分析策略。拉斯韦尔认为，有效的分析研究应该首先从辨识"原子类型（nuclear types）"开始，巴伯也正是基于两个基本变量提出了四种原子类型。拉斯韦尔接着指出了进一步的研究策略，即识别与原子类型的内核特

---

[1] Barber, *op. cit.*, Chap. 4.
[2] Harold D. Lasswell, "A Note on 'Types' of Political Personality: Nuclear, Co-Relational, Developmental," *Journal of Social Issues*, 24: 3 (1968), 81 – 91.

征相互关联的一系列特征。运用这一研究策略，巴伯发现"立法型议员"往往是来自政党竞争比较激烈的城市地区的大学毕业生，他们有着比较高的自尊水平；而"观察型议员"可能是来自小城镇的女性，严重缺乏自尊；其他两个类型的州议员也表现出各自相应的特征。巴伯最近关于总统风格类型研究的著作中也展示了类似的成果，通过研究来进一步发现子类型（subtypes）。拉斯韦尔将这一步称为"相关"类型研究（co-relational typing）。他清晰地阐述了如何从原子类型研究转到相关类型研究的逻辑。

以此类推，正如拉斯韦尔所说，相关类型分析进一步深入下去，就会产生发展类型（developmental types）：

> 有很多用来描述成年人特性的术语，但这些术语并不能概括还未分化出个性差异的未成年人的特征。而一个全面的发展类型研究需要对各种概念进行优化调整，以便适应对整个成长过程的描述。发展类型研究应该能够描述各个阶段的成年人的表现，并且能够将这些表现与个体早期成长过程中的关键经历联系起来，因为恰恰是这些早期经历塑造了个体长大成人后与世界相处的应对方式。①

在后来对美国总统风格研究的著作中，巴伯尤其重视类型分析中的发展性要素，超越了他早期在《立法者》一书中的类型研究。与现代人格理论家所持的观点一样，巴伯也强调个体发展不仅仅是早期童年经历的结果，而是持续一生的过程。巴伯发现，正是成年早期的经历而非童年早期的经历，对总统们政治行为产生重要影响。尤其是就任总统之前的第一次独立获取政治成功的经历，是影响总统们日后行为的重要变量，这是巴伯对总统传记进行详细研究后发现的结果。②

我在第四章还会继续讨论拉斯韦尔—巴伯构建的政治行为体类型分析

---

① Lasswell, *Psychopathology and Politics*, op. cit., p.61.
② James D. Barber, "Classifying and Predicting Presidential Styles: Two Weak Presidents," *Journal of Social Issues*, 24: 3 (1968), 51 – 80, 以及他的论文 "Adult Identity and Presidential Style: The Rhetorical Emphasis," *Daedalus*, 97 (1968), 938 – 68。

的系统策略,在这一章里,我还将围绕最著名的、最复杂的政治心理类型,即威权主义人格类型,进行讨论和逻辑重构,并结合对这一特殊类型的讨论来分析类型研究中存在的问题。

目前,不但个案研究和类型研究领域发展势头不错,聚合研究——政治行为体的心理现象如何聚合起来,并对他们所组成的集体发挥作用,也获得了重要进展。关于如何连接个体心理微观现象与社会政治机制运行的宏观现象,历来不同的理论家持有不同的立场,且这些立场几乎覆盖了所有的可能性。著名社会学家涂尔干不愿从心理角度解释社会事实,而还原主义者则试图只用社会成员的心理属性来解释社会、政治体系的属性,他们并没有意识到,这样很难做出准确的解释。

正如辛格(Singer)指出,无论是在自然科学还是社会科学中,关于如何连接微观和宏观现象的认识论争论都是存在的。[1]或者说,这些问题至少在纯理论研究的学者中间是普遍存在的。而那些从事经验研究的学者似乎"看起来比较愿意"接受现状。一位评论分子生物学研究进展的学者曾说:"经验研究者能够坦然面对这样的争论现状,并不会受到这些争论的干扰,他们依然专注于手头的研究工作。"[2]在政治学领域,伯朗宁与雅各布(Browning and Herbert Jacob)是努力做好经验研究的代表,他们试图通过数据来分析政治系统特征与政治家动机之间的关系。[3]伯朗宁后来还尝试通过计算机仿真分析,研究什么样的政治体制吸纳什么样的政治人才,以及会产生什么样的后果。[4]

不过,如果我们从广义上使用"人格"概念,综观那些使用心理数据来解释制度形式的聚合研究的进展时,我们会发现关于选举的研究发展得

---

[1] J. David Singer, "Man and World Politics: The Psychological Interface," *Journal of Social Issues*, 24: 3 (1968), 127–56.

[2] John L. Howland, "The Strategy of Molecular Biology," *Choice*, 4 (1968), 1209–12.

[3] Rufus P. Browning and Herbert Jacob, "Power Motivation and the Political Personality," *Public Opinion Quarterly*, 28 (1964), 75–90.

[4] Rufus P. Browning, "The Interaction of Personality and Political System in Decisions to Run for Office: Some Data and a Simulation Technique," *Journal of Social Issues*, 24: 3 (1968), 93–110.

最快。这个领域已经有好几项以数据为基础且很有说服力的研究，它们都是运用微观数据来解释大范围的政治模式。密歇根大学调查研究中心的学者使用调查数据针对以下问题进行研究：美国的执政党为什么在中期选举中会失掉国会的主导地位，包括布热德创建的联盟（Poujadists）在内的各类昙花一现的法国政党何以兴衰浮沉①。他们的研究结论都是不同于常识的有趣解释，对此我在第五章聚合研究部分还会讨论。

总体来看，不但个案研究、类型研究和聚合研究三个方向都各有进展，而且过去许多令研究人员感到棘手的问题目前也普遍得到了解决。特别是以往政治人格研究的学者总追求建立单因素的解析模型，这种做法广为诟病，如今这种倾向得以扭转，不少理论观点都主张，该领域研究人员要敏锐地意识到，综合的、多变量的解释才是充分的。这些模型当中，最有启发意义的可能是 M. 布鲁斯特·史密斯的"人格与政治分析思路图"，这一理论框架是对史密斯与布鲁纳、怀特三人前期合著的《观念与人格》一书的进一步拓展。②

第五节　研究人格与政治的"思路图"

史密斯的研究思路图旨在提醒研究者：影响政治以及其他行为的各种心理要素和社会要素之间相互依存。要把握史密斯在其论文中对这一思路图的详细透彻阐释，我们有必要去细读原文；在此我总结概括了

---

① 参见 Angus Campbell, Philip E. Converse, Warren E. Miller, and Donald Stokes, *Elections and the Political Order* (New York: Wiley, 1966), pp. 40-62, 269-91. 译者注：布热德在 20 世纪 50 年代创建了"保障小商人和手工业者联盟"，法国的小商人和手工业者对以大商场为代表的新的商业模式非常不满，他们在皮埃尔·布热德的领导下开展了请愿和竞选活动。他们一度获得了国会 12% 的席位。

② M. Brewster Smith, "A Map for the Analysis of Personality and Politics," *Journal of Social Issues*, 24: 3 (1968), 15-28. 也可参考 Alex Inkeles and Daniel J. Levinson, "The Personal System and the Socio-Cultural System in Large-Scale Organizations," *Sociometry*, 26 (1963), 217-29。

第一章 人格与政治研究领域概览

图 1

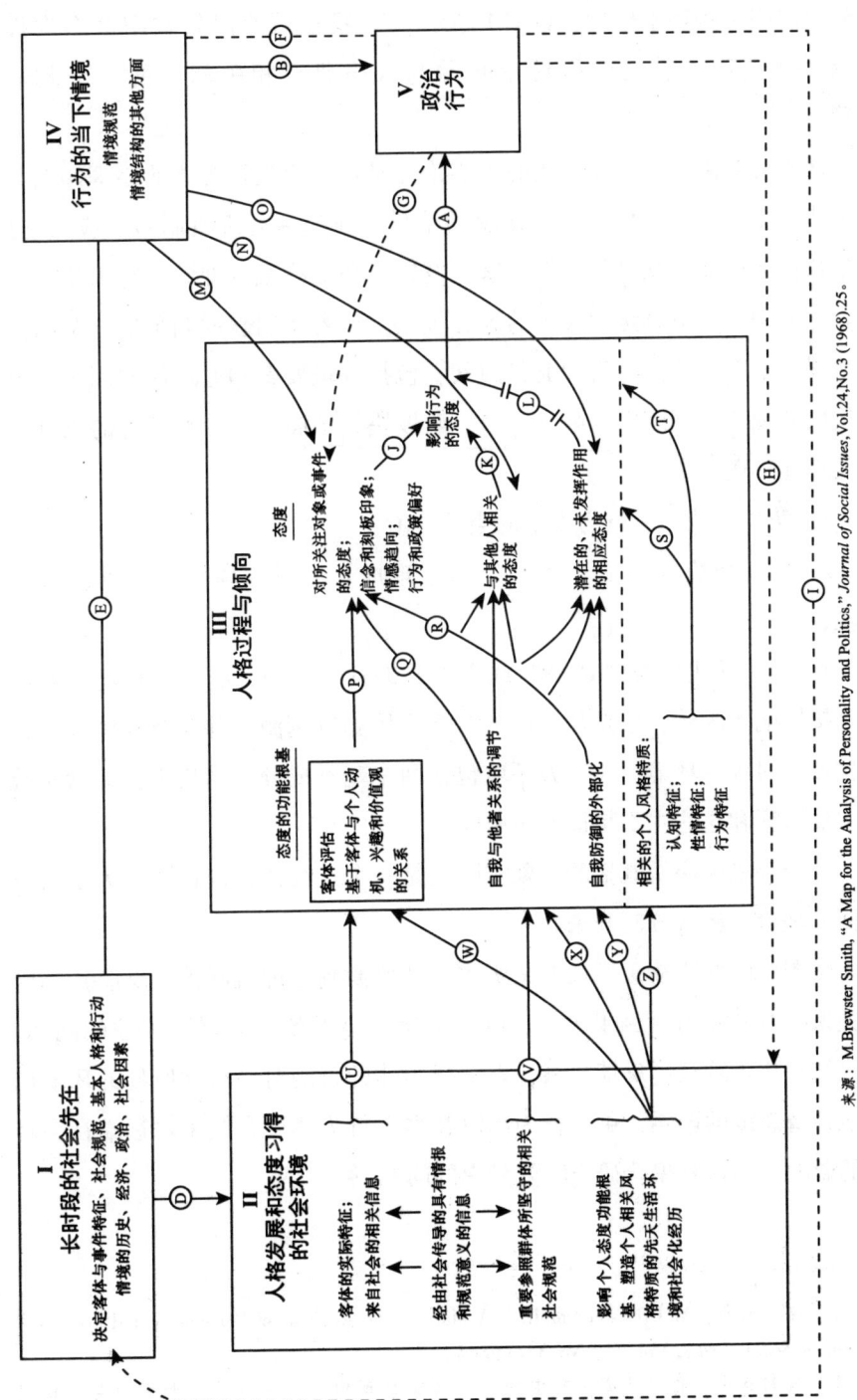

来源：M.Brewster Smith, "A Map for the Analysis of Personality and Politics," *Journal of Social Issues*, Vol.24, No.3 (1968):25。

该研究思路图的基本框架，如图1所示①。(我在后面的行文中会多次提到这一思路图，它是我们讨论政治与人格研究相关问题的一个基本参照。)

从本质上讲，这一思路图的中心论点是：行为是行为体的心理倾向与行为体所受到的环境影响共同作用的结果（刺激→心理机制→反应），这也是我们在以前强调过的观点。这一逻辑链条的终端，即政治行为位于图表右侧的中心，也就是图表中的第五板块。作者在图表的剩余部分全面简洁地展示了影响政治行为的前置因素，包括环境要素和心理倾向因素。第三板块展现了心理因素。第一、二、四板块分别展现了影响行为的三种社会及其他环境因素：

1. 第四板块代表行为发生的当下情境；

2. 第二板块代表从小到大经历心理成长的行为体当时所处的社会环境；

3. 第一板块代表"远端"或者久远的社会环境，这一大环境虽然没有直接影响行为体，但是却塑造了对行为体施以刺激、并对行为体进行社会化的当时社会环境。长远大环境包括两个基本成分：当代社会政治系统的主要特征和这些主要特征的历史前身。

三个环境板块所概括的现象实际上是一个连续体，现在只是为了研究方便从理论上将其分割开来。

在图中的实线箭头代表上文所述（从刺激到心理机制再到反应）的因果关系以及其他前后因果关系，这是人格与政治研究者需要关注的问题。虚线箭头代表着某种反馈关系，表示行为体的行动对于行动所处的环境以及他自身态度的影响，单一行为体以及多个行为体聚合起来对远端社会环境的影响——这是聚合研究需要考虑的问题。②

---

① 图片来源：M. Brewster Smith, "A Map for the Analysis of Personality and Politics," *Journal of Social Issues*. Vol. 24, No. 3 (1986), 25.

② 换句话说，整个研究框架中的逻辑链条呈现出作用和反作用两方面关系构成的完整闭环。——译者注

在思路图的中心位置，也就是图表中集中展示心理的第三板块，史密斯列出了人格过程与倾向。和其他心理学家一样，他把"态度"界定为广义的"人格"范畴下的一个子范畴。在实际的分析中他将"态度"与更为持久的深层次人格结构区分开来，这些深层次人格结构是态度形成的基础。思路图的第二板块包含的主要内容（比如，态度和态度的功能根基），大多是为了分析方便而进行的理论建构，而不是我们直接观察所得。研究者们能够直接观察到的只有关于环境的变量和行为。当然这些行为，不仅包含了投票或者参与政变这样实际的身体行动，也包含了私人访谈过程中受访者对个人信念的表达。

政治学学者们有时倾向于把"态度"概念等同于研究态度时最常用的操作化指标——在民意调查中大众所做出的互不相关的回应。史密斯则认为："态度是行为体……面临任何情境时……表现出的一系列心理倾向，这些倾向是当行为体从心理上面对政治人物或者事件等客体对象时，认知、情感和意志各个方面的综合倾向。"① 概言之，史密斯是用"态度"这一范畴概括行为体面对情境时的所有主观心理倾向。在思路图中展现心理要素的第三板块的右上方，史密斯阐明了他对态度的界定，态度不仅仅包含"情感趋向"（感情倾向），而且包含了"信念和刻板印象"（认知倾向）和"行为和政策偏好"（意动倾向）。如此，态度就成为人格中距离政治行为当下情境最近的"表层"要素：实际上，**正是被行为体知觉到的环境**，是态度形成的基点（attitudinal datum），是预测和解释行为的中心要素。② 有时将态度和情境理解为一对推拉互动关系（push-pull relationship）的变量能帮助我们更好认识问题：态度越强烈，对行为的推动作用就越大，行为的产生也就越少依赖于情境的激发，反之同理。进而，态度和情境互动还表现为，只有当情境规范确实与主观价值有相通点时，情境规范

---

① Smith, *op. cit.*, p. 21.
② 怎样将态度进一步具体化为更为准确的术语，用以描述政治行为的相关心理背景（比如行为体的价值、目标、对自己所处情境的了解程度和关于将来发展的估判），关于这些问题的讨论，可以参考乔治对史密斯早期关于概念化研究的评论，详见 Alexander L. George, "Comment on 'Opinions, Personality, and Political Behavior'," *American Political Science Review*, 52 (1958), 18–26。

才会起推动作用。①

态度和情境的互动是研究者在解释行为时需要首先观察的要素。但是要了解态度的形成、唤起、稳定和变化，可能需要考虑深层次的人格结构：也就是史密斯在与布鲁纳、怀特的合著中进一步提出的"态度的功能根基"（functional bases of attitudes）。史密斯的理论建构，类似于弗洛伊德关于自我、超我、本我的分类，以及其他许多人格研究理论的相关范畴：

1. 第一层根基结构是每个个体都大致具备的处理现实问题的人格结构（structure）——旨在评估、适应环境。比如一个进口商持有认同低关税的信念，这基于他对收支关系的权衡，在此意义上，态度发挥了"**客体评估**"（object appraisal）的功能。

2. 第二层重要的人格结构主要是用来处理行为体的内部冲突，在这一点上不同个体之间的差异比较大。特别需要关注的是造成个体焦虑感的深层次冲突，这种冲突的根源在于：个体有许多需要表达的本能欲望，但在成长的过程中由于得不到认可而遭到了压抑。当态度受到调节内部冲突需要的影响，并成为内部精神冲突的外部表现时，态度就体现了心理学家所谓的"**外部化与自我防御**"的功能。类似的态度反映内部需要的表现机制被称为防御机制，防御机制包括：投射、置换、分裂、理想化、认同、攻击等等，这些机制都是人们面临内在冲动、道德规范和现实要求之间的矛盾时常常诉诸的防御方式。

3. 影响政治态度的第三层人格结构，包含了个体的许多独特的对待参照群体或者身边典型的积极或者消极的取向。在一定程度上，参照自己所处情境或者社会大环境中的重要他者，采取与参照对象相同或者不

---

① 关于推拉相互作用（"push-pull"）可以参考 Fred I. Greenstein, "Harold D. Lasswell's Concept of Democratic Character," *Journal of Politics*, 30 (1968), 696–709。还可以参考 J. Milton Yinger, "Research Implications of a Field View of Personality," *American Journal of Sociology*, 68 (1963), 580–92。关于规范效力取决于适用该规范的行为体心理的研究，可参见 Melvin Spiro, "Social Systems, Personality, and Functional Analysis," in Bert Kaplan, ed., *Studying Personality Cross-Culturally* (New York: Harper & Row, 1961), pp. 93–128。

同的举动的态度，发挥着**调节自我与他者关系**的作用。（在《观念与人格》一书中，史密斯等用"社会调节"来概括这一功能，但我认为后来史密斯研究思路图中"自我与他者关系的调节"的提法更为准确。——作者注）①。

正如精神分析学家所强调的，任何一种态度或者政治行动可能都是"多因素决定的"（over-determined），植根于多重深层结构而非某一层人格结构中。不过，通常对某个单一行为体来讲，特定的态度可能主要为了实现这样或者那样的功能；对另外一个行为体来讲，可能同样的态度却有着完全不同的功能根基。因此面对态度的唤起、强化和改变，这两个行为体的反应是不同的。能够成功改变基于"客体评估"功能的态度的举措，可

---

① 行文至此，需要再次阐明我在前面章节中提到的观点。当史密斯这样的心理学家使用人格概念时，他们对人格的理解包含图1中第三板块的所有内容。但是，政治学研究者在使用人格概念时，通常只是以其来指代态度的三种功能根基中的一种——"外部化与自我防御"——因此，也就忽略了心理机能中那些表面看似与态度和精神动力不是直接相关的各种要素，而实际上这些因素往往是政治行为的根源。总体上讲，我选用心理学界对人格概念的基本用法，适当时我将对此详细阐述（比如在第二章，当我面对诸多反对人格与政治研究的观点时，将会仔细界定人格的含义）。不过，在此我的目的有两个方面：一是提示政治行为分析学者不应拘泥于只关注"自我防御"，而应对各个方面的心理功能（位于研究思路图行为板块的左侧）予以全面关注；二是表明政治学学者何以能够缜密地研究各种心理功能。有时候，比如在第五章，我用"深层次的人格过程"来概括研究思路图中第三板块，是为了凸显心理机能与一般意义上态度概念的区别。我们应当注意到，史密斯从影响态度的心理特质中进一步分辨出动力性较弱的范畴。在研究思路图第三板块中的虚线以下部分，用相关风格特质（relevant stylistic traits）这一概念对其进行界定。比如某人认知功能中的抽象概括（abstraction）倾向就属于相关风格特质。史密斯在与同事合作的《观念与人格》一书中提到了关于查尔斯·兰林的案例，查尔斯倾向于用碎片化的方式而不是从整体来把握政治对象（political objects）。这似乎主要是认知水平方面缺乏抽象概括能力造成的。这一认知风格特质，在兰林的政治观念中打下了烙印，但是我们并不能因此判断这种碎片化的政治态度一定会对兰林的行为产生作用（functional）。相比之下，比如某一行为体很有可能在本意中是较为被动和不愿抵抗的，但是他感觉到这种内在想法非常危险，隐藏了这一本来的意愿，表现出攻击性态度和攻击性行为，此时用"起作用的"（functional）这样的术语来分析态度的影响就不合适了。（在这个案例中，攻击性行为并不是攻击性态度作用的结果。——译者注）

能无法改变基于自我防御功能的态度①。因此，史密斯的研究思路图能够提示我们，在研究中，不仅要搞清楚行为体态度的内涵，诱发行为的情境要素，行为体所处的社会环境以及更为宏大的社会政治背景，还要能判断态度在政治行为体心理资源运用（psychic economy）中所发挥的功能作用。

第六节　本书的计划

上述内容概述了开展人格与政治研究的基本主张，当然我们必须进一步阐述人格与政治研究的具体要求，这也是本书后面五章要解决的主要问题，下面我简要概括一下这五章的基本思路。

第二章深入分析了几种反对开展人格与政治研究的意见，笔者认为，这些意见并不是我们开展研究的障碍，而是暗含了很多关于如何充分开展研究的建议。

从第三章到第五章，依次分别对人格与政治研究的三种路径，个案研究、类型研究和聚合研究，进行了分析。第三章，以乔治夫妇对威尔逊总统的研究为例，讨论了个案研究的实证与推论问题；第四章，通过重构充满争议的威权主义类型研究的理论前提，分析了类型研究的相关问题；第五章，集中讨论了聚合研究，主要参考了关于威权主义类型的相关研究成果，还提出了研究方法方面的简要主张。

第六章，我总结了前面几章内容的几条主要线索，并且提出了人格与政治研究者进一步努力的可能方向。正如行文所示，我的观点显然也都是一时初步思考的结果：我绝不是想借此为大家提供一套固化的机械研究程序，而是更愿意葆有学术研究的最大心愿——知性的能量和想象力。

---

① 同样的态度对于不同的个体而言实现的是不同的功能，对这一问题的经典分析可以参考关于群际偏见产生的原因或者线索的研究。提供新信息可能会减少源于"客体评估"的偏见态度，但如果这种偏见态度是内在冲突的反应，那么同样的新信息不但不会减少偏见，反而会进一步强化偏见。而对这种类型态度的改变，则需要诉诸心理治疗方面的技巧。然而如果偏见的形成是基于调解自我与他人关系的结果，那么无论是心理疗法还是提供新信息，都无法改变这种偏见。

第二章 针对人格与政治研究的反对意见

关于人格与政治的各种不同研究，批评意见形形色色。对此，大卫·李斯曼（David Riesman）和内森·格拉瑟（Nathan Glazer）的评论非常精到老辣：已有人格与政治研究往往被视为广义的文化与人格研究，在这一领域，"眼高手低的评论家多，实际研究的人少"。[①] 如前所述，有的批评意见直指目前一些研究中的方法论问题；然而，即便是针对方法论合理的相关研究，仍然还有人持反对意见，这是一种更加根本和严肃的反对意见。当论及"人格是影响政治行为的重要因素吗？"这样的（含糊的）问题时，这些评论家的回答往往都是否定的。

在各种各样严肃的反对意见中，更具学术挑战性的观点如下——例如，尽管在研究中努力避免个案、类型和聚合分析中存在的有关方法漏洞，有人依然主张，**总体来看**，人格与政治研究的前景并不好，这些反对意见表现为以下五个方面的观点。持这些意见的学者分别从人格的各个层

[①] David Riesman and Nathan Glazer, "The Lonely Crowd: A Reconsideration in 1960," in Seymour M. Lipset and Leo Lowenthal, eds., *Culture and Social Character* (New York: Free Press of Glencoe, 1961), p. 437. 在不同程度上对人格与政治研究进行批判的论著如下，参见 Edward A. Shils, "Authoritarianism: 'Righ' and 'Left'," in Richard Christie and Marie Jahoda, eds., *Studies in the Scope and Method of "The Authoritarian Personality"* (Glencoe, Ill.: Free Press, 1954), pp. 24–49; Sidney Verba, "Assumptions of Rationality and Non-Rationality in Models of the International System," *World Politics*, 14 (1961), 93–117; Reinhard Bendix, "Compliant Behavior and Individual Personality," *American Journal of Sociology*, 58 (1952), 292–303; 以及 David Spitz, "Power and Personality: The Appeal to the 'Right Man' in Democratic States," *American Political Science Review*, 52 (1958), 84–97。

面，否认研究政治与"人格"关系的积极意义。下面我把这五种反对意见简要地列出来。

第一，不同人格特质随机分布在政治机构的各种角色中。因此，各种人格类型"互抵平衡"（"Cancels out"），进而人们在分析政治及其他社会现象时，可以将人格因素排除或者忽略掉。

第二，人格特质对行为的影响不如社会特征对行为的影响大，花费精力研究人格的作用意义不大。

第三，人格对政治和社会研究者的吸引力不大，因为个人（个人的人格特质）对事件的影响是极其有限的。

第四，人格并不是影响行为的重要因素，即便是具备不同人格特质的人在相同的情境下也会采取类似的举动。既然人格差异不会影响行为，那么研究人格变量是没有用的。

第五，还有一些批评者否认人格与政治的相关性，在他们看来，"人格"只不过是个体特定的心理功能。我们将会详细分析这类反对意见中的一个代表性观点，即"自我防御"所概括的各种深层次心理需求对行为不会产生重要的影响，因此政治学研究者没必要研究自我防御意义层面的"人格"。

前两种反对意见看起来是由于对概念的重大误解而产生的，不过，这些反对者确实提出了值得政治心理学研究的有趣问题。后三种反对意见确实有部分道理，但是需要将其重构为如同"在何种情境下"这样的条件句问题：在什么样的条件下人格对政治行为影响不大？我在本章的其余部分将详细叙述这五种反对意见，并对其展开彻底的评断。

第一节　两种错误的反对意见

一、各种人格"互抵平衡"的观点

亚历克斯·英克尔斯（Alex Inkeles）指出，第一种反对意见的基本假

第二章 针对人格与政治研究的反对意见

定,即"在'真实'群体和情境中,能否被招募[到机构]并承担相应角色与人格无关,主要取决于个人的运气和除人格之外的其他因素。在大多数的社会角色中,各种人格特质的人是随机分布的,没有必要系统研究人格的影响。"正如英克尔斯很快就证明,这一假定是错误的,基于以下两方面的理由:

其一:"即使任何群体的人格构成是随机决定的,这种随机性事实上也不能保证任何给定群体机构中的人格分布都是**相同**的。相反,随机分布的事实意味着结果最终将近似正态分布。因此,不能排除以下这种可能:一些群体与另外一些群体的人格分布情况完全不同,如此,人格对机构运行产生的作用就不尽相同。"其二:

> 并没有令人信服的证据表明,随机**可以**用来描述人格类型在大多数社会角色中的分布。相反,有大量的证据表明,某些特定的角色总能吸引或者招募到具有特定人格特质的人,这一事实对个体适应角色和机构的正常运行具有重要的意义。[①]

由此可见,第一种反对意见是建立在不可靠的经验假定的基础上的。该意见绝不应成为开展研究的障碍,相反,应该是政治心理学者发现重要主题的切入点:在各种社会角色中人格是如何分布的,以及人格的分布会产生什么样的后果?

二、社会特征比人格特质更重要的主张

第二种反对意见认为:个体的社会特征(social characteristics)比人格特质(personality characteristics)[②]"更重要"。这一观点主要源于概念层面

[①] Alex Inkeles, "Sociology and Psychology," in Sigmund Koch, ed., *Psychology: A Study of a Science*, 6 (New York: McGraw-Hill, 1963), 354.

[②] 英文中 social characteristics, personality characteristics 因为都用到了 characteristics,容易引起歧义或者混淆。国内心理学界普遍将 personality characteristics 译为"人格特质",我们沿用这一译法,相比较英文,中文的这一翻译更容易区分社会特征和人格特质。——译者注

而非经验层面的问题。对此,我们不需要进行经验层面的论证,只需要通过逻辑分析就能发现这一观点的错误之处,持这种观点的人提出的似乎是假问题。

参考我们第一章提出的"研究思路图"来分析"社会特征"和"人格特质"。我们用"人格特质"来界定个体的内在倾向(史密斯研究思路图中的第三板块)。"特征"(characteristic)指一个有机体的状态。采用"环境刺激→心理倾向→反应"理论框架,我们假定环境中的刺激(思路图中的第四板块)会引发行为体的行动(思路图中的第五板块),而个人的心理倾向则是处在这两个变量之间的调节变量。

但是我们也假定,心理倾向(或者说特征)本身在很大程度上也是由环境塑造的,特别是早期的社会经历对心理倾向有着很大的影响(如同思路图中第二板块所示)。恰恰是这些先前的环境状况,伴随着整个生命历程的各个阶段,有的随着时间流逝而消失,有的则一直延续到了当前,我们认为这就是"社会特征"。在这种情况下,"特征"(characteristic)这一词**并不是**指有机体的状态(思路图中的第三板块),而更多指涉有机体赖以成长发展的环境状况(思路图中的第二板块)。因此更确切地讲,即"**客观存在**的社会特征"。

由此,社会特征和心理特质并不是两个相互排斥的概念。在解释社会行动时,它们相互补充,而不是相互竞争。社会特征可能**影响**心理特质;但是社会特征不可能代替心理特质。"社会特征比心理特质重要"的错误假定,可能在一定程度上源自如下的误解:人们认为两种表达中均使用的"characteristic"一词具有同样的含义,其实不然。①

这种混淆,极有可能是由于社会学学者运用的排除伪相关的标准研究程序所造成的,比如研究者常常通过控制第三方因素影响和计算偏相关来

---

① 评论第二种反对意见,我想强调的是:有学者指出,一些习得性的内部特质(比如阶层意识)是一种社会特征,进而他们认为这种"社会"特征比"人格"特质更重要,我并不认同这样的观点。在我看来,这一特征同样属于心理或者人格特质,从经验上看,社会习得的心理特质与非社会习得的心理特质对行为体都有影响。显然,在此我只是简单厘清对"characteristic"一词运用的不同含义,并非要试图建立一个如何"正确"运用概念的理论,这是不切实际的。

排除伪相关。如果不加区分地使用控制变量方法，且没有介绍清楚有关变量的理论定位，变量控制可能会造成以下后果，即无法辨识赫伯特·海曼（Herbert Hyman）所描述的"发展序列或者发展布局（developmental sequences or configurations）与伪相关的区别"。[1] 没有分清这种区别的一个典型案例，详见尤里·布朗芬布伦纳（Urie Bronfenbrenner）在《人格和参与：变量消失的案例研究》一文中所做的非常有趣的报告。[2] 布朗芬布伦纳报告了一项社区活动参与情况与人格表现的研究。而他自己也注意到，"事实表明参与度的变化是会随着社会阶层地位的变化而变化的，在社会分层中所处的地位越低，其参与度就越低"。然而，按照标准的做法，研究人格与社会参与度的关系，布朗芬布伦纳就必须排除社会阶层变量（或者其他变量的影响）。结果发现"大多数早期发现的……人格表现和参与度之间的各种显著相关关系不存在了，只剩下了其他两组差异显著性非常小的相关关系"。通常对这样的发现结果是如此阐释的：布朗芬布伦纳的研究说明人格与参与度之间没有关系；但我认为不应该这样诠释布朗芬布伦纳的研究。在这里我们深入考虑一下海曼的相关评论是很有意义的，海曼认为，那些研究实际上凸显了更宏大的环境中社会背景数据和心理数据关系的问题，其观点如下：

> **从逻辑上讲**，伪相关的观点对于与自变量关联的先在条件（antecedent conditions）不适用，这些先在条件是发展序列中的一部分。因此，那种认为由于不控制实际起作用的因素而可能造成伪相关的观点中，所涉及的因素是**外在于**（extrinsic）……显著原因的要素。相比之下，发展序列中包含的要素是彼此有**内在联系**或者能够相互替

---

[1] Herbert Hyman, *Survey Design and Analysis* (Glencoe, Ill.: Free Press, 1955), pp. 254–74. 引号中所引用的短语是海曼在该书254页讨论这一问题时运用的标题。

[2] Urie Bronfenbrenner, "Personality and Participation: The Case of the Vanishing Variables," *Journal of Social Issues*, 16 (1960), 54–63. 在我看来，在分析人格对政治参与的影响时，不妨运用另一个更好的分析框架，详细参见，David Horton Smith, "A Psychological Model of Individual Participation in Voluntary Organizations: Applications to Some Chilean Data," *American Journal of Sociology*, 72 (1966), 249–66。

代的一系列实体。所有的内在因素构成了一个统一体，它们仅仅是以不同的方式描述不同时期的同一变量……因此，运用控制变量方法实际上排除掉的变量恰恰是我们想要研究的因素……那么研究者又怎样才能辨识什么样的先在状态是整个发展先后序列中的一部分呢？……比如我们可以采用下面这样的办法：如果"控制"变量和解释变量是**两种不同体系视角下对同一事物的两个描述角度**，那么它们很可能就是同一发展序列。例如，解释变量是**人格**特质，控制变量是身体功能或者腺体功能，这两个变量就可以视为从不同角度描述同一事物。同样的，当解释变量是**心理**要素，控制变量是社会要素，它们也是对事物不同层面的描述，比如态度可能是客观处境或者社会地位的派生物，社会地位可能会影响态度等心理进程。此时用伪相关的概念来分析是不合适的。[1]

现在回头看布朗芬布伦纳研究的例子，个体"客观的"社会经济背景——不同于社会阶层意识这样的伴生要素，可能是影响与参与度相关的心理变量的社会因素。如此一来，研究者应该思考这样的事实：正如奥尔波特[2]所说，"背景因素从来不会直接导致行为；它们会促成态度（和其他心理定式）"，而后者"继而决定行为"。奥尔伯特并不反对变量控制。"我不否定使用对照组或失效组进行分析，"他补充道，"然而运用这些方法应该首先搞清楚态度的根源，绝不能认为社会因素会独立发生作用而与态度无关。"

通过分析心理状态的形成性来源来控制变量，通常能帮助我们解释成年时期的该心理状态的动力和功能。这方面的一个典型例子，大家能从海曼和谢斯利（Sheatsley）提出的针对《威权主义人格》的知名评论中找

---

[1] Herbert Hyman, *op. cit.*, pp. 254 – 57（原文斜体）。也可参见 Hubert Blalock, "Controlling for Background Factors: Spuriousness Versus Developmental Sequences," *Sociological Inquiry*, 34 (1964), 28 – 39, 该文详细讨论了在分析数据时，对这两种情况加以区分所具有的复杂含意。

[2] Gordon Allport, "Review of *the America Soldier*," *Journal of Abnormal and Social Psychology*, 45 (1950), 172.

到。海曼和谢斯利通过具体研究发现,该书作者们依据人格精神病理方面的复杂进程,来分析某些态度类型和观察世界的特定方式。他们指出,这些态度(比如关于社会应该处理通奸者的惩罚性态度)可能是一种习得的认知观念,而不是自我防御的显示。他们能够提出这一点,正是通过变量控制,来表明此类态度是社会经济地位较低人士的典型看法,因而,该态度可能通常只是具有这种出身背景的个体所习得的认知倾向。但是,海曼和谢斯利**没有——也无法找到**绝对正式的理由——证明这些态度从某种意义上讲是"社会"或"文化"层面的,而**非**"心理"层面的。[①]

通过我们对第二种反对意见的研究,可以得出这样的启示,在人格与政治研究中,当建立过程性解释框架的时候,应该将社会和心理因素放在同样的发展序列中,它们之间相互影响,是相互补充的解释变量。

第二节　三种部分正确的反对意见

其余的反对意见涉及以下问题:第一,个人行为体究竟能对政治结果产生多大影响;第二,在各种情境压力下,不同人格特质的人是否会迫于压力采取同样的行动,由此而言,分析行为体的人格特质差异对于政治研究者到底还有没有意义;第三,许多关于各种特定人格类型对行动造成影响的问题,包括下文中我将具体讨论的所谓的自我防御人格倾向给行动带来影响的问题。当我们把这些反对意见转化成条件句形式时,那么就可能陈述为如下命题:在哪些情境下,这些反对意见是正确的,在哪些情形下,这些反

---

① Herbert Hyman and Paul B. Sheatsley, "'The Authoritarian Personality'—A Methodological Critique," in Richard Christie and Marie Jahoda, eds., *op. cit.*, pp. 50 – 122. 布鲁斯特·M. 史密斯在与我讨论时曾提出,社会学与心理学研究中存在类似的问题:一些社会学研究者总倾向于不恰当地控制心理变量,正如有些心理学研究者在进行因果分析时轻易运用方差模型,居然意识不到应该首先对概念进行明确界定才好。史密斯指出:"研究一个**稳定**的政治体系时,可能会忽略心理这样的调节变量。但是当研究不稳定的政治体系时,这样做是很危险的。无论在任何情况下,都必须阐明调节变量。"参见 Angus Campebell 和他的同事在 *The American Voter* (New York: Wiley, 1930), Chap. 2. 中关于"因果链"的讨论。

对意见是错误的。需要强调的是，我在这里提出来的命题，并不是具备足够准确性的可验证的假设。结合相应的理论兴趣点，研究者**可以把这些命题进一步具体化为可证实或者证伪的假设**。目前这些命题的主要功能是起到敏化剂的作用，换句话说，也就是从总体上提示政治学研究者，哪些情形下各种反对意见中所涉及的"人格"是值得（或者不值得）研究的。

一、个人行动何时会影响事态（"行动无关紧要"）？

这种反对人格与政治研究的意见强调，单一行为体塑造事态的能力有限，从本质上讲，这类似于19世纪以及20世纪早期关于社会决定论的争论，也就是围绕个体（英雄人物或者普通民众）在历史中作用的争论。该意见强调，历史人物做出历史贡献，必须是在时机成熟的时候。论及这一观点时人们常常会设问，"假如拿破仑出生在中世纪，那他又能对历史产生什么样的影响呢？"可能正是因为这样的假设猜问游戏给人们留下了深刻的印象（parlor-game aura），数十年来学术界关于个人对历史进程产生了何种影响的问题的关注，远远不如对我要讨论的另外两个议题的关注多。当然，曾经也有诸如托尔斯泰（Tolstoy）、卡莱尔（Carlyle）、威廉·詹姆斯（William James）、普列汉诺夫（Plekhanov）和托洛茨基（Trotsky，在他的《俄国革命史》一书中）等人讨论过些问题。对这一问题进行过较为公允讨论的主要代表性研究，似乎是美国著名政治哲学家悉尼·胡克（Sidney Hook）在1943年出版的《历史中的英雄人物》一书①，该书虽不太系统，但却有很强的说服力。

既然行动造成重大影响的程度显然有各种不同可能，我们可以通过如下设问来着手进行阐释：**在什么样的情形下，个体的行动可能会对事态产生或大或小的影响**。为简便起见，我们称之为**"行动无关紧要"**（action dispensability）的问题。这可能涉及的已经不单纯是英雄人物在历史中作用的争论中所要讨论的问题，而是要提出具体的研究问题。我们可以将政治情境中的行动设想成一个连续体，这一连续体涵盖了各种行动，从我们

---

① Sidney Hook, *The Hero in History* (New York: John Day, 1943).

第二章 针对人格与政治研究的反对意见

关注的能够影响到事态结局的行动，到那些对事态结果影响可以忽略不计的行动。我们可以进一步观察这些不同的情境，判断哪些情境下行动是必不可少的，哪些情境下行动的影响可以忽略不计。

下文中我们将看到，"行动无关紧要"的问题不同于"**行为体无关紧要**"的问题，后者涉及我们是否需要通过行为体的人格特质来解释行为。"行动无关紧要"的问题类似于以下情境中呈现的问题：将何种情境下国家可能得到拯救（或者崩溃）与荷兰小男孩用他的手指堵住了堤坝漏洞这一行动联系起来考察。① "行为体无关紧要"的议题涉及我们是否需要研究小男孩人格特质的问题。在荷兰所面临的每一种情境中，突出强调"可替代"（substitutability）应该比突出强调"无关紧要"（dispensability）要好得多，因为"可替代"暗含了对行为体或者行为体人格特质重要**程度**的一个简单推断：大家可能会进一步思考用其他的行动（包括不行动）替代，或者假设其他历史人物可能采取的行动。但是如果要表达相反的含义，"不可或缺"（indispensability）比"不可替代"（non-substitutability）更恰当，不可或缺能够表明，该情境下的特定行为是某些一连串事件的必要环节，或者行为体的人格特质是其行动的必要先决条件。

当我们运用"行动无关紧要"这样的方式，重构那些认为"行为体作用很有限"，进而反对开展人格与政治研究的观点时，就澄清了该类反对观点的本质。关键在于，这类观点更多归属于社会议题（关于行为体在参与决策进程中所发挥的影响），而不是心理议题。放在前面提到的研究思路图中来看，我们这里所提到的内容，正是思路图底部的反馈箭头所展现的个体政治行为（第五板块）对社会环境（第一板块）的远程影响。而心理数据只是分析这种影响作用的一小部分内容，而且对行为作用的分析未必都要讨论心理议题。

下面的三个命题，提出了在何种情境下行为体的行动可能成为一系列

---

① 这是荷兰的一个故事。传说一个小男孩在上学的路上发现荷兰的一个大坝上有一个小洞，如果不堵住这个小洞，海水就可能冲垮大坝进而淹没整个国家。小男孩冒着上学迟到的风险，一直用手指堵住洞口，直到等来了维修人员。作者运用这个传说来类比在某些情境下，个体行动对于事态的影响。——译者注

未来事件得以发生的关联环节。"行动何时会影响事态"是具有高度概括性的问题，因此，这些命题必然是非常抽象的观点。但是，我们可以根据所研究的具体情境（比如，所研究的各种行动）和研究者的关注点（比如，所感兴趣的各种行动造成的影响），来把命题进一步具体化。个人所导致的影响的可能性大小变化与以下三种因素相关：第一，行为发生的环境容许被重塑的程度；第二，行为体在环境中的位置；第三，行为体的优势与弱点。

第一，环境容许被重塑的可能性越大，行为体对于事态产生影响的可能性越大。 更确切地来讲，当些许干预就能带来情境或者事件序列的重大变化时，我们可以用"不稳定"来描述该类情境和事件序列。它们处于岌岌可危的平衡中。这种情境的物理类比如下：由于基石（keystone）运动而产生重大偏斜的巨大岩层，如同敏感的硝酸甘油炸药一样一点就爆的干燥山林，当年荷兰小男孩手指轻轻一动就可以拯救的脆弱大坝。

这里我们所讲的不稳定与所谓的"政局动荡"不同，后者一般是指各种相异的不安定现象，包括政府频繁兴衰更替的政治体系或者经常有暴力发生的系统。这种所谓的"政局动荡"多数根本没有任何重构的可能。比如，在某些"动荡"的拉丁美洲国家，多数可能的替代性行为体或者替代性行动能带来的变化很小——至少在类似于通过**军事政变**而非选举产生官员这样的"较大"的政治安排体系中是这样的。那么，返回来也以实物做类比，这种"政局动荡"类似于沿着山体下滑的崩塌，这是稳定平衡中的一个特殊时刻，由于微弱的干预不能影响到这一平衡，所以这种崩塌与由原有岩层诱发崩塌的不稳定均衡状态是不同的。

这就是不容许重构的情境，其典型代表似乎是如下的情形，即该情境中的各种因素似乎都在推动局势朝向特定的结果发展，即使其中一些因素没有发挥作用，也不会改变发展的方向和结果。①"无论发生什么"，特定的结果都会出现，这是一种**无法改变**的结果（non-outcome），比如涉及古老的制度安排模式的维持时，有很多这方面的例子。或者这更可能发生在

---

① 这一观点主要参考一篇非常有趣的论文，详见 Wassily Leontif, "When Should History be Written Backwards?," *The Economic History Review*, 16 (1963), 1–8。

第二章 针对人格与政治研究的反对意见

以"历史必然性"来笼统概括的情形中：一系列事件都是按照既定的方式发展，而且几乎必然要达成特定的结局。在这种没有重构可能性的情境下，一个主要的变量可能就是行为体持有的自我实现的预言，该预言源于行为体对自己把握局势的方式和程度的感知。

胡克（Hook）在《历史中的英雄人物》一书中，选用了第一次世界大战和二月革命来讨论先后关联的历史事件，如果历史事件是"必然"的，其发生是不会被任何单一行为体的行动所改变。在第一次世界大战中，利益冲突纵横交错，各种联盟相互交织，在二月革命期间，对现状的不满已凝聚成了巨大的政治海啸。如此的种种情形会使人们认为，没有任何单一行为体的行为——除了那些想象出来的牵强附会的假想例子——能够避免最终的结局。另外一方面，胡克用大量详细的事实证明，如果没有列宁的具体行动，十月革命将不会发生。这就意味着，列宁是在一个极其不稳定的环境中推进革命的。同样，根据我们能看到的关于1939年德国入侵波兰之前历史过程的各种分析，我们还能就二战爆发之前关键领导人物（特别是希特勒）对欧洲政治局势的影响力提出类似的观点。在论证历史人物重要性时，如果仅仅只是表明单一行为体**完全**掌控着局势，那就陷入了循环式辩护，避免出现此类情况是非常重要的。①

第二，个人影响可能性的大小随着行为体在环境中所处位置的变化而变化。要达成塑造局面的效果，行为不仅要发生在一个不稳定的环境中，而且采取行动的行为体也要处在环境中的关键位置。比如，当行为体仅仅是我们常见的官僚机构中的中下层人员，其行动无疑会受到其他行为体的限制或者制约。罗伯特·C. 塔克（Robert C. Tucker）在论文中提出了行为连续统上的一个极端例子，他指出，无论是在沙皇时期还是在革命时期，俄国决策者都很少受到限制。他赞同19世纪中叶尼古拉·屠格涅夫（Nikolai

---

① 基于对环境属性的讨论来进行此方面的论证，应该是可行的。为了找到环境"可控性"的指标，（与"脆弱性"等其他特征概念相对比），没有必要指出这一概念对应的最终环境状态。但是，恰当（避免同义反复论证）的做法**应该是**：收集当个体采取行动时环境的相应变化趋势的数据。正如胡克针对列宁与十月革命关系的分析，关于历史人物与第二次世界大战的相应类似研究，参见 Allan Bullock, *Hitler: A Study in Tyranny* （修订版；New York: Harper, 1960）。

Turgenev)的观点:"在所有拥有无限统治权力的国家中,自古至今总有一些阶层、社会地位较高的人以及传统机构,在某些情境下会迫使君主以特定的方式行事,进而限制君主的个人欲望;而在俄国居然没有这样的限制。"① 塔克指出,在这些威权主义国家中,政治机关成为帮助独裁者实现个人心理意愿的平台。② 那是因为,在这样的体制中,由于专制统治者对官僚机构的控制,其命令相对畅通无阻,在政府部门都能得到贯彻落实。

第三,个人影响大小随着其优势或者弱点而变化。我之前提出的两种观点可以通过与台球室情形的类比来加以概括。在台球比赛中,竞技选手的目标是将球尽可能多地从桌面清离。在开球之后桌面上台球的分布,类似我们第一条列出的关于操控环境的观点。有些台球的分布关系态势,击中球使其落入袋子的可能性比较大,甚至可以把球全部打入袋子;但是有些台球的分布关系态势,则几乎没有这种可能。第二个与台球的类比,即行为体在环境大局中的位置如同母球在台球桌面上的位置。最后,我们必须关注行为体的优势和弱点,这是具有决定性意义的要素。这就如同台球室中选手的技术优势和弱项一样。技术是非常重要的,因为选手的技术越强,他就越少需要更好的位置或者可操控的环境,就越能够**通过自身**的努力,谋取日后的好位置,使环境变得更加可操控。同理,一个能力低下的政治行为体会降低环境的可操控性。③

胡克通过考察列宁促成十月革命发生的历史贡献,强调了才能作为变量的重要性。胡克认为,十月革命之所以能够成功,列宁在参与革命行动时充沛的精力、坚毅的品质和创造力都是必要的条件,不过只有这些条件肯定也是不够的。胡克的兴趣点,在于把英雄人物推动历史进步的主张进

---

① Robert C. Tucker, *The Soviet Political Mind* (New York: Praeger, 1963), pp. 145 – 65;引用的屠格涅夫的话参见第 147 页。

② Robert C. Tucker, "The Dictator and Totalitarianism," *World Politics*, 17 (1965), 583.

③ 这一点可以更准确地陈述如下:在 t_1 时间点行为体能力的高低是决定他在 t_2 时间点对环境影响大小的关键因素。在一定程度上,我们把环境状况视为给定的(也就是在某一个时间点,认为环境是静止的),我们低估了个体对政治的影响。很多行为体塑造他们自己角色和环境的例子参见 Hans H. Gerth and C. Wright Mills, *Character and Social Structure* (New York: Harcourt, Brace, 1953), Chap. 14。

一步精确化。所以,他集中关注了由于特别突出的才干而能够改变历史进程的伟人。在我们看来,历史罪人(Great Failure)同样也是非常重要的:一个人的才能对历史进程产生的影响不仅仅有正面的,同时也会有负面的。在每个案例中,我们应当关注的是那些改变了预期历史进程的个人投入(personal input)——当然包括没有采取可以选择的行动,假如这些行为体的个人能力再平常一些,他们将不能如此影响历史。①

二、人格差异何时会影响行动("行为体无关紧要")?

即使我们都承认个体采取的某些行动会对决策过程产生关键的影响,但是人们有时可能认为,这是同样的情境或者角色不变的情况下任何行为体都会采取的行动。爱德华·A. 希尔斯(Edward A. Shils)指出,在很多情境中,"不同人格倾向的人几乎会采取一致的行动"。② 戴维·伊斯顿(David Easton)也做出了同样的论断,并对此进行了举例说明,人格特质各有差异的政党领导人会"遇到向政党表达利益诉求的强大社会团体",他们的"决策和行动"将会"趋向一致"。③

从反对开展人格和政治研究的角度来看,上述论点强调,政治行为

---

① 我们在此无意陷入技术哲学中关于反事实推理验证的争论泥潭(这种命题一般采取如下的形式:"假如 x 没有发生,那么……"),但是这种推理方式确实有助于我们分析"行动无关紧要"的主张,这与我们下面要提到的"行为体无关紧要"的主张也是相关的。当我们声称,在某些单一个案中,行为或者行为体是不可或缺的,实际上显然是做出了一个关于存在多种可能性结果的多案例的论断,也就是说在一系列的情境中,唯一的变量正是我们所说的不可或缺的特定行为或者行为体。关于这一点更为详尽透彻的论述参见罗森塔尔和克雷恩对政治领袖的出色研究,Donald B. Rosenthal and Robert L. Crain, "Executive Leadership and Community Innovation: The Fluoridation Experience," *Urban Affairs Quarterly*, 1 (1966), 39 - 57。该研究表明,在水中添加氟化物问题上,通过观察市长采取的立场,就能很好地预测整个社区最终在这一问题上的决定。我们分析单个案例时实际上包含了对多个个案的思考,在第三章集中讨论单一行为体时,我再次强调了这一观点。在讨论行为体无关紧要的过程中涉及"如果是另外一种情况,那么将会如何"的问题,关于怎样来研究该类问题的经典讨论,可以参考 Max Weber, *The Methodology of the Social Sciences* (Glencoe, Ill.: Free Press, 1949), pp. 172ff。

② Edward A. Shils, in Christie and Jahoda, eds., *op. cit.*, p. 43.

③ David Easton, *The Political System* (New York: Knopf, 1953), p. 196.

(研究思路图中的第五板块) 常常取决于环境刺激因素 (研究思路图中的第四板块),这就排除了人格特质差异对于政治行动的影响。当面对共同的刺激时,如果具有不同人格特质的个体采取了一致的行动,显然我们可以将人格差异的影响忽略不计,因为变量是不能用来解释一致现象的。

不过,持有这种反对观点的人,尽管会认为环境或者其他方面的外在压力会排除或者大大地削弱人格差异的影响,但他们也常常能注意到不符合这一观点的不少情形。那些倡议开展人格与政治研究的知识谱系分析的学者,在论证人格因素对政治具有重要影响的过程中,发现了更多这样的情形。尤为特别的是,这类讨论中所做的条件说明,比直接论证观点更有趣。莱恩、希尔斯、赫伯特·戈尔德哈默(Herbert Goldhamer)、列文森和维巴[1]提出了为数众多的一系列命题,回答了把反对意见重构后形成的问题:**当处在何种同样的环境中,不同行为体会采取不同的行动,以及何种情境中的不同行为体会采取相同的行动?**

尽管"行为体无关紧要"似乎是标识这一问题的最便捷的方式,实际上关键不在于行为体,而在于行为体的人格特质,以及多大程度上行为体的人格特质在解释他的政治行为时可以被忽略掉。从逻辑上讲,"行为体无关紧要"这一问题不同于我们之前提出的情境问题,之前(行动无关紧要)的问题讨论的是:在哪些情境中关于政治结局的解释可以忽略行动本身,而不是行为体的特质。然而,我们对"行动无关紧要"问题的兴趣越浓厚,我们很可能就越想研究清楚"行为体无关紧要"的问题。比如,当面临核攻击预警的时候,考虑到环境压力和角色约束,即使我们倾向于认为美国总统们的反应大体相同,但任何一位总统在该情境中行动的影响都是如此重大,以至于总统们行动之间的细微差异也会引发研究者的高度关注。

以人格为导向的政治分析家可能会反对行动者可有可无的观点——反对主张在某些情境下不同个体行为一致的观点——因为事实上从来不会完

---

[1] Robert E. Lane, *Political Life* (Glencoe, Ill.: Free Press, 1959), pp. 99 – 100; Shils, in Christie and Jahoda, eds., *op. cit.*, pp. 24 – 49; Herbert Goldhamer, "Public Opinion and Personality," *American Journal of Sociology*, 55 (1950), 346 – 54; Daniel J. Levinson, "The Relevance of Personality for Political Participation," *Public Opinion Quarterly*, 22 (1958), 3 – 10; and Sidney Verba, *op. cit.*, pp. 93 – 117.

全一致。这一反驳虽然比较简单，但却提出了需要重点考虑的问题。从细微的角度去界定，不同的行动当然是不同的。而且从经验层面去看，当我们足够细致地观察人们的举动时，我们总能发现这些行动之间的区别——即使是"基于情境诱发"的同样行动，比如"当穿越街道时行人都会躲避路上车辆的方式"[①]，人与人之间也是有差别的。但是，如果以这样的方式去反驳"行为体可以忽略"的观点，是缺乏说服力的。因为这样的反驳否认了（分析问题必须坚持的）一个重要原则，即我们能够对行动进行归类，并出于某些目标，把某些行动看成是一致。正是由于这种能力，使得希尔斯在提出我们之前所引用的观点后，用一个段落的篇幅，围绕组织抑制个体表现差异的方式做出了一个重要社会学论断，"在很大程度上，"他评论道，"实际上在足够大的程度上，组织以高度可预期的模式运转……[不同的个体] 即便因为他们的人格差异，彼此内心的想法可能相互矛盾，他们的行动都将会趋同 [例如，表现出一致的行动]。"[②]

然而，上面的反驳观点也提醒我们，我们是否视其为一致的行动取决于我们分类的原则，而这种分类原则是由我们的理论偏好决定的。出于某种分析目的，我们可能将某些行动划归为一类，而出于另外的研究目的，我们可能认为这些行动之间存在着差异。这一道理同样适用于对环境刺激或者心理特征的分析：出于特定的研究目的，某些差异可能是我们的兴趣点，从另外一些研究目的出发，这些差异可能就不是我们研究的焦点了。实际上，关于"行为体无关紧要"的一系列主张，呈现出混乱状态的一个根源，在于这些观点主要针对一般意义上人格的差异（这似乎是现有的反对意见中"人格"所呈现的含义），而不是特定种类的差异。

针对"行动无关紧要"观点过时的问题，我在上文提出过三个高度概

---

① 这是卡尔·波普尔在《开放社会及其敌人》中提出的重要观点，参见 Karl Popper, *The Open Society and Its Enemies*, 2 (New York: Harper Torchbook Edition, 1963), 97，他认为，社会学是一个"自发"的学科，因为在解释行为时，相对于情境因素的解释力，心理因素与行为的相关性很弱。对波普尔这种观点的批评可以参考 Richard Lichtman, "Karl Popper's Defense of the Autonomy of Sociology," *Social Research*, 32 (1965), 1–25。

② Shils, in Christie and Jahoda, eds., *op. cit.*, p. 44.

括的命题，相比之下，关于在何种情境下人格差异会对行动结果（不）产生影响的问题，我们则能够发现许多相关主张。关于人格差异的论点所涵盖的内容非常宽泛，因此我们无法进行详细的论述，较为可行的做法是，不用从细节上进行文献批判，而是先整理总结出一些参考命题，在此重申这些命题，并不是把它们当作经过检验与可证伪的命题，而主要是为建立假设提供启发和借鉴（sensitizer and sources）。可以按照多种方式整理这些命题，其中一个，便是根据这些命题所对应解决的环境→心理倾向→反应各方面的问题来展开。一些环境刺激比其他环境刺激更可能容许个体差异的表达。而且，研究者也会发现，个体所呈现出来的一些倾向会降低个体本身其他人格倾向发挥作用的可能。最后，可能会搞清楚哪些类型的反应需要根据人格内在差异来进行解释。

下面首先提出的前六个命题，聚焦促使人格差异出现的环境条件与心理倾向条件，构成了三对互补的命题；后面紧接着的五个命题中，有三个是关于行动类型的，一个是关于心理倾向变量的，还有一个不适合归入前两类。如此来梳理这些命题，能够帮助我们更好理解命题的多样性，但是这些命题之间也并不是完全互斥或者绝对周延的，甚至有几点似乎存在矛盾。

第一，不确定的情境为人格差异的表达留出了空间。正如谢里夫指出的："越是在不确定的刺激环境中，内在因素发挥的作用就会越来越大。"[①]（罗夏墨迹就是一个典型的未经塑造的环境刺激，为个人如何反应留下了无限的空间。）[②]

巴德纳（Budner）区分了三种不同类型的不确定环境。[③] 他在研究每

---

① Muzafer Sherif, "The Concept of Reference Groups in Human Relations," in Muzafer Sherif and M. O. Wilson, eds., *Group Relations at the Crossroads* (New York: Harper, 1953), p. 211.

② 罗夏墨迹源于罗夏墨迹测验。瑞士精神病学家罗夏（Hermann Rorschach）创立了该实验，通过让被试观察墨迹形状，陈述所看到的内容，进而借助心理投射原理测量被试的人格特点。——译者注

③ Stanley Budner, "Intolerance of Ambiguity as a Personality Variable," *Journal of Personality*, 30 (1962), 29 – 50. Quotations at p. 30.

第二章 针对人格与政治研究的反对意见

一种环境类型时，还举了相应的例子，也就是分析在什么样的给定情境中个人会至关重要或者无关紧要。

巴德纳提出的第一种环境如下：

（a）那种"没有任何老规矩的全新环境"

希尔斯认为，在全新情境下，"先来的人不（曾）给新来的人预设行动规矩。相对于一个运转很久的政府、私人企业或者具有自身科学研究传统的大学部系，一个新成立的政党，一个新建立的宗教派别，对成员富有个性色彩的行动更为宽容"。①

戈尔德哈默认为，公共舆论发展过程体现了从不确定环境（unstructred conditions）允许更多有个性差异的表达，到确定环境（structred conditions）抑制个性差异表现的转变。当面临公共事件时，人们最初的直接反应往往体现了人们的多元个性；但是当个人逐渐意识到事件已经发展为公共事件时，就会约束自己。"有理由相信，当个人意识到群体对该事件关注的广度和强度时，他对该事物观点的个人色彩就会减弱，也就是该观点不再完全取决于他自身对事件的知觉和判断……【他】就会不知不觉地重新看待原来的问题，不再是依靠自己去感知世界，而是（可能无意识地）要在可能出现的各种公众态度中选择一个'合适'的立场……此时个体独特心理倾向对其知觉和观点的影响就会受到限制。"②

（b）"有很多选项都可以考虑的复杂环境"

这是巴德纳提出的第二种不确定的情境。列文森指出"当存在一系列……社会提供的……选项时"，政治参与过程中"个人内心因素的重要性"就会提升。"参与政治时面临的选项越多，个人就越倾向于根据自身偏好做出判断。或者，在更为广泛的意义上，刺激源越是丰富和复杂，个人内在的组织力量就越有可能决定个人的适应状况。这种情况会出现在相对不确定的社会领域，以及一个能够提供大量结构化选项的多元社会。"③

---

① Shils, in Christie and Jahoda, eds., *op. cit.*, pp. 44–45.
② Goldhamer, *op. cit.*, pp. 346–47.
③ Levinson, *op. cit.*, p. 9.

(c)"体现不同结构的各种要素所组成的矛盾环境"

这是巴德纳提到的最后一项。莱恩研究中用到的不少例子都属这种情况。"各个参照群体政治观点相互冲突的环境……处在相互冲突的宣传焦点的情境……行为体所处的与自身以前的经历有冲突的当下情境。"①

第二,社会标准化心理定式(*socially standardized mental sets*)往往会塑造行为体的知觉,引导行为体按既定方式应对不确定性,如果政治行为体越少受到这些心理定式的影响,行为体之间的个体差异对政治生活的影响就会增大。社会标准化心理定式主要体现在认知方式中,就如同某些职业同行之间所共同认可的共有知识。(可以这样假定,当面对事故受害者时,外科医生们反应会大体相同,相比之下,平民老百姓之间的反应差异则可能会大得多。)共同持有的心理定式也可以是情感性的,以刻板态度的形式呈现。

维巴在其论文《国际体系模型中的理性与非理性假定》中提出以下观点:"个体掌握的关于国际事件的信息越多,他的行为受到不合逻辑的情理因素影响的可能性就越少。在缺乏关于事件的充分信息的时候,做决策可能依赖于其他的标准。反过来,当有大量的信息存在时,人们会主要关注国际事件本身……"②

亚伦·韦达夫斯基(Aaron Wildavsky)在关于迪克森-耶茨(Dixon-Yates)争端所涉及的对立群体的研究中指出,群体内的先入之见以各种方式促使其成员按照可预测模式反应,而根本不受他们个体差异的影响。"公共权力与私人力量对立的局面……过去六十年里,在市镇、州、县乃至国家各个层次的政治生活中,发生过数百次。一个年过半百、位于公共部门或者私人机构领导层的人,或者一个对自己的职务高度认同的政治人物,一旦面对争端情境时,很有可能会回忆起自身卷入政治争端的经历……每一方成员,各自都已经形成了相当完整的一系列关于争端的态度,在多年的争端中这些态度已经固化了……只要形势需要,这些态度会

---

① Lane, *op. cit.*, p. 99.
② Verba, *op. cit.*, p. 100. 运用"不合逻辑的(non-logical)"来界定行为的特征,维巴指该行为主要源自自我防御的人格需要,但是他是从广义上使用人格差异性这一概念的。

激发他们按照既定方式应对。"①

第三，如果选择某些可能的替代性行动路线不会受到处罚的话，个人特征对行为影响的可能性增加。

"拒绝签订忠诚誓约，"列文森指出，"在某种意义上，这是每一个要求签订忠诚誓约机构中的任何成员都'拥有'的选择，但是对可能拒签的多数成员来讲，拒签的处罚是如此严厉，以至于拒签几乎是一种'不存在'的选择。"②

第四，正如第三条指出的，如果选择其他替代性行动路线会遭受惩罚，那么由个人特质差异造成行动差异的可能性会降低。反过来，**如果行为体对现有惩处措施强烈抗拒，那么个人人格特质影响行动的可能性就会增大。**

"当自我防卫的意识和内心冲动极其强烈时，人格结构……对政治行动的影响会更大。"比如说，"当难以抑制的因素非常强大并且顽固的时候，或者当某种攻击倾向非常强烈的时候"。③

第五，正如许多关于屈从"群体压力"的研究所指出的，**处于群体环境中的个体，"当着群体内其他成员的面做决定或者表态"**④**时，人格差异影响行动的可能性会降低。**

第六，同样，**行为体在采取行动前参考借鉴他人经验的想法很强烈时，也会降低个性差异对行动的影响。**

人格因素可能会使某些个体不假思索地接受他们所处环境中的政治观点。但是戈尔德哈默认为，人们所选择的某种政治观点"主要取决于他所处的环境因素，可能与人格因素只是偶然相关"。⑤ 服从心理倾向，当然是政治心理学家关注的一个重点。这里只是强调，服从心理倾向影响的存在，降低了其他心理倾向影响行为的可能性。

---

① Aaron Wildavsky, "The Analysis of Issue-Contexts in the Study of Decision-Making," *Journal of Politics*, 24 (1962), 717 – 32.

② Levinson, *op. cit.*, p. 10.

③ Shils, in Christie and Jahoda, eds., *op. cit.*, p. 45.

④ Verba, *op. cit.*, p. 103.

⑤ Goldhamer, *op. cit.*, p. 353.

第七，政治活动中政治行为体情感卷入越多，他的心理特质（政治参与意识除外）在其政治活动中呈现出来的可能性越大。

戈尔德哈默认为，"政治生活的目标远离大多数普通群众人格的深层关注点，这一事实抑制并限制了人格对于政治观念的影响"。但是他在注释中强调："我提出上述观点，并不意味着人格特质对我们理解政要的观点和行动不重要……[对于重要政治人物而言]政治角色是这些生命有机体的核心成分，我们应该能想象到，人格结构和政治行动之间有着相当密切的关系。"①

列文森主张，"参与的政治活动越是'事关重大'，政治行为就越有可能显现出内心积淀已久的价值观和倾向。反过来，如果参与的事件没那么重要，该行为体的应对行动就会更容易受外部环境压力的影响。当一个人无法按照自己适意的方式参与政治活动时，也无法为自己争取一个合适的角色时，他可能会表面上接受一个不合意的角色，但是并不会全情投入其中……然而在这种情况下，个体却也有可能……具备做出改变的强大潜力，为自己找到一个更符合自己心理的新角色"。②

下面我们的分析将从环境和心理倾向层面转移到反应层面，比如政治行为本身。

第八，政治行动越是紧迫艰难——越是需要行为体积极投入精力参与其中——行为体的人格特质对政治行动影响的可能性就越大。

莱恩提出，"在较为常规的事项中，如投票、表达爱国主义观点，接受最终选举结果"，人格差异的影响不大；另一方面，他列出的"展示……人格"的行动中，包括"围绕选举开展的一些选择性的工作"。③ 这类比较**劳神费力**（more demanding）的工作包括：提名公共官员、为政党进行志愿工作和寻求公共职务提名。**尤为费力**（particularly demanding）的一类政治行动——回到我们在第三和第四个命题中提出的——是**抵抗处罚的行动**。因此，与行为体屈从于环境的行动不同，在抵抗处罚的这类行动

---

① Goldhamer, *op. cit.*, p. 349.
② Levinson, *op. cit.*, p. 10.
③ Lane, *op. cit.*, p. 100.

中更可能以多种方式展现人格特质的影响。

第九，人格特质差异可能会在一些自发的行动中展示出来——比如源于个人冲动、不需费神、也未经筹划的行为。

戈尔德哈默指出："当一个人……一边沿街散步一边进行因果思索，受某些当下媒体的直接启发而顿悟，或者一边读报纸或听广播、一边思考时，或者在辩论中突然被驳斥时……假设某人的观点会受到其人格结构的影响，恰恰正是从这些各式各样的自发行动中，我们能发现这种相关关系的依据。"①

第十，即使人格差异对行动结果层面的影响不大，人格差异也会对行动的展示方式造成影响。 行动展示方式层面的例子包括：行为体的**个人风格**（比如他的为人处世方式），在执行任务中的**热情**，伴随行动的准备和收尾阶段的**想象力**（比如关于采取其他行动路线的奇思妙想）。"结果"（instrumental）在这里主要指达成目标的主要方面——比如，一个人选举某位议员或者给某位议员写信。

莱恩提到，"人格的独特性"很可能是从他所持有的关于"其他政治参与者"的"意象"中表现出来的。另外，莱恩还指出，政治行为体为"自己的政治行为合理化"的"依据"，政治人物"与政治群体中的互动中"表现出的个人风格，都是"展示人格差异的场域"。②

希尔斯虽然也指出，"不同人格倾向的人"经常"表现出大体一致的行为"，但他接着补充道："他们当然不会完全展示出同等的热心和激情……"③

里斯曼和格拉瑟（Riesman and Glazer）强调，"尽管不同人格特质的人"可以"在一个机构中从事同样的工作"，但"真正［不］适合这一工作的人"会为此付出"代价"，"与之相反的是，人格特质与任务匹配的人却能通过完成工作释放自身的能量"。④

---

① Goldhamer, *op. cit.*, p. 349.
② Lane, *op. cit.*, p. 100.
③ Shils, in Christie and Jahoda, eds., *op. cit.*, p. 43.
④ Riesman and Glazer, in Lipset and lowenthal, eds., *op. cit.*, p. 438.

下面我将列出最后一个命题，其依据与前面我列出的一些命题有类似之处（比如第一个、第七个和第八个），这一命题主要是集中在政治角色这一话题上，并不能简单将其整合到环境→倾向→反应这样的逻辑框架之中。

第十一，**如果行为体所处岗位受到"明文规定的约束"越少，他们行为中的人格差异就会表现得越突出**。① 显然这样的岗位一般都是领导岗位。我们知道，在相关情境中，处于该岗位的人物的行动不可或缺；对于研究人格与政治的学者来讲，这些人物的重要性显然**尤为突出**（*fortiori*），特别是这些领导人的人格会反映在其行为中，因此也符合我们之前提出的"行为体不可或缺"的标准。

据说军事领导人有着极为强大的影响力。"即便是那些认为历史是由非人格力量决定的人，也必须承认在战争中人格发挥着尤为重要的作用。如果用盖茨（Gates）代替了华盛顿（Washington），对美国的独立事业将会发生什么样的影响？如果用马尔堡（Marlborough）、惠灵顿（Wellington）代替了豪（Howe）、克林顿（Clinton），又会发生什么呢？这些看起来都是奇谈怪论，但是这种反思启示我们，决定战争进程的各种要素中，指挥战争的军事主官的优劣与地理、经济及社会系统之间的互动同等重要。"②

---

① Shils, in Christie and Jahoda, eds., *op. cit.*, p. 45. 我们在这里运用"角色"这一术语，同时包含了环境和倾向的含义，角色的环境层面的意义主要指依存于环境的角色会赋予行为体特定的职责，角色的人格倾向层面的含义主要是指扮演角色的个体对自身的期待。出于分析的目的，能够区分这两个层面会更加清晰一些。关于这一点的非常有价值的讨论参见 Daniel Levinson, "Role, Personality and Social Structure in the Organizational Setting," *Journal of Abnormal and Social Psychology*, 58 (1959), 170 – 80.

② William Willcox, *Portrait of a General* (New York: Knopf, 1964), pp. ix – x. 在这段引文中威尔柯斯并没有明确指出，决定军事结果的人格差异是否只是技能层面的，或者他是否也在考虑与情感机能相关的人格差异；但是从全书来看，他认为人格差异既包括技能层面，也包括人格差异的其他层面。这一结论具有很强的启发性，能够提示我们关注有关人格差异一般性论点的不足之处：也可能威尔柯斯的主张适用于分析军事技能的差异，但不适用于分析譬如情感机能的差异。（这里我们比较了此前讨论行为体不可或缺时提到的维巴的观点。）

三、自我防御需要在何种情境下可能体现于政治行为中？

本节我们将讨论反对人格与政治研究的第三种意见，该意见中关于"人格"的讨论，既不是分析个体对政治进程的影响（行动无关紧要），也不是分析个体差异对政治行为的影响层面（行为体无关紧要），而是分析体现"人格"差异变化的特定方面。当我们认为有必要考虑从人格差异的角度来解释政治行为时，反对意见可能针对我们所提出的各种人格差异。在这种情况下，我们将这种反对意见反过来进行重构，进而形成条件命题，是非常具有建设性的工作：究竟是在何种情境下**特定的人格差异**（"自我力量"、智力和其他类似因素）会对政治结局产生影响，与从一般意义上讨论人格差异产生影响的命题相比，这样的命题更符合经验研究的要求。

正如我们在前面（第一章第 4 至 5 页）所阐述过的，有些政治学学者，常常把"人格与政治研究"等同于运用精神分析方法来研究政治，如拉斯维尔的《精神病理学与政治》，弗洛姆的《逃避自由》和《威权主义人格》。[①] 因此，当很多评论家认为人格对政治没有多少影响时，他们所考虑的是个体处理内心冲突的防御过程不会造成什么政治后果。比如，在他们看来，心理失常者的病态行为中展现出来的心理力量在正常人的日常行为中并不起作用，因此这样的心理进程不会对政治有多大的影响。

我们以条件表达式的方式对这种反对意见进行重构，就会形成以下议题：**在何种情境下，行为中会体现出自我防御的需求？**值得强调的是，选择这个关于人格特质的特定议题，绝不意味着将人格仅仅等同于无意识、非理性和情感性的要素。实际上，当代政治分析急需做的一项工作，是要找到超越单纯政治态度分析，但也不只是集中于更深层次的动机过程和结构的人格特质研究的简便方法。

---

① Harold D. Lasswell, *Psychopathology and Politics* (Chicago: University of Chicago Press, 1930), reprinted in *Political Writings of Harold D. Lasswell* (Glencoe, Ill.: Free Press, 1951); Erich Fromm, *Escape from Freedom* (New York: Rinehart, 1941); and T. W. Adorno, et al., *The Authoritarian Personality* (New York: Harper, 1950).

在前面讨论"行为体无关紧要"的问题时，我所列出的很多情境，也可能是自我防御需要得以展现的情境。只要情境允许人格差异对政治行为产生影响，这种差异，在形式上，就有可能呈现为因管理内心冲突而进行的自我防御的不同。这些情境包括："不确定"的政治情境（"unstructured" political situations）；对违规处罚力度很弱或者处罚措施之间相互矛盾的情境，在此情境中，具有多元个性差异的人没有被强制要求统一行动；还有前面我们在讨论这一主题时研究过的其他类似情境。在这些情境中，自我防御的人格需求有可能**比较容易**走向前台。当然，这并不是说自我防御需求必然——或在很大程度上——是行动的重要基础。

既然在某些情境中，自我防御更容易对行为产生影响，那么究竟是什么使得深层次的心理动力机制可能发挥作用，或者增加了相关的可能性？我们可以简要关注以下三个类型的要素，为方便起见，我们可以将这些要素放在由环境、倾向和反应所组成的框架中去理解。

第一，**与其他环境刺激相比，某些类型的环境刺激无疑同深层人格具有更大的"共鸣"**。这些刺激即使很小，也能诱发很大的情感反应，人们似乎对这些刺激极其敏感。这些刺激因素包括：政治人物多次被告知需要高度警惕的事项，比如死刑、虐待动物以及近些年来提出在饮用水中加氟化物。除此之外，从与自我防御典型相关的各种需要被唤醒的程度来看，政治家们（politicians）肯定也各有不同。通常一个敏感的议题仅仅只能刺激选民中的一小部分；然而，敏感议题激发强烈反应的能量不等，选区议员们在面对选民时，宁可遇到棘手的经济议题，如选区主要产业的关税修订问题，而不是遇到《选举》一书作者所界定的"经典议题"①（"style issue"），如人类大屠杀问题。

> 莱恩与塞尔的分析表明，这些敏感议题之所以可能激发如此强烈的反应，一个重要原因就在于此类议题触动了"通常被个体压抑的一些事项……常见的例子有，如战争或者罪犯惩罚问题（都与进攻有

---

① Bernard Berelson, *et al.*, *Voting* (Chicago: University of Chicago Press, 1954), p. 184.

关），以及生育控制或者猥亵问题（都与性有关）。社会'危险'话题，比如说宗教等，总会招致很多非理性的防御性应对。它们代表的社会'危险'，实际上反映了行为体内心中无意识层面的'危险'。比如说，如果一个人对威权主义有着无意识的痛恨，他通常会仇视苏联共产主义，将苏联共产主义视为一种将威权主义指令渗透到生活各个方面的制度。他的这种反苏联共产主义心理，很少是基于对自身生活可能受到影响的理性判断，更多是他内心深处对自己父亲权威的余恨（residual hatred）"。莱恩和塞尔的观点并不意味着，议题的敏感程度一定是该议题能否激活深层次人格需要的主要指标，尽管在实际临床实践中，当个体面对刺激时的情感反应异常激烈时，常见的做法**确实是寻找自我防御需要的信号**。

莱恩和塞尔还指出，"相对于国内经济的相关话题，关于人物（比如政治候选人）或者社会群体（比如'官僚''蓝血贵族'或者不同族群）的话题，更可能引发非理性的想法。人们可能会清楚地讲出他喜欢某项经济政策的原因，但是却说不明白为什么会喜欢某个人，在'人际知觉'（'person perception'）中，关于'温暖与冷酷'的判断是非常重要的，但是关于判断'冷酷'或者'温暖'感觉的理由，却常常是难以言传的。相关研究表明，很难找到支撑种族偏见和社会间隔等观念的新证据；这些观念通常被分解为更加细小的观念，并进一步被合理化；也就是，用貌似可行的解释对其加以掩饰，而比较客观的学者会认为这些观点并不可信"。①

---

① 引自 Robert E. Lane and David O. Sears, *Public Opinion* (Englewood Cliffs, N. J.: Prentice-Hall, 1964), p. 76. 可进一步比照 Heinz Hartmann, "The Application of Psychoanalytic Concepts to Social Science", 该文收录于作者的论文集，*Essays on Ego Psychology* (New York: International Universities Press, 1964), pp. 90ff. 莱恩和塞尔指出，观念的所指越是模糊，就越有可能形成非理性的观念，当议题离生活是相对遥远的，并且难以评估行动结局时，就会发生这种情况。把莱恩和塞尔的观点放在我们现在讨论的语境中去理解，也就是指，在这些情形中，人格差异会影响行为（行为体至关重要），尤为突出的是，在这些情形中自我防御的力量可能会从幕后走向前台。

第二，如果行为体确实"有"自我防御的需要，这种自我防御的需要就会影响政治行为。 乍一看，这一观点似乎不太正确。在现实社会中，我们目前所找到的关于各种精神病理的典型例子的证据当中，令人满意的非常少①，而关于在一定程度上情感烦恼会通过政治行动发泄出来的证据，甚至更少。

尽管这一命题的正确性还有待进一步证实，而且它也不像关于各类个体心理差异的命题具有普遍性，我们依然需要阐明与政治行为相关的**各种自我防御适应方式**（kinds of ego-defensive adaptations），将其细化为一系列更加具体的假设。比如，十多年前在众多关于偏见的有趣研究中，有一个很有见地的论断，并不是在著名的《威权主义人格》一书中提出来的，而是在大家忽略的阿克曼与贾霍达（Ackerman and Jahoda）的著作《反犹主义和情感错乱》②中提出来的。该研究表明，反映在压抑行为中的人格失调，并不会伴随产生反犹主义。但是如果个人保护自己免受内在精神冲突之苦的手段——也就是说，为减轻内心的紧张状态而采取投射的防御机制，是免受惩罚的，那么反犹主义就有可能发生。没有任何理由表明，这一观点只能单纯适用于对反犹主义的解释。

第三，某些类型的应对方式（types of response）无疑能够为释放深层次的人格需要提供畅通的出口。 比如，在群众集会行动中宣誓忠诚的行动，还有经过精心设计、在政治中倾注感情的各种行动。无论在政治领域还是在其他生活领域中，我们可以根据适当表达情感被视作行为规范的程度，来区分出行动的各种典型类型。有理由相信，在这些行动中，行为体通过行动来表达自我防御需要的可能性非常大，不过应该运用大量事实来证明这一观点。

---

① 不过，可以参考 Leo Srole, et al., *Mental Health in the Metropolis* (New York: McGraw-Hill, 1962). 也可以参考 Jerome G. Manis, *et al.*, "Estimating the Prevalence of Mental Illness," *American Sociological Review*, 29 (1964), 84–89, 以及这些论著中的相关文献来源。

② Nathan W. Ackerman and Marie Jahoda, *Anti-Semitism and Emotional Disorder* (New York: Harper, 1950).

第三节　关于各种反对意见的结论

在主张人格与政治研究缺乏相关性的诸多意见中，我们主要讨论了五个主要观点。其中有两个观点虽然看起来很吸引人，但似乎是建立在错误概念的基础上。我们对另外三个观点进行重构后，它们就不再是纯粹的反对意见，而是赋予了提出命题的契机，即在何种情境下人格会如何影响政治行为。在论及政治时，"人格"术语的用法各有不同，在重构这些反对意见的过程中，我们进一步厘清了其中的三种运用方式：有的指个体政治行动的影响，有的指单一行为体之间存在人格差异的事实，还有的指个体人格差异的具体内容。当把"人格"等同于人格差异的具体方面时，该术语常常用来指涉深层次的自我防御心理过程。

"人格"含义的多元性使我们进一步明白，一般性问题——如"政治研究中是否能够考虑人格因素？"——的答案不能一概而论。相反，我们应该将这个大问题分解成这一主题所涵括的一个个小问题，当我们致力于探究这些小问题时，得到的绝不只是简单的答案，而应该瞄准以多种方式促使"人的因素发挥作用"的政治领域，并进行广泛的考察。仔细考虑过针对人格与政治研究的全部常见意见后，接下来我们将转而分析个案研究、类型研究和聚合研究中出现的实证、推论和概念化方面的问题。

第三章　单一政治行为体心理研究

第一节　单一行为体研究和类型行为体研究的共同特征

一、"人格"：一个可以循环运用的概念构想

本章以及后续两章的主要研究框架，是参考 M. 布鲁斯特·史密斯所提出的由五大板块组成的研究思路图，选择其中与人格与政治研究相关的变量，对该思路图进行删减和名称微调后形成的。

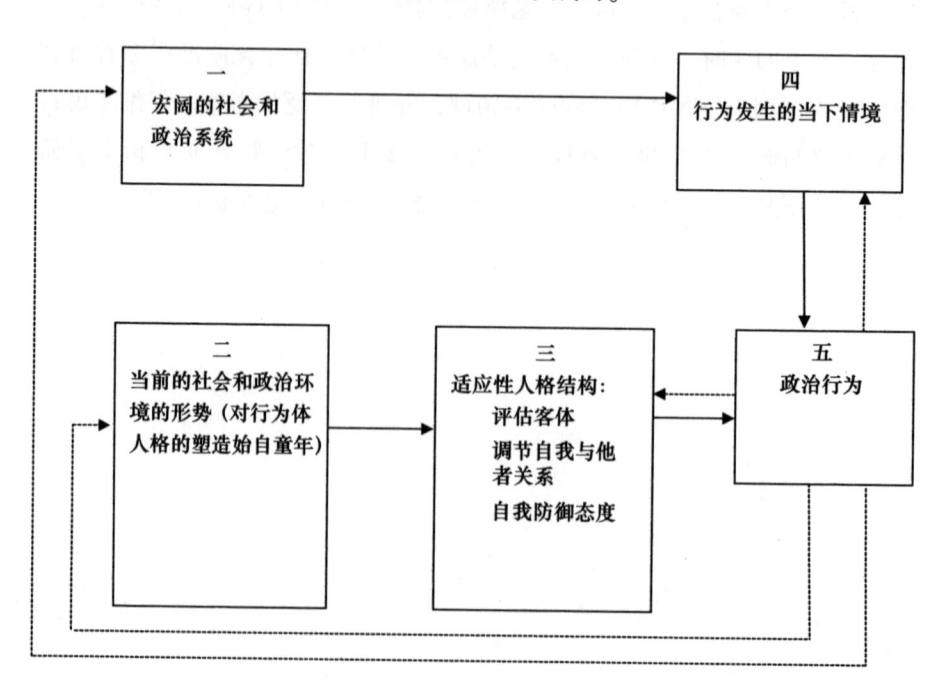

```
┌─────────────┐                    ┌─────────────┐
│     一      │                    │     四      │
│ 宏阔的社会和 │──────────────────→│行为发生的当下│
│  政治系统   │                    │    情境     │
└─────────────┘                    └─────────────┘
                                          │
                                          ↓
┌─────────────┐   ┌─────────────┐   ┌─────────────┐
│     二      │   │     三      │   │     五      │
│当前的社会和政│   │适应性人格结构│   │  政治行为   │
│治环境的形势 │──→│  评估客体   │──→│            │
│(对行为体人格 │   │调节自我与他 │   │            │
│的塑造始自童年│   │  者关系    │   │            │
│     )      │   │自我防御态度 │   │            │
└─────────────┘   └─────────────┘   └─────────────┘
```

第三章 单一政治行为体心理研究

本章我们集中研究的政治行为是单一行为体的政治行为。从心理层面分析单一行为体是项复杂的工作，参照上面的框架图，我们能够以简洁的方式快速把握这类分析的各种思路。在研究过程中，我们能观察到的现象，主要源于思路图的第四部分和第五部分所指内容，即"行为发生的当下情境"和"政治行为"。我们观察研究对象的行为，旨在明确其行为**模式**（pattern）。当然，我们不仅仅关注他的身体行动（gross actions），尤其还要关注其言语行动。我们根据看来会诱发行动的外在环境刺激来诠释行为模式。（如果分析的政治行为体是当代人物，研究者有可能比较幸运，可以通过采访或者心理测评的方式，来设置一些诱发研究对象行为的刺激。）

通过观察各种不同背景下的行为发生规律，我们形成了概念构想（construct），也就是在智识层面作出关于研究对象心理特质的描述（上述研究思路图的第三部分），其中包括态度和态度的人格过程基础。这些人格过程涵盖了行为体认知机能的风格（对客体的评估）、社会适应的方式（调节自我与他人的关系）和管理内在冲突的途径（自我防御）。如果研究者足够幸运的话，也许能进一步获得与有关行为体人格的概念构想相符的研究资源，比如，那些曾经塑造行为体当前心理机能模式的历史环境方面的资料（即上述研究思路图的第二部分）。而一旦建立起概括行为体相对稳定倾向的概念构想时，我们就能够运用这个概念构想，结合环境刺激方面的数据，来解释所研究的个体的具体政治行动。

上述研究思路图中的各种要素，以及观察事实、建立概念构想和展开推论的分析过程，同样也适用于第四章的心理类型研究。不过，我们在第四章的主要研究目的，是把多个案例进行分类研究，而不是针对单一个案进行研究。另一方面，与个案研究相同，在类型研究中，我们也是通过观察情境背景中的行为模式，来形成一个人格概念构想。如果可能的话，我们也会分析塑造那种人格的背景经历。然后，我们运用已经形成的人格概念构想，结合情境数据，来解释行为。

我们**从行为**中建构起一个人格概念构想，然后又用这个概念构想来**解释行为**，这似乎构成了一种循环，但只要我们依据人格倾向来解释的行为，不是我们之前在推断人格倾向时所观察的行为，这种循环就不会陷入同义反复论证。我们运用一个概念来描述无法直接观察到的现象，也不会产生令人怀疑的问题。运用类似这样概念的先例有很多，比如自然科学中建立的"电子"概念构想①。

二、现象学、动力学和起源分析：三种相互补充的人格特质研究路径

我刚刚描述的人格个案研究和类型研究，其过程从实用的角度可以理解为相互联系而又相互独立的三项任务：对人格的现象学描述、动力学描述和起源描述。

第一，**现象学分析**。这里我指的是可以观察到的行为现象，基于这些现象，才能进一步分析在不同情境中某个或者某类行为体展现出的行为模式。现象学层面关于行为的描述，是对行为外显表征的刻画，是相对固定的，也大体无须解释。根据我们在本章开头提出的研究思路图，现象学的研究者集中关注行为板块（思路图的第五部分）。不过，我们也可以把现象分析视为从表层触及了人格板块（第三部分），因为研究者只有依据确定何种观察数据有用的阐释标准才可能展开描述，而这些标准正是从人格概念构想中摘取出来的。

第二，**动力学分析**。当对人格的描述超越了对行为"征候"特点的忠实刻画，进入诊断阶段时，研究中心就从现象描述转移到了动力诠释。研究者开始思考，为什么他关注的某个或某类行为体会呈现特定的行为表征。解决这样的问题，会促使研究者提出一个关于内在心理进程的理论，这个内在的心理进程"必须"能够整合行为表征中的各种零散要素。可以这样来理解，动力学研究也就是把关注点从研究思路图的行为板块向后退了一步：这些分析与第三板块阐明的人格概念构想有关。根据其所依据的

---

① 一些行为主义科学家，譬如著名的心理学家 B. F. 斯金纳认为，在研究中可以不依赖于心理概念——比如，我们在研究思路图第三板块强调的源于推论的存在。运用概念是不可避免的，关于其中的缘由有一篇非常有说服力的论文，参见 Noam Chomsky, "Review of *Verbal Behavior* by B. F. Skinner," *Language*, 35 (1959), 26 – 58。关于在科学研究中建立假设性存在的普遍意义，系统讨论参见 Carl G. Hempel, "The Theoretician's Dilemma: A Study in the Logic of Theory Construction", 收录于 *Aspects of Scientific Explanation* (New York: Free Press of Glencoe, 1965), pp. 173 – 226。

复杂理论假定,各种动力学分析的结果也各不相同。这些分析所涵盖的内容,有的是非理论化的描述,主要讨论现象呈现不同特点的各种内在可能性(contingencies),有的则是根据不同人格理论学派的概念,来解释行为体内心世界的特征。在此运用的"动力学"(dynamics),可以理解为包括了诸多相互独立的解释;在不同层面运用这一术语时,任何一种用法都绝不涉及心理机能是"发展变化的(dynamic)"含义。

第三,**起源分析**。在对人格进行动力学分析之后,相关学者会进一步转向研究思路图的左侧进行研究。对某个或者某类行为体的现实机能展开观察,继而进行解释之后,研究者会进一步追溯行为体的先天结构、发育成熟度和生活经历,正是由于这样的发展,最终形成了行为体可观察到的现有特征,以及由此推断而得知的内在动力机制。

正如我曾经把人格与政治研究的知识谱系整理为个案研究、类型研究和聚合研究,上文区分出的现象学分析、动力学分析和起源分析,也是描述了"重构"后的研究逻辑。在开展研究时,学者们往往遵循亚伯拉罕·卡普兰所谓的"实用主义逻辑",并不是整整齐齐地依照先后因果图示进行的。① 实际研究**必**将会多次偏离以现象学为始、经由动力学分析、以起源分析为终的路线。事实上,现象层面行为表征的描述往往受动力学假定的启发,反过来,现象描述也会有益于动力分析;而关于起源的细小信息,也可能会导致学者们在诠释动力或者描述现象时,改变原来所强调的重点。这三种研究路径彼此总是不停地相互影响。

从现象学、动力学和起源三个层面对人格研究逻辑进行整合重构,尽管并不能概括所有的研究思路,但这样做有以下几个方面的益处:第一,可以根据某一研究结果可能被其他学者所接受的程度,大体上对人格研究结果进行整理。即使是学术偏好差异很大的学者,也尚能就现象学层面的分析形成共识,因为关于单一和类型行为体是否展现出某些可观察的特征或者行为模式的问题,其研究方法发展得比较成熟,便于研究者达成一致。相比之下,关于人格的动力诠释在学者们之间较难形成一致,而这些

---

① Abraham Kaplan, *The Conduct of Inquiry* (San Francisco: Chandler, 1964), pp. 3 – 11.

诠释所依据的假定和概念如果来自相互竞争的人格理论时，那就更难有共鸣了。不过，有关人格起源的分析可能是最具争议性的。一般而言，人们可能认为，相对于动力学诠释中所提出的涵盖很多概念的变量而言，大家对于可观察的成长经历的争议应该会少一些。然而，实际上，在关于成长经历的研究中，细致且有证可考的出色成果非常稀缺，因此起源分析获得人们广泛认可的可能性就大大降低了。进一步来看，出于以下几个方面的原因，有关起源解释的效力被进一步削弱：一是至今我们对个人成长发展的基本原理的认识还不完备；二是许多有趣的起源假设所提出的相关关系总体上可能是比较弱的，何况还较复杂，且很难证明，这些相关关系涉及的现象，不仅在时间上相隔久远，并且还经由中间环节才得以关联。

　　划分为现象学分析、动力学分析和起源分析三种路径的第二个益处在于：帮助分析政治行为具体模式的研究者根据优先程度来确定研究顺序。究竟哪一项研究是最需要迫切开展的工作，学术界最容易达成共识的是心理阐释（psychological interpretation）。某个行为体或者某类行为体面对不同刺激时可能会怎样反应，现象学分析可以看作是对这一主题的事实描述，这样的信息在解释或者预测特定行为时必定是非常有用的。动力学分析和起源分析对行为研究者而言，也是非常重要的，但是从行为的社会心理先在背景链条来看，这两种分析视角主要是"向后追溯"，相对于现象学分析，优先等级就比较低了。

　　这一研究路径区分体系的第三个、也是最大的益处在于澄清理论。在本章的剩余部分，首先讨论与个案分析相关的一般性问题，之后我将以这三种研究路径为小标题，阐明一个关于个案研究的解释框架。在接下来的第四章当中，我也用了类似的标题来讨论一个著名类型研究的基本原理。只有经过这样的澄清工作，我们才能够切实辨识出研究中存在的方法与经验层面的重要问题。

第二节　单一行为体心理研究存在的问题

　　在人格与政治研究的知识谱系中，关于单一行为体心理研究的论著有两

第三章　单一政治行为体心理研究

类：一类是关于普通民众的大量例证研究（the case studies），如莱恩[1]、史密斯、布鲁纳和怀特[2]都做过这方面的研究，另一类是心理传记。在前者当中，众多单一行为体的数据资料通常都是用来说明理论假设或方法论观点。服从于这样的说明功能，针对诸如"费拉拉"（Ferrara）、"兰林"（Lanlin）、"苏里文"（Sullivan）之类的芸芸众生，研究者通常不大会费劲将其放在优先分析的位置。而对于心理传记的作者而言，分析的准确性则是要优先考虑的问题。传记作家经常希望通过研究，来确认他所做传人物的行动是否是某些历史结局的必要条件（行动无关紧要），如果是的话，要进一步确定，这样的行动是否与主人公的人格特质密切相关（行为体无关紧要）。传记作者对他所描写主体的人格分析，成为历史结局宏大研究的重要关联环节。

对于个案人格研究，我们不能奢望其达到多案例或者类型心理研究所具备的规范性和准确性。但是，我们并不能由此认为，个案研究都只应是传记文学性质的工作，其成效往往取决于作者的才华。建立并完善个案心理研究的分析标准应该是可能的，这样便于研究者从现有大量传记资料中获得讨论所需的事实，从而进行解释推论，其中当然也包括一些极具争议的推论，有时还需要聚焦人格的深层次机能（如自我防御）展开推论[3]。

在尝试找到这一标准的过程中，我发现亚历山大·乔治和朱丽叶·乔治在其著作《伍德罗·威尔逊总统与豪斯上校》[4]中所运用的研究方法非常有帮助。乔治夫妇研究成果的启发意义体现为很多方面，在第一章我也

---

[1] Robert E. Lane, *Political Ideology* (New York: Free Press of Glencoe, 1962).

[2] M. Brewster Smith, Jerome Bruner, and Robert White, *Opinions and Personality* (New York: Wiley, 1956).

[3] 长期以来，在社会科学研究中，学者们都对发展一套关于心理案例分析的标准很感兴趣。早期的尝试包括约翰·多拉德（John Dollard）的经典著作 *Criteria for the Life History* (New Haven, Gonn.: Yale University Press, 1935); 以及 Gordon W. Allport, *The Use of Personal Documents in Psychological Science* (New York: Social Science Research Council Bulletin 49, 1942). 更多最近的讨论见第72页（中文版第66页）注释②。

[4] Alexander L. George and Juliette L. George, *Woodrow Wilson and Colonel House: A Personality Study* (New York: John Day, 1956); 有新前言的平装本 (New York: Dover, 1964). 我感兴趣的主要是乔治夫妇对于威尔逊总统的详细分析，而不是他们关于豪斯上校的简单描述。

简要提到过一些。首先，威尔逊本身就是如此重要的人物，非常适用于讨论行动无关紧要或者行为体无关紧要的理论。无论是他同时代的人，还是后来的评论家，也都坚定地认为威尔逊的作为（或者不作为）对历史发展具有重要的影响，这些行动确实展现出浓厚的个人色彩。只有威尔逊才能做出这样的行动。而且，研究其行为势必要超越常识层面的非专业心理分析。威尔逊在处理与其他政治人物关系的过程中，时而表现出惊人的才华，时而拙劣得令人出乎意料，这种变动以及其他许多谜一样的表现，无论是威尔逊的同时代人，还是他的许多传记作者都很感到非常困惑。

得益于乔治夫妇深厚的研究功力，他们对于威尔逊的分析使得该主题的研究得到进一步的拓展。伯纳德·布罗迪（Bernard Brodie）认为《伍德罗·威尔逊与豪斯上校》是一本非常令人满意的人物传记，并且第一次对威尔逊的人格进行了"理论精深、逻辑统一、前后连贯"的阐释。[1] 许多社会科学家也都非常赞同伯纳德的这一观点。乔治夫妇对威尔逊的研究之所以取得如此的成功，在一定程度上源于以下几个因素：他们长期浸淫于威尔逊生命历程的相关资料中；对精神分析理论熟稔于心；能够对威尔逊产生很好的共情；以及多年来不断发展、验证和修改他们关于威尔逊人格的假设。不过，我们在此关注的重点，是乔治夫妇对论证逻辑的用心研究。

为阐明分析威尔逊的标准，乔治夫妇投入了大量精力。他们的研究也是阐明个案心理研究解释标准的总体工作的一部分。尽管他们曾经专门发表了一篇论文针对个案心理解释问题进行了一系列讨论[2]，但在《伍德罗·威尔逊与豪斯上校》一书正文中，他们对方法论的兴趣还是服从了整个叙事呈现的需要。因此，在该书中，关于威尔逊总统的明确分析结论往往也都是简洁、

---

[1] Bernard Brodie, "A Psychoanalytic Interpretation of Woodrow Wilson," *World Politics*, 9 (1957). 413 – 22.

[2] Alexander L. George and Juliette L. George, "Woodrow Wilson: Personality and Political Behavior" (paper presented at the 1956 Annual Meeting of the American Political Science Association); and the following papers by Alexander George: "Some Uses of Dynamic Psychology in Political Biography" (unpublished paper, 1960); "Power as a Compensatory Value for Political Leaders," *Journal of Social Issues*, 24: 3 (1968), 29 – 50. 也可参见 *Woodrow Wilson and Colonel House* 一书的方法附录。

扼要的概述。当然，这些论断以及叙述本身是基于作者之前扎实的背景分析。无疑，这一点也正能说明布罗迪评论该书时所指出的"出色的真实性"。①

考虑到乔治夫妇著作的上乘品质，以及这两位作者自身的方法论自觉，我们认为，他们在分析威尔逊时所遇到的困难，绝不仅仅是研究手法方面的小缺陷。相反，心理个案研究所面临的挑战，可能源于开展该项工作、交流研究成果本身的内在问题。关于心理传记，至今没有普遍认可的标准，这就会在学术交流方面带来很多问题，譬如，史学工作者佩奇·史密斯曾经嘲讽乔治夫妇的研究：

> 他们发现（威尔逊）有一个常见的问题父亲——不但强势，而且专制，压抑了年轻的伍德罗。
>
> 青年威尔逊对父亲严厉家教的"不满和愤怒"……"完全被压抑了"（根据弗洛伊德的精神分析理论，面对一个严厉而苛刻的父亲，儿子的爱当然并不是真正的爱，而是被压抑的愤怒和仇恨），"终其一生，小威尔逊都对父亲表现出尊敬与面子上的爱"反映了这种压抑。
>
> 乔治观察到了其他研究者同样看到的事实，即成年威尔逊表现出强烈的政治支配冲动（事实上，多数非常成功的政治家都有这种冲动），这种冲动对他而言"具有重要的补偿意义，是他修复童年时被（父亲）伤害的自尊的一种手段"。
>
> 基于许多类似这样的观察，乔治夫妇得出了以下结论：威尔逊自身的人格缺点——僵硬、自以为是、为所欲为和不愿妥协，注定了议会拒绝批准美国加入国际联盟。这些都没错，但却很难说有什么启示。任何熟悉威尔逊秉性的学者，都清楚乔治夫妇所阐明的威尔逊的特征。这么看来，乔治夫妇所告诉我们的一切，其中有哪些是他们唯独运用弗洛伊德精神分析理论才能发现的结果？他们只是对威尔逊与他父亲关系进行了不确切的推断，这些推断终究不能增进我们对威尔

---

① Brodie, opt. cit. 我在此并不是建议大家不做叙述性解释，或者放弃对局部内在机理进行简略的诠释。一个人选择什么样的解释方式取决于其研究的目的。但是当所开展个案研究对论证关注较多时，就需要试试各种解释路径，以此与平铺直叙的阐释相互补充——例如，要充分利用好研究方法附录。

逊的胜利与惨败的理解。这本书的长处在于，乔治夫妇是认真负责的历史学家，他们巧妙地叙述了威尔逊的政治生涯。[1]

如同我们所看到的，史密斯对乔治夫妇的多数分析都不感兴趣。然而，他的评论也是有意义的，常见的关于心理传记的质疑性评论的主要观点，在史密斯的评论中也涉及了。此类评论不仅仅曾经针对那些大家都不看好的著作，如泽利格斯（Zeligs）关于希思-钱伯斯事件（Hiss-Chamber affair）的研究[2]和

---

[1] Page Smith, *The Historian and History* (New York: Knopf, 1964), pp. 125–26. 我引用佩奇的前三个观点在原文中属于一个连续的自然段，第四个观点在原文中是以一个独立的自然段的形式出现的。

[2] Meyer A. Zeligs, *Friendship and Fratricide: An Analysis of Whittaker Chambers and Alger Hiss* (New York: Viking Press, 1967). 学术界对泽利格斯著作的主要评价是：这本书不仅仅凸显了所有传统心理传记的缺陷（还原主义以及在对钱伯斯研究时过分强调精神病理分析），而且对希思也有所偏袒。与这部作品同期出版的还有另一部饱受争议的著作，即 Sigmund Freud and William C. Bullitt, *Thomas Woodrow Wilson, Twenty-Eighth President of the United States: A Psychological Study* (Boston: Houghton Mifflin, 1967), 该书创作于20世纪30年代，但是当时规定只能在威尔逊去世后出版。尽管这两本书并没有开启心理传记的新局面，但却都很好地反映出个案心理分析面临的难题。第二本著作还出现了知识产权争议，弗洛伊德的弟子们根据内部资料提出，弗洛伊德的很多贡献被布利特严重扭曲了。乔治夫妇虽然知道有这样的手稿，但是没能真正直接触到。不少针对这些著作的评论中，都提出了关于心理传记发展趋势的观点，这些观点虽不全面但却有趣。可以参考以下文献：Meyer Shapiro, "Dangerous Acquaintances," *New York Review of Books*, February 23, 1967, pp. 5–9; "Brotherly Hatred," *The Times Literary Supplement* (London), November 9, 1967, p. 1057; Ernest van den Haag, "Psychoanalysis and Fantasy," *National Review*, March 21, 1967, pp. 295ff.; Erik Erikson and Richard Hofstadter, "The Strange Case of Freud, Bullitt and Wilson," *New York Review of Books*, February 9, 1967, pp. 3–8.
最近有几则关于心理传记中所出现的问题的讨论。其中有一项出现在 B. A. Farrell 为弗洛伊德的英文版《达·芬奇传》(Sigmund Freud, *Leonardo*, Harmondsworth, Middlesex: Penguin, 1963) 撰写的长篇介绍中，非常有趣，当然也不易把握。也可参见刘易斯·J. 埃丁格（Lewis J. Edinger）撰写的由两部分组成的很有思想的大论文 "Political Science and Political Biography," *Journal of Politics*, 26 (1964), 423–39, 648–76; 还有许多相关文章被重新收录于 Bruce Mazlish, *Psychoanalysis and History* (Englewood Cliffs, N.J.: Prentice-Hall, 1963); John A. Garraty, *The Nature of Biography* (New York: Knopf, 1957); A. F. Davies, "Criteria for the Political Life History," *Historical Studies of Australia and New Zealand*, 13: 49 (1967), 76–85; Richard L. Bushman, "On the Uses of Psychology: Conflict and Conciliation in Benjamin Franklin," *History and Theory*, 5 (1966), 225–40; Fred I. Greenstein, "Art and Science in the Political Life History: A Review of A. F. Davies' Private Politics," *Politics: The Journal of the Australasian Political Science Association*, 2 (1967), 176–80; Erik H. Erikson, "On the Nature of Psycho-Historical Evidence: In Search of Gandhi," *Daedalus*, 97 (1968), 695–730; and Betty Glad, "The Role of Psychoanalytic Biography in Political Science" (paper delivered at the 1968 Annual Meeting of the American Political Science Association).

弗洛伊德-布利特对威尔逊的研究，一些针对非常优秀的学术作品的评论，比如关于埃里克森对路德精巧而"敏锐"的研究的相关评论中，也常常出现类似观点。①

第三节 乔治夫妇关于威尔逊②人格的研究

乔治夫妇通过300页左右篇幅的生动描述，不仅概括了威尔逊一生的工作和生活，还对威尔逊生涯中的重要阶段和时期进行了详尽的特写。关于威尔逊的青少年时期，乔治夫妇特别关注了他与父亲的关系、青春期经历，以及为安身立命所付出的努力。关于威尔逊的成年经历，乔治夫妇重点考察了他如何应对三个行政角色：普林斯顿大学校长、新泽西州长和美国总统。威尔逊在每个角色对应的事业经历中，都表现出明显的规律性阶段特征：第一，履新后能迅速获得巨大的成功；第二，紧接着会面临很多争议和矛盾；第三，最后在充满获胜机会的情境中以失败告终。当时形势对威尔逊的奋斗目标③应该是非常有利的，但国会却没有批准凡尔赛条约，这与他担任普林斯顿大学校长期间的经历简直如出一辙：就任时一帆风顺，卸任时却痛苦不堪、弄巧成拙。

本节的以下内容，是我们从乔治夫妇研究的诸多主题中精选出来的，其用意在于举例说明怎样根据重建的逻辑来搞清楚传记资料。这些关于威尔逊人格的现象学、动力学和起源的报告声明，对于正在阅读《伍德罗·威尔逊与豪斯上校》一书的人而言，是再清晰不过了，当然，对于不熟悉这本著作的人而言，这样的概略描述也是有帮助的。

---

① Erik H. Erikson, *Young Man Luther: A Study in Psychoanalysis and History* (New York: Norton, 1958).

② 下面我的论述主要是基于乔治夫妇关于威尔逊的专著以及他们的相关论文。如果不特别标注，这些引用主要是来自《伍德罗·威尔逊与豪斯上校》，这些内容都可以通过书中索引找到，该书的索引做得特别好，也可视为作者关于威尔逊及其同时代人的一个很简便的总结。

③ 他极力倡导美国加入国际联盟。——译者注

一、现象学分析：威尔逊呈现出来的人格特质

佩奇·史密斯曾经这样评论："任何熟悉威尔逊的人，都了解乔治夫妇所阐述的威尔逊的个人品质。"史密斯的论断，恰好验证了我们在本章开始提出的一个观点：学者们比较容易对现象学层面阐述的事实达成共识。史密斯提到了威尔逊"僵硬、自以为是……为所欲为"和"不愿妥协"，他承认，正是由于威尔逊的这些从政风格，注定了"议会拒绝批准国际联盟"。

但是史密斯忽略了威尔逊人格品质的许多其他特点。在很多场合，他曾极力迎合那些能够给予他所需要的支持的政治人物；在他职业生涯中这些特定时刻，用"僵硬"这一词来概括他的人格特征是非常不合适的。他曾从保守主义快速转到激进主义，并由此上升为政界名人，期间这一点也是显而易见的。当时，即使是面对之前他最蔑视的政治家威廉·杰宁·布赖恩（William Jennings Bryan），他也会大献殷勤。乔治夫妇举了很多威尔逊处事极其灵活的例子，甚至在一些原则问题上他也随机应变。因此，如果仅仅用史密斯提到的所谓"众所周知"的特点来概括威尔逊，那就太简单了。

同样，史密斯还忽略了乔治夫妇分析中的另一个非常重要的方面，乔治夫妇认为威尔逊在面对权力时展现出"强烈的冲动"，这一点人们可能在"最成功的政治家"身上才会发现。威尔逊对权力的运用非同寻常。和典型的美国公众人物不同，他将一些权力资源用到了极致，而根本不考虑其边际递减效用；而另外一些权力资源他却干脆不用。在他职业生涯的以下阶段，他都是这样做的，比如，"新自由法案"通过的时候，再比如，围绕批准《凡尔赛和约》问题，他与国会陷入僵局的时候，他极力**推行**自己主张的方案。哪怕只是向对手做出象征性、保留面子的让步，他都不愿意。然而，在另外一些情境中，有很多机会能充分利用手中的资源，他却表现得非常超然。例如，作为总统，他根本没有兴趣监督或者评议自己的下属官员，比如说农业部长。在各种场合，他作为美国在巴黎和会上的总代表——这一角色是乔治夫妇对威尔逊的准确概括——坚定追求自己的目

标；但是他却忽视了手头拥有的、能够帮助他实现目标的一些机会，忽视了重新考虑他最初在巴黎和会上不愿意妥协的议题的可能性。一旦他推进某一事情的决心已定，很难把自己拉回来。

从现象层面看，威尔逊的某些独特的行为不足为奇。甚至对于他的许多非常奇怪的自相矛盾的**行为模式**，人们理解起来也并不难。比如，我们完全可以从这样的角度去理解，威尔逊的行为表现与其达成政治目标的"角色要求"是相一致的，威尔逊在争取权力时要比运用权力时灵活得多。然而，从整体现象层面看，威尔逊所展示出来的所有行为方式，只用"角色要求"这样浅显的心理学理论分析，就不能完全解释清楚了。美国历史上，很少有如同威尔逊一样位高权重的政治家会像他这样，时而极端僵硬，时而极端灵活，有时将权力资源用到最大化，有时却对权力资源的运用少到极点，其人格当中还有很多类似前后不一致的地方。历史学家亚瑟·林克（Arthur Link）曾对威尔逊作了最为全面的研究，他指出，"传记作家既不会读心术，也不是精神分析学家，他们关于威尔逊人格的观点与豪斯上校一致，'威尔逊是拥有矛盾复杂人格的众多历史人物之一'，他们只希望随着行文进展，顺其自然地展现威尔逊自己本身的样子"。[①] 作为威尔逊的传记作者，乔治夫妇与其他传记作者的共同点在于：他们通过现象层面的准确刻画，让威尔逊这一历史人物"展示自我"；但是乔治夫妇与其他传记作家的重要区别在于，乔治夫妇提出了一个能够解释威尔逊"自相矛盾"政治行为的动力机制，并且在一定程度上证明了这一理论。

二、乔治夫妇对于威尔逊人格的动力学解释

在动力学分析中非常简洁、也少有争议的层面，乔治夫妇具体阐明了威尔逊人格现象中的动力特点；也就是威尔逊采取与他人相异行为方式的深层可能（Contingencies）。正如我们所看到的，乔治夫妇阐明，威尔逊表现出灵活以至于类似机会主义的特征时，往往是其**追求权力**的时候；而当他表现出明显的僵硬特征时，恰恰是他**运用权力**的时候。进而，他们指

[①] Arthur S. Link, Wilson: *The New Freedom* (Princeton, N. J.: Princeton University Press, 1956), p. 70.

出，一旦威尔逊获得权力后，尤其是当其狂热地认为，唯独自己才有发言权、才能塑造事态时，威尔逊展示出了控制他人和避免被他人控制的欲望，展示了想要完全掌控政治局面的意愿。而对于他自认为不入流的小事，他压根一点兴趣也没有。他的行动在这两个极端之间变换，事实上几乎没有中间道路。

乔治夫妇的分析指出：在威尔逊认为关系到自身领导权，以及所担负的神圣使命的核心议题上，他不但是绝不屈服的，而且对于那些与他意见不同的人所持立场的优点，也往往视而不见。通过仿佛已多次经历过的、名副其实的合理化过程，威尔逊把他的对手们视为动机卑劣透顶的人。在他看来，非常有必要彻底制服这样的敌手；与这些他无法接受的势力妥协，或者为了让他们改变决定而给予他们一些面子，是一种道德上的败坏。他把拒绝与这些人分享权力从道德上合理化了：他似乎完全有理由认为，面对这样的对手，寻求完全的控制不仅是合法的，也是必要的。

在此类情境下，当威尔逊无力掌控局面时，他会感到非常崩溃，或者陷入了僵局。乔治夫妇发现，在这些痛苦的冲突中，原则方面的分歧染上了浓重的人格冲突色彩，这就是真实的威尔逊。普林斯顿大学研究生院争端，主要表现为威尔逊与该院院长安德鲁·威斯特的尖锐对立，凡尔赛条约危机，也主要集中体现于他与亨利·卡伯特·洛奇之间紧张的冲突关系。小的让步对于赢得胜利来讲是十分必要的，但即使妥协是完全符合威尔逊的利益的，他也极其不愿意妥协，男性对手特别容易把威尔逊逼进自我挫败的僵局中。威尔逊对洛奇这样的政敌尤为敏感，洛奇盛气凌人地贬低威尔逊的能力，这样揶揄威尔逊是他的拿手戏。（当谈到威尔逊倾注了大量心血的国联盟约文件时，洛奇认为："作为一个英语作品，这一盟约并不怎么样，可能在普林斯顿能够获得认可，但在哈佛大学则绝对不可能。"）

在更深层的、更带有推测性的，因此也更有争议性的动力解释层面上，乔治夫妇尝试分辨出威尔逊行为中的一些典型自我防御机制，比如反向和否定。此外，他们还发现威尔逊个人风格在一定程度上符合常见强迫症临床特征中的自适应模式。他们还参考了拉斯韦尔在《权力与人格》①一书中关于权力中心人格类型的理论，并由此认为，威尔逊在上述情境中追求控制的强迫需要，是免受内心深处"自卑"伤害的自我防御机制。

在证明这些尝试性解释的时候，乔治夫妇并不是单纯依据评论观点，而是搜集了许多资料，组成扎实的论据。他们试图论证，自我防御的需要是否导致了威尔逊在特定情境下极其不愿意妥协，如果存在这样的情况，那么要进一步论证，究竟是哪种特定类型的自我防御需要在起作用，以概略框架来重建其论证方式是我们搞清楚他们提出的分析模型的最好方法。

对于每一种威尔逊拒绝妥协进而最终造成挫败的情境，都不能排除从非自我防御需要方面进行解释的可能。② 行为体没有采取最合适的方法来达到目标，并不必然是（而且也常常不是）行为体应对现实的努力与潜意识规避冲突的人际需要相互交织影响的结果。例如，不理智的行为可能只是因为决策信息不完全而导致错误计算而造成的；而且，行为体可能根本也不是因无法权衡目的和手段而"不理性"，行为体可能实际上已经有意

---

① Harold D. Lasswell, *Power and Personality* (New York: Norton, 1948). 乔治夫妇关于威尔逊基本假设的主要理论渊源是拉斯韦尔的理论。亚历山大·乔治后来还提出（"权力是政治领袖的一种补偿性价值" *op. cit.*, p. 38n.），埃里克森关于个案政治分析的许多观点也有辅助参考意义。乔治还特别提到了詹姆斯·D. 巴伯（James D. Barber）关于美国总统青春期自我认同形成的研究。参见 Barber 的论文 "Classifying and Predicting Presidential Styles: Two Weak Presidents," *Journal of Social Issues*, 24: 3 (1968), 51–80; 以及他的另一篇论文 "Adult Identity and Presidential Style: The Rhetorical Emphasis," *Daedalus*, 97 (1968), 938–68。

② 在大量关于威尔逊的研究文献中，乔治夫妇已经注意到了一系列没有提及自我防御进程的替代性解释：例如，从威尔逊尊奉的加尔文教徒传统的角度解释他的生活与事业，从威尔逊身体患病的角度解释他在国际联盟危机中的行为表现。乔治夫妇并没有公开声明他们自己要提出一种替代性的假设解释，正如他们在该书中整体上把方法论分析控制在最小范围内。我们也不必把之前所谓的"替代性"解释中所涉及的变量，视为乔治夫妇围绕威尔逊进行的自我防御解释的竞争。例如，乔治夫妇也强调，在威尔逊的观念和行为中，加尔文主义者的精神气质发挥了重要作用；但是，乔治夫妇清楚地意识到威尔逊不单纯是加尔文教徒精神的典型代表，学术界需要关于威尔逊的心理进程理论，比如说，来解释为什么是加尔文主义而不是其他什么因素成了威尔逊在某些情境下进行妥协的妨碍。同样地，心理传记作家也需要敏锐意识到从健康状况方面来思考，但是，"纯粹"从身体状况来解释行为，似乎疾病（诸如威尔逊遭遇的一次或者多次中风）——像文化遗产一样，对行为的作用不需要经由人格特质来调节，这些观点都未免稚拙。

识地为了实现特定的目标（end-in-view），宁愿避免付出相关代价（以另外一种价值体系来判断）。比如说，通过一项法案对他的正效用，根据他持有的价值标准，远远低于贿赂一个重要委员会主席或者放弃星期六运动产生的"负效用"。假如换一个人，处在与威尔逊同样的情境中，这些情境也包括在很大程度上由自己的行动所塑造的情境，面临着类似的机遇、限制和挑衅时，**通常**也可能会像威尔逊一样由于不灵活而造成挫败，如果能够证明这一点，那么就可以进一步选用非自我防御的理论来阐释威尔逊在追求梦寐以求的目标时屡屡受挫的情形。当然，统计学上的显著常态不能排除自我防御方面的影响，从防御心理来解释偏离常态的差异也未必是完全合适的；但是考虑到同时伴随出现的情况，出现偏离常态的行为是潜在的自我防御的表征——**行为体所采取的行为，与他自己意识到的目的以及为达到目的所应采取的手段之间，存在重大的差异。**

在这些情境中，是否威尔逊别无选择，只能如此行动——或者在这种情境下，是否其他行为体也会采取类似的行动呢？乔治夫妇和其他许多研究威尔逊的历史学家一样，对此都坚决否定。在普林斯顿，甚至在国会与洛奇及其盟友的冲突中，威尔逊都有非常好的机会来达成自己所宣称的意愿。尤其在奋力推动批准巴黎和约期间，威尔逊只需允许其他政治行为体参与决策的过程，只需做出少许妥协和让步就可以。与以务实博弈谈判而著称的政治体系中大多数行为体的反应不同，他拒不妥协的行为非比寻常。

威尔逊所采取的行动，似乎也不是为了他自己刻意追求的目标，以及有意识为实现目的而选择适当手段的结果。乔治夫妇列举了威尔逊在早期政治生涯的一些公开声明，当时这些声明中所推崇的妥协，恰恰是他后来在普林斯顿大学研究生院和关于国际联盟的争论当中所坚决反对的。另外，之前他们还提到过威尔逊展现出灵活性和适应性的实际事例。比如，在当选总统之前十多年，威尔逊曾经谈到，总统该如何处理与国会当中的反对派的关系，当时开出的处方简直完全呼应了他后来应对国际联盟危机的行为："总统不要太僵化或者过于疏远，而是应该秉承宪法的精神，在提出自己的政治倡议时与国会保持紧密联系，不能等到他的计划已经做完后，才摆到国会面前，让议员们要么同意接受，要么拒绝通过。"在另外一个场合，威尔逊也指出，总统"绝不能坚持不可能的事"，要求议员"达成他们明知道无法实现的目标！"

上述内容，是我以比较直接的方式展示乔治夫妇推理线索的结果，也仅仅是他们关于威尔逊人格动力机制诠释步骤的一小部分。他们还紧接着从微观层面集中研究了威尔逊的言行细节，与之相关的研究方式，我们不能在此予以详细总结。比如，乔治夫妇评论了威尔逊尤为强烈的不安，在这种情绪的影响下，威尔逊竭力否认，他是出于自己的私利而在那些争议点上根本不肯妥协——关于在 i's 中打点、删掉 t's 中的点这样的事，都必须听他自己的。此外，他们还指出了威尔逊自我挫败行为的**反复出现**。如果一个行为体总是反复把自己置于类似的情景中，那么更加显而易见的是，行为体深层次的人格倾向，而不是对环境刺激的简单反应，是解释这些行为规律时需要考虑的内容。

最后，在调查有关类似于威尔逊的行为体的人格特质的主要观点时，乔治夫妇参考了各种心理专业文献。在诸多非常具有启发性的观点中，其中一个是临床心理学关于强迫症的研究，这些研究帮助乔治夫妇辨识并且解释了威尔逊人格中并存的多种特质——比如，他的顽固、小心谨慎、极端条理、学究气和喜欢说教。单个地看，这些全是其他传记作家都已经发现的特质，但是乔治夫妇之前的传记作家中没有任何一位作家把威尔逊的这些特质看作是综合行为表征的一部分，而这种行为表征可能与强迫症人格的临床说明中所描述的心理动力有关。在参考更多专业文献的基础上，乔治夫妇比一般个案分析学者更有专业意识，对于"自卑""不愿分享权力"和"补偿"，这些他们提出的"威尔逊寻求权力是为了实现心理补偿"的理论假设中的关键概念，乔治夫妇明确了具体的操作化指标。

在此基础上，乔治夫妇接下来提出了他们自己的主张，也就是一系列说明详细、表达确切的关于威尔逊的命题。如果他们关于威尔逊人格动力的基本分析是正确的，那么乔治夫妇就能够预测各种情境，在不同情境中，威尔逊在追求权力和运用权力时，人们将会看到他经历各种截然不同的情绪体验——欢欣、沮丧和争取成功时的迫不及待。另外，乔治夫妇是非常幸运的，他们拥有大量详细的历史证据来支撑和验证这些预测，因为威尔逊是个多产的信函撰写者，而且他的官方传记作者，雷伊·斯坦纳德·贝克（Ray Stannard Baker），也广泛搜集了许多同时代人对威尔逊的回忆录。

三、关于起源的假设：乔治夫妇对威尔逊成长经历的分析

布罗迪简要评论了乔治夫妇在威尔逊成长经历分析方面所做的贡献，同时也总结了这一研究的主要思路：

> 不出所料，当作者解释威尔逊神经症起源时，理由远没有他们描述威尔逊神经症的总体表现方式时那么充分。当然，这并不是说这样的解释是不可行的。相反，这种解释很吸引人，而且也是有说服力的，支撑这些观点的论据也是可信的，尽管难免只是一种猜想、甚至也不完整。观察强迫行为并做出相应判断是一回事，而发现强迫症的起源则是另外一回事。……作者发现，威尔逊成年后内在缺陷的根源，在于他童年和青少年时与一个苛求而又爱嘲弄人的父亲生活在一起。约瑟夫·拉戈尔斯·威尔逊博士（Joseph Ruggles Wilson）是以讽刺挖苦出名的长老会负责人，他在对儿子的教育中扮演着极为重要的角色。他毫不顾忌地使用讽刺这种惩罚手段，来逼迫孩子达到他自己完美主义的要求，在语言的使用方面尤其苛刻。儿子的愤怒和不满完全被压抑了，正如我们所看到的，另一方面，他终其一生都对父亲表现出尊敬和爱戴。然而，这些愤怒找到了发泄的出口，那就是威尔逊刚入学时在学校极其糟糕的表现。这种失败，乔治夫妇将其解释为对学习的无意识**抗拒**，当然也就导致老威尔逊所特有的更多干预。威尔逊一辈子都觉得自己比父亲要差很多——无论是长相、品行，还是成就都远远赶不上。他一生都在奋力对抗内心深处的无能感和卑微感，**这种感觉必须不断地被证明是错误的、虚假的。**[①]

乔治夫妇指出了威尔逊对其父亲敌意的众多表现，这是布罗迪对其中

---

① Brodie, *op. cit.*, p. 415–16.

一点的简明总结,也正是我们在前面第 65 页提到的佩奇·史密斯引用的那点("终其一生,小威尔逊都对父亲表现出尊敬和面子上的爱")。但是乔治夫妇没有运用史密斯声称的夸张的精神分析原则("按照弗洛伊德的理论,一个儿子对于严厉苛刻的父亲的爱并不是真正的爱,而是被压抑的敌意和愤怒。")相反,乔治夫妇所发现的却是童年及后期成长经历与行为之间更为复杂的相关模式。

尽管其他传记作家也都能尽情使用雷伊·斯坦纳德·贝克所收集的威尔逊家庭背景方面的资料,但唯有乔治夫妇能够运用他们自己的分析视角,在面对威尔逊与他的父亲关系、早期成长经历的其他情况的资料时,第一次发现这些貌似毫不相干的各种信息的重要性。即使是像亚瑟·S. 林克这样仔细的历史学家,在看了已经出版和还未出版的资料后也断定:"威尔逊的童年是引人注目的,不过,即使关注了也没什么用,因为他之后都正常发展。"①

在很多年以前,贝克就提到,直到 11 岁时威尔逊才能自如阅读。然而,不但林克(他也没有在威尔逊"成长岁月"的章节中提到这一点),而且其他传记作者也都没有赋予这一显著事实任何重要性;而贝克则将这一现象归因于威尔逊小时候喜欢别人读书给他听。② 其他威尔逊的传记作者并没有发现以下事实的重要性:出生在知识分子家庭中,威尔逊学业竟然如此糟糕,而且作为长老会负责人的儿子,他居然在学习教义问答手册

---

① Arthur S. Link. *Wilson*: *The Road to the White House* (Princeton, N. J.: Princeton University Press, 1947), p. 2. 我们在第 72 页(中文版第 66 页)第 2 个注释中提到过,在富有争议的"弗洛伊德-布利特"关于威尔逊的著作中,他们二人也否认威尔逊的童年"正常发展"的观点,也触及乔治夫妇讨论的一些主题。正如我前面提到的,这一著作创作在乔治夫妇研究之前,但是乔治夫妇当时研究的时候并没有接触到该书,只是在完成了他们自己的著作之后以及相关的论文之后,才看到这本书。贝克搜集的关于威尔逊童年的资料参见 Ray Stannard Baker, *Woodrow Wilson*: *Life and Letters*, 1 (Garden City, N. Y.: Doubleday, 1927). 此外,乔治夫妇参考了当时由贝克整理、目前收藏于国会图书馆的许多原始论文资料。

② 有一篇文章虽然不认可从心理视角分析威尔逊在阅读方面发展迟滞的事实,但也没有提出令人信服的替代性观点,参见一篇未署名的文章 "Woodrow Wilson: The President as Professor," *Times Literary Supplement* (London), September 5, 1968, pp. 933 - 44。贝克的评论可以参考 *Woodrow Wilson*, *Life and Letters*, 1, *op. cit.*, 26。

方面很吃力。老威尔逊负责汤姆·伍德罗的早期教育，但直到十岁才把他送到学校。乔治夫妇怀疑，老威尔逊在教育小威尔逊时倾注了如此多的心血，并且这么看重熟练运用英语而不是其他智力技能，怎么会在教威尔逊学习语言方面掉以轻心呢。乔治夫妇提出，威尔逊的学习潜力可能被其父亲完美主义者的苛刻要求削弱了，进而，这个小男孩可能正是通过**拒绝**学习阅读来间接表达他对父亲的不满。

乔治夫妇引自贝克的资料进一步证明了这种解释观点，其中的一些内容，似乎贝克当时在解释威尔逊童年发展时都没有充分运用。下面有两段关于老威尔逊和小威尔逊关系的具体材料：

> 亲戚们……有不少关于威尔逊博士（威尔逊的父亲）严厉性情的生动回忆。海伦·伯尼斯是伍德罗的表妹，她曾经说："……舅舅约瑟夫酷爱取笑人，说话尖酸刻薄，我听我家人气愤地讲过表兄伍德罗忍受他嘲弄的经历。他为伍德罗·威尔逊感到自豪，特别是当表兄展现出非同寻常的才华时尤其如此，但是恐怕只有像我表兄伍德罗那样温和的人才可能会忘掉父亲那尖刻的批评，竟然日后还常常认为这些批评是对自己有价值的。"
>
> 另外一个表亲……回忆了当时威尔逊博士"取笑"儿子的一个典型事例。有一回亲戚举办婚礼，一大家子亲人聚在一起吃早餐，汤姆迟到了（伍德罗·威尔逊原来名字中有 Thomas，后来去掉了），老威尔逊代表他的儿子给大家道歉，并且解释道，汤姆早上发现自己又长了一根胡子，为此特别兴奋以至于花了更多的时间洗漱打扮。"我清楚记得，当时小男孩尴尬得脸立刻就变红了……"

正是基于威尔逊父亲对孩子的养育方式，乔治夫妇做出如下判断：威尔逊在阅读方面的迟缓发展是这个小孩对抗父亲无情压力的唯一方法。（在临床心理研究文献中，"固执"被视为攻击性的间接表达；而当威尔逊后来陷入国联危机这样的僵局时，固执成为他的政治行为的一个核心特点。）之后，当威尔逊具备了阅读和写作能力时，他一项重要的学习任务就是写作文给父亲看，老威尔逊总是否定这个小孩的努力，要求孩子一遍又一遍重写作文，直到没有任何语言歧义。一个政治人物童年的这种经历对他而言是非常重要的，以至于他写下的文字——他**自己**写下的文字，比如在 14 点协定这样的文件中写下的文字，绝不允许改动，并且对他写作风格的污蔑也很容易激怒他。

基于威尔逊和他父亲的这种相处背景，乔治夫妇进一步解释了威尔逊对其父亲的理想化，这是包含反向①的理想化。他们指出，威尔逊对父亲的理想化，**从来**没有由于存在分歧和批评而被丝毫减少，甚至他的父亲过世之后很长时间也依然如此；威尔逊深陷在面对父亲时的自卑感之中，尽管当时与他共事的很多政界人士都觉得，威尔逊总表现出一种傲慢和优越感；虽然威尔逊多次想要反抗他的父亲，但却倾尽言辞来表达他对这个老男人全心全意的尊敬。

在 32 岁时写给他"敬爱的父亲"的一封信中，威尔逊说出了下面这样一段话，这不是他唯一一次这样说：

> 正如您所知道的，我是您的儿子，这是我最有理由高兴的事情之一。随着才能的增长和阅历的丰富，我越来越感觉到，作为您的儿子让我获益很多；我体会到我内心力量的不断强大，实际上就像您的力量一样；我越来越意识到我拥有从您那里继承而来的宝贵财富，坚守道义，善于表达，勇于思考；我越来越希望像您对待我一样对待我自己的孩子，在孩子们心中培植对父亲的尊敬与热爱。

"老威尔逊在 1903 年去世，但他的离去丝毫没有削弱他对儿子的控制，"乔治夫妇指出。

威尔逊总统的私人秘书，约瑟夫·杜马提（Joseph Tumulty）讲过关于威尔逊的一件事，在第一次世界大战期间的一天，总统曾为了会见他父亲的一个老朋友，中断了正在召开的内阁会议。当那位老先生称赞威尔逊总统时，杜马提感觉总统站在那里，如同一个局促不安的小男生。然后那位老者说："好，好，伍德罗，我要告诉你，我要告诉你……如同你亲爱的

---

① 反向，是压抑自己或社会不能容忍的欲望、展示出截然相反的外在行动的心理防御机制。——译者注

老父亲在这里对你所说的一切，'做个好孩子，我的儿子，愿上帝保佑你，眷顾你！'"面对老者，此时的总统泪流满面。

即便是乔治夫妇对威尔逊人格起源的思考（我在这里只是部分摘录这一分析），当时也是基于系统搜集的资料证据，并且遵循严谨推理原则。但是，相对于关于威尔逊人格的现象学分析和动力学分析，对威尔逊人格的起源分析更多是一种探索，而不是完全的定论。比如说，乔治夫妇在这本书中，没能或者不愿分析威尔逊与他的弟弟之间的关系，而根据临床心理的经验，我们有充分的理由相信，这一关系对于威尔逊人格发展的影响应该是非常重要的。另外，尽管乔治夫妇确实指出，威尔逊的父亲还发挥了积极和重要的作用，把这个小男孩的人格塑造得有利于他胜任成年后的光辉事业，但是，他们没有详细说明和论证这种自我心理肯定。

要做出令人满意的起源分析可能比较难，大家可能会因此怀疑，传记作家花费大量精力来研究传主的早期成长经历是否有用。毕竟在解释研究对象成年以后在特殊情境中的行为时，相对清晰的现象学分析和动力学分析是最为相关的。但是，至少有两条理由使我们断定，对成长发展的分析**是**可取的。第一，关于成长发展的资料可以补充其他两个方面的证据来源。亚历山大·乔治有一篇方法论的论文，主要讨论在验证拉斯韦尔关于受损自尊和权力需要关系的假设时，如何处理案例研究资料，他指出：

> 共时性调查（cross-sectional observations）[即在单一时间段内对行为体的行为进行观察，在这个案例中关注的是成年时段]和对一个成年政治领袖的自尊状态进行测量，如果只做表面上的研究，可能是看不出早期人格发展中经历的低自尊问题的；因此，[缺少对个体的发展过程的研究]，那很可能将许多值得研究的个体排除在拉斯韦尔的理论假设之外。①

进一步讲，人格起源的解释和发展动力的解释可能会相互交织，在论

---

① Alexander George, "Power as a Conpensatory Value for Political Leaders," *op. cit.*, pp. 47–48.

证中相互支撑。再回到威尔逊总统和他父亲的例子，不是威尔逊称赞他父亲这一事实，而是这种称赞有些过头的特点——在某些情况下本应该是敌对和反抗——使得研究者进一步对这样的称赞做出推断性解释，即过分恭维是反向心理防御方式的表现。通过根源分析找到的证据——威尔逊竟然对极尽嘲讽挖苦能事的父亲没有表现出任何应有的愤怒——进一步强化了人格动力分析的可信性。

第二，进行成长过程分析非常必要，正如埃里克森在研究政治领导人时所强调的，想要辨识、强化或者改掉政治领导人的某些倾向，前提条件是必须了解政治领导人何以形成其人格方面的独特优势和劣势。埃里克森还特别强调了要理解和管理"消极"倾向："我们必须……在学会理解我们所喜欢的英雄人物的烦恼的同时，也要理解这些伟人身上所具有的疯狂，而我们却情愿他们没这么疯狂。因为，我们的生命很短暂，而我们选举出来、支持甚至容忍的这些大人物，其影响实际造成的祸害之久远，有可能远远超出了我们的第三代、第四代。"① 当然，这一观点也同样适用于领袖人物的"积极"品质。这些积极品质也需要我们本着呵护、培育的态度去发现。

第四节 提升单一行为体 心理研究说服力的方法

下面的要点，是针对提升个案心理研究说服力而提出的操作性建议。我的一些主张是根据乔治夫妇的各种相关讨论得来的，另一些主张是基于近来逐渐增多的关于临床心理诊断"中立化"问题的研究成果。这些临床心理研究成果适用于个案分析资料的收集和筛选——在展开论证（exposition）时不适用。当有意识地关注心理个案研究的论证时，似乎应当考虑以下这几个方面：

---

① Erikson, *Young Man Luther*, *op. cit.*, p. 149. Also see Erikson's remarks on "mastering the life cycle." (*Young Man Luther*, *op. cit.*, p. 267)

第一，在前期深入了解传记记录之后，研究者围绕研究对象构建的**理论假设**应该尽可能清晰。这些理论假设，可以是关于研究对象成年后的行为模式和结构的假设（他的人格现象学）；也可以推测提出关于行为的心理动力学假设，以此来解释为什么行为主体在特定的情境下展示出特定的行为模式；也可以是关于行为体背景经历的假设，该假设似乎能够说明行为体人格的形成起源。陈述假设时，如果这个假设有替代性、竞争性假设，那么也可以具体明确一下，这样便于研究者进行证实或者证伪。总之，个案研究不是对先验假设（prior hypotheses）的简单验证，而是要反复进行研究，起初提出基本假设，随着对资料数据的严密考察，这个基本假设也会随之得到修正和重构。研究者有意识陈述的这些假设，此时便进一步为传记叙述中的内容取舍提供了标准。确立研究的焦点是非常必要的。正如亨佩尔所说："任何特定的事件看起来都可能具有无限多的特征或者品质，无论多么宏大的解释观点也无法对其进行说明。"[1] 对于涉及由诸多先后事件构成的生命历程的个案研究而言，这一点尤为明显。

第二，应该尽可能把**假设与诠释**（诠释是被临时接受的假设）同**支撑假设与诠释的资料数据**分开。临床个案心理报告中普遍存在的一个问题，在于没有完全区别开调查数据的过程与解释的过程。读者自己无法检验支撑解释的资料。他们不可能重建假设，进而也不能评估研究者形成解释的步骤，更没有原始资料可用以提出自己的替代性解释。

第三，我们已经看到了，乔治夫妇的如下做法是非常有创意的，即他们设计特定的**操作化标准**（specific operational criteria），依据这一标准来区别哪些数据是他们愿意接受的支撑假设的证据，或者哪些数据可能会促使他们推翻或者修改假设。操作化标准要使理论语言更加清晰，因为在基本假设以及后续假设中，都要借助这些相应的理论语言来表述，研究者即将接受或者拒绝的命题，要与用于验证这些命题的观察数据之间做到最大程度的匹配。

确认了个案研究需要将操作化指标具体化之后，下一步就需要阐明临

---

[1] C. G. Hempel, "Explanation in Science and History," in William H. Dray, ed., *Philosophical Analysis and History* (New York: Harper & Row, 1966), p. 107.

床心理诊断标准,并对这些标准进行编码。在识别自我防御的各种征候表现时尤其需要这样的标准。我们看到乔治夫妇在分析威尔逊时,提到了"反向"和"否定"这样的心理防御机制。然而,辨别各种心理防御机制的一般标准是什么呢?比如说,我们怎样区分到底什么是一个有爱心的孩子向父亲表达的正常敬意,而什么是儿子向父亲表达的虚假致敬,这种虚假敬意保护父子双方免受儿子隐藏的对立情绪的伤害。正如我们看到的,按照乔治夫妇的解释,威尔逊的信中所写的"我尊贵的父亲(my precious father)"就属于后者。据称,当一个人的情感反应与所受到的刺激根本不相称时,就是"反向"和"否定"心理防御机制的表现;然而做出类似这样诊断的精确标准至今还没有建立。在很大程度上,我们需要明确的内容**正是**现在常用的诊断标准,因为,细心的读者研读临床诊断文献(clinical literature)时应该清楚,临床人员是按照一贯的标准,依据观察资料来做出诊断的。但是目前学术界对操作化指标编码以及效度的关注实在是太少了。①

第四,一些优化基于多案例分析的量化类型研究(quantitative typological studies)的方法标准也是有用的,如果对其做必要的修改,在个案研究中也可以用来帮助研究者跳出单纯讲故事的圈子。特别是由此我们可以进一步研究在个案心理分析中提高**信度**和增强**效度的标准**。

心理测评学者使用"信度"来表示他的工具在测量所测各种对象时的一贯性。比如,不同的人用这一测量工具能测出稳定的结果吗?解释的标准是否足够清晰和客观,以确保不同的解释者能够得到同样的结果?无论是从历史记录中摘录资料数据,还是从对研究对象的调查中直接探查资料数据,都有很多方法可以提高观察测量的信度。这当中包括我们前面提到的运用明确的操作化标准,其目的在于研制出编辑和解释资料的标准程序。实际上,出于研究目的,严格量化的内部编码信度标准可以用来确保

---

① 关于这一点我曾经在论文中进行过详细说明,参见 "Private Disorder and The Public Order: A Proposal for Collaboration between Psychoanalysts and Political Scientists," *Psychoanalytic Quarterly*, 37 (1968), 261–81。临床人员希望能够看到优化临床调查标准的研究设计。参见 Jules D. Holzberg, "The Clinical and Scientific Methods: Synthesis or Antithesis?" *Journal of Projective Techniques*, 21 (1957), 227–42。

不同观察者基于案例资料观察行为模式的准确性。弗伦希和弗洛姆（Thomas M. French and Erika Fromm）[1] 已经在朝着这个方向努力，甚至在面对像精神分析学派释梦研究一样微妙、复杂的数据和问题时也是这样做的。为了提高收集和处理数据的信度，精神分析学家做了一些努力，正如克里斯蒂安森（Christiansen）在评论这些努力时指出的："临床证据资料固然有其内在的缺陷性"，但是深究这些证据不可避免的缺陷，还不如提升"现有临床证据的效度"更为有用。[2]

第五，众所周知，在观察技术（observational techniques）中，有信度的测量工具不一定有效度，但没有信度的研究一定是没有效度的。效度是指一个测量工具在多大程度上能够测量出研究者想要测量的内容。在这里我将进一步展开这个观点，并以此来讨论如何区别几个替代性的解释。

从优先着手相对容易的工作的原则出发，即便只考虑提高个案心理分析的信度，该工作也有大量的提升空间。那些利于形成可信观察的技术改进能够帮助研究者完成个案分析的三大任务之一——准确判断行为体现象学层面的特质。而且，正如我们所看到的，关于行为现象重复出现的数据对于我们分析政治行为是极其有用的。当然，单纯只考虑信度对于做好研究是远远不够的，研究者超越不可知论的操作主义理念[3]，还有大量的工作要做。

与信度一样，效度也不是一个"是或者否"性质的问题。正如我们对信度的评判表明我们对所采取的测量方法有**何种程度**的信心，效度也是程度判断，反映了我们对所提出的解释的信心水平。如何提高效度，增加我们对个案分析的信心，同样也要依循我们前面所谈到过的四种方法：

---

[1] Thomas M. French and Erika Fromm, *Dream Interpretation* (New York: Basic Books, 1964).

[2] Bjorn Christiansen, "The Scientific Status of Psychoanalytic Clinical Evidence," *Inquiry*, 7 (1964), 47–79. 也可以参见迈克尔·马丁（Michael Martin）和辛迪·G. 马戈林（Sydney G. Margolin）在同一主题研究专刊发表的论文。

[3] 操作主义是布里奇曼（Percy Williams Bridgman）提出的。他认为，我们只有通过对概念内涵的测量才能理解概念的含义，不能单纯依靠操作性行为来定义概念，还要看这些行为是不是真正反应了概念的内涵。——译者注

（1）明确陈述理论假设；（2）对观察与解释加以区分；（3）明确规定操作化指标；（4）增强观察的信度。另外，个案心理分析者还需要阐明，在什么情况下，他能够接受或者拒绝替代性的假设。研究者必须澄清关于所研究行为体的假定，关于影响所研究对象相关特点的一般原则的假定，以便符合判断假设被认可或者被否定的那些准则。为此，既要把对现象的观察具体化，还要把观察所得与有关人格起源、动力的解释假设联系起来。

我已经描述了乔治夫妇在研究中所运用的提高效度的许多实际做法（部分隐含在具体行文中），比如，在决定是否接受或者拒绝关于威尔逊在国际联盟危机期间不愿意妥协源自他应对无意识内在冲突的需要的假设时，乔治夫妇采用的研究方法。在很大程度上，这些实际做法与我们在多案例分析中的外部比较和内在比较（external and internal comparison）很相似。举例来看，对于那些多案例分析选取的用以展开行为体类型外部比较的情境——如比较威权型人格的人和非威权型人格的人执行某些任务的方式，个案分析者可以运用**隐性的外部比较**（*implicit external comparison*）。分析者可以把威尔逊的行为与其他行为体在类似情境刺激下常理所预期的行为反应进行比较，以确定威尔逊的特定行为是否是应对外部刺激的"理性"结果。在个案和多案例分析中，都有我们称之为内部比较的做法：评估某个人或者某类型的人对不同种类刺激的反应方式——包括临床心理学家在人格测试中所运用的各种刺激。当研究者做内部比较时，个案分析和多案例分析都是基于同样的方法论支撑——研究者都具备相关行为体所展现的大量行为做参考。多案例分析者必须对这些大量的数据进行量化处理，但是个案研究者如果觉得进行量化处理有明显益处，也不妨这样去做。

最后，在评估效度的时候，多案例研究和单一案例研究都可以借助已确立的定理来增加分析的效力。参考这些被确证的一般命题，不但能够优化多案例研究，多案例研究也可以用来检验这些命题。另一方面，个案研究不能证实或者证伪一般命题（除非这个命题被不恰当地视为普遍真理，才可能被单一案例这个例外证伪）。但是，运用在历史哲学文献中通常被誉为"覆盖律"（covering law）的、已经得到确证的一般命题，来评估个案研究的效度，**可能**是非常有意义的。比如我们前面提到的固执和暗中攻击的关系（用以讨论威尔逊阅读能力发展迟缓）。当为一个以固执著称的人作传时，要把固执与其他性格特征之间联系起来，如果作家了解相关经验事实的各种不同情况，那将是非常有益的。固执与其他性格特质之间的相关状况是否被证明为频率很高的关联，或者是否为极少出现的关联，抑或实际上只是被简单记录下来的不完善假设，传记作家根据这些具体的情况，就能做出不同的判断结论。

运用一般原理（general principles）来解释个案，并不意味着使用亨佩尔①所说的通过演绎法进行解释（Deductive-nomological explanation）。演绎法是这样来解释现象的，比如说，汤杯里的汤匙柄在刚刚露出水面的位置看起来是弯曲的，对这一现象的解释是根据（折射的）普遍规律演绎而来的。相反，我们运用一般原理解释个案则是对可能性的解释（explanation of the probabilistic sort），就比如解释"针对缓解突发的花粉症的病例，……可以参考……用8毫克的扑尔敏来处置"。这涉及**主观**可能性，而不是统计上的可能性。随着"归纳支持力度和合理可信程度的提升"，这种可能性会增加。因而覆盖律——比如说，具有某些童年经历的人可能会形成特定的人格的心理学观点——就能够成为形成任何特定解释的依据。

第五节　关于单一政治行为体心理研究的结论

以下是对本章的简要总结。**单一行为体研究和类型行为体研究**有很多共同之处：研究者都是从现象层面描述不同情境下的行为模式开始，然后，推断并阐明行为背后的心理动力机制，从而解释不同情境下行为的规律性。

---

① Hempel, "Explanation in Science and History," in Dray, ed., *op. cit.* 围绕亨佩尔关于历史解释中"一般定理"和"覆盖律"所发挥的作用的观点，过去学者们曾经进行过大量的讨论，例如 Alan Donagan, "The Popper-Hempel Theory Reconsidered," in Dray, ed., *op. cit.*, pp. 127 – 59. 同样可参见 Morton White, *Foundations of Historical Knowledge* (New York: Harper, 1965), esp. pp. 47 – 55. 单一案例的研究者做出关于研究对象个体内部心理运行过程的假设，如果有悖于公认的知识（general state of knowledge），这种公认的知识必定包括经过统计分析后形成的观点，即使这些观点未必适用于特定情境中的特定个人，研究者也可能只是在最低程度上尝试性地认为他自己的这种假设是有意义的，对此，我并不否认。

第三个任务是解释行为的**根源**。只要能找到行为体的成长发展资料，就可以尝试进行起源分析，通过资料可以了解到，某一行为体或者某类行为体在童年阶段以及此后的发展过程中，是如何基于遗传的自然本性，不断应对外部环境的影响和刺激。

这三种分析路径如此区分开来，主要是通过对研究过程的逻辑重构实现的。尽管这样的路径标签并没有描绘出平日心理研究中真实存在的纷繁粗糙，但这种逻辑重构有以下几个方面的好处。这样做便于我们根据这些资料与所解释的政治行为的特定层面（从现象学，到动力学，再到起源）——的直接相关程度，来总结数据、梳理大致的研究任务。进而，理论重构帮助我们以特定的方式组织数据和开展研究，这一方式总体上看来，与形成论证扎实、认可度高的解释的要求是一致的。最重要的是，这样的框架提升了理论分析的清晰度，帮助研究者找到在竞争性解释之间进行选择的标准。

单一行为体心理研究中缺乏可靠的接受或者拒绝假设解释标准的问题，在以自我防御理论进行解释时尤其突出。这类解释的逻辑尤其含混。乔治夫妇关于威尔逊的研究是目前学术界公认的一流的个案心理分析之一，我在本章深入分析了该研究，并尝试由此提出推动单一行为体研究形成可靠方法的可能建议。借鉴乔治夫妇的研究方法以及近来临床心理分析讨论中的其他观点，可能会形成一个逐渐明确的研究纲领，使单一行为体研究少一些文学艺术的随性，而更多成为规范的研究模式。

这样的可能性是一直存在的，即处在适当位置的政治行为体所采取各种方式的行动，将是影响政治结局的不可或缺的因素，而且经常会产生重大影响。因此，当务之急是优化单一行为体研究的分析方法，任何固有的困难都决不能延误这些完善工作。

第四章　类型政治行为体心理研究

从许多个别现象中抽取共性，并按照规律进行分类的过程，与人类认知机能的其他方面一样重要。如今，以"民间分类学"（folk taxonomies）为引领，越来越多人类学家转向关注研究当地人对自身所处环境和社会要素分类的方式；这些人类学家中的许多人都认为，相对于早期文化人格学者所重点分析的深层情感倾向，该层次心理机能更容易理解，也更具有启发性。[1] 在一个时期内，学术界关于日常生活中分类运用的讨论，特别重视关于类型的僵化假定［如刻板印象（Stereotypes）］对准确感知造成妨碍的方式。但最近已经开始补充强调，抽象能力、分类能力和对分类的运用能力是人类应对现实世界的**必要条件**（sine qua non）：如果每个环境刺激都必须重新面对的话，那行为体简直就无法行动，这是一个显著的研究共识。

与日常生活中无所不在的分类同时存在的，是自从古希腊时期就提出来的更加正式的学术分类（analytic typologies），其中只有一小部分是与心理相关的。近来，方法论学家和科学哲学家实际上已经研究出关于分类的各种类型学，并开始汇编分类的基本原则。有一些针对建构类型要求的一般原则而展开的实用讨论：从依托一系列穷举和互斥范畴进行简单分类，到根据复杂综合特征进行分类，再到建构理想类型（ideal-types）

---

[1] 例如，可参见 Anthony F. C. Wallace, "The New Culture and Personality," *Anthropology and Human Behavior* (Washington, D. C.: The Anthropological Society of Washington, 1962), pp. 1–12。

第四章 类型政治行为体心理研究

的理论模型,等等。在这里就不再赘述拉扎斯菲尔德（Lazarsfeld）和巴顿（Barton）[1],亨佩尔（Hempel）[2],麦金尼（McKinney）[3],蒂里亚基安（Tiryakian）[4]等人提出的关于分类本质（nature of typology）的基本主张。

正如我在第一章所述,用"类型学的"这一术语,从广义上总结人格与政治的多案例研究,虽不太严谨但却很实用。在相对简单的研究层次开展调查研究很常见的做法,是根据一个变量范畴来进行分类。而越是复杂的分类,在分类中就越可能涉及有相关关系的一系列并存变量,因此实际上分类也就越是在某种程度上暗含了一种因果理论:涉及有待验证的各种相关关系的一系列简要命题。

我在导论章节[5]还提到过,目前存在许多政治—心理的理想类型,其分类清晰程度和复杂程度不尽相同。我们知道,任何一个特别清晰的类型的构建,比如,巴伯（Barber）在《立法者》一书中的分类,都应该可以按照拉斯韦尔在阐释心理类型的展开构造时所运用的标准进行分析。拉斯韦尔提出的"原子"类型、"相关"类型和"发展"类型,正是与其略微有所区别的"现象学""动力学""起源"分析框架的基础,我在前面章节用这一框架来阐述个案研究需要采取的各种研究路径。下面,我将继续采用同样的分类框架重构类型研究的理论。在前一章,我以一个特定行为体为例,讨论对这一行为体进行分析的两种观点。本章也采取这样举例说明的思路讨论关于"威权主义"的研究成果。

当然,在本章的讨论涉及了很多研究者的成果,这可能会有助于解释这两章所讨论的个案研究与类型研究之间似乎有点矛盾的差异。《伍德

---

[1] Paul F. Lazarsfeld and Allen Barton, "Qualitative Measurement in the Social Sciences: Classification, Typologies, and Indices," in Daniel Lerner and Harold D. Lasswell, eds., *The Policy Sciences* (Stanford, Calif.: Stanford University Press, 1951), pp. 155 – 92.

[2] Carl Hempel, "Typological Methods in the Natural and Social Sciences," in his *Aspects of Scientific Explanation* (New York: Free Press of Glencoe, 1965), pp. 156 – 71.

[3] John C. McKinney, *Constructive Typology and Social Theory* (New York: Appleton-Century-Crofts, 1966).

[4] Edward A. Tiryakian, "Typologies," *International Encyclopedia of the Social Sciences*, 16 (New York: Macmillan, 1968).

[5] See pages 14 – 15 and 21 – 24.（中文版见第13—15页和20—24页。——译者注）

罗·威尔逊和豪斯上校》一书在研究模式方面展示了方法的严谨性，但必须承认，即使进一步优化了研究方法，这一研究模式的准确性还是不够高。而威权主义研究，包括大量原创性的"伯克利研究"①，以及数不清的学术传承，其实施都遵从方法论高度成熟的研究规范。实际上，该领域已经形成了运用非常完备的心理测评方法开展研究的习惯，在本章我没必要再赘述如何提高心理类型分析中的信度和效度。不过，尽管已经有许多可资利用的方法，该领域研究文献中，依然存在大量关于证明和推论的争论。

威权主义研究的学术历史，为重构这一类型及其变体类型的现象学、动力学和起源分析提供了很好的导引。由此，关注相关的学术史，能够帮助我们进一步讨论理论重构对于未来应该开展的研究的意义。

第一节 关于威权主义人格的研究文献

概括地讲，关于威权主义者类型的研究文献往往探讨如下的问题："我们能区分出这种类型的行为体吗？由于他们的人格特征，而不是政治信念，使得他们采取威权主义行为方式。""什么样的理论或者人格动力结构可以用来解释这类行为体？""什么样的成长经历会造成如此的行为体？"（在第五章进行聚合分析时，我还会考虑这些深层问题的方法论层面："怎样描述个体展现出威权主义者所特有的政治信念和行为的情境？""怎样理解民主主义倾向和威权主义倾向的行为体对政治制度运行产生的聚合影响？"）

过去20年社会科学界的重大成就之一，是关于威权主义研究的蓬勃发展。在一篇学界普遍认可的、针对1956年间威权主义研究的评论中，列出的参考文献就多达260条。② 最近还出版了一本专门围绕威权主义代表性

---

① 威权主义人格的探讨，以20世纪40年代美国加州大学伯克利分校的研究为典范。——译者注

② Richard Christie and Peggy Cook, "A Guide to Published Literature Relating to the Authoritarian Personality through 1956," *The Journal of Psychology*, 45 (April, 1958), 171-99.

研究进行评论的短篇专著。① 尽管目前对这个主题的研究兴趣开始有所降低，但在任何一本关于人格和态度研究的期刊中，不参考威权主义文献的研究非常罕见，也几乎没有那种完全不采用威权主义测量技术的研究。

威权主义研究蓬勃发展，促成这一局面的最直接刺激因素，是阿多诺（Theodor W. Adorno）、弗伦克尔-布伦斯维克（Frenkel-Brunswik）、列文森（Daniel J. Levinson）和桑福德（R. Nevitt Sanford）在1950年出版的《威权主义人格》，该书长达990页。② 这本书报告了数年来反犹主义心理的研究成果。该书的作者们运用各种各样参差不齐的研究方法，得出了关于针对犹太人以及其他少数群体敌对心理的大胆结论。他们认为，这种偏见态度绝不是偶然习得的简单信念。相反，人们可能会发现所谓的"偏执人格"（"bigot personality"）③ 这类行为体的根深蒂固的心理需求的展现方式，远远超出了种族偏见层面。《威权主义人格》一书的研究对象，远比书名所示的"对待权威的心理倾向"更丰富，该书更多讨论了种族偏见问题。"这个标题"，正如其中的一个作者所言，"是到此书快要完成的时候，才想出来的"。④ 但也正是这一标题，引领了后续的研究方向；而且，总体看来，种族偏见已经成为威权主义研究领域的次生研究议题。

作为一项分析工具，"威权主义"这一术语至少有两个缺陷。第一，它不但可以用于分析（我们在此关注的）个体心理倾向，而且也可以用于分析政治信仰的内容，还可以用来分析政治系统的结构。正因为如此，我们就容易忽略，如果在其中某一个层次有威权主义的表现，并不总是必然代表其他层次也伴随有威权主义的表现。比如，采取威权主义行动方式的人可能持有民主主义的信仰；又比如，在一个威权主义运动中，其领袖群

---

① John P. Kirscht and Ronald C. Dillehay, *Dimensions of Authoritarianism* (Lexington: University of Kentucky Press, 1967).

② Theodor W. Adorno, Else Frenkel-Brunswik, Daniel J. Levinson, and R. Nevitt Sanford, *The Authoritarian Personality* (New York: Harper, 1950), hereafter cited as *AP*.

③ 预出版的关于大众研究的报告中用到的一个术语，参见 Jerome Himelhock, "Is There a Bigot Personality?" *Commentary*, 3 (1947), 277 – 84。

④ Nevitt Sanford, "The Approach of the Authoritarian Personality," in J. L. McCary, ed., *Psychology of Personality* (New York: Grove Press, 1959), p. 256.

体中也可能包含具有非威权主义倾向的人，这些人更倾向于以民主的方式开展协商。

第二，此术语好像难免被认为是贬义的。在自由民主体制中，"威权主义"意味着"糟糕的"。在一定程度上，该术语的这一评价性内涵干扰了我们将其作为中性的工具来描述经验现象的工作。我们可以从学术史的角度关注一下纳粹主义心理学家 E. R. 延施（E. R. Jaensch）的著作，该书提示我们，"威权主义"这一术语可以表达消极含义之外的意思。1938 年，延施在其著作中描绘的心理类型就与《威权主义人格》一书中分析的人格类型非常相似。但他对这种类型的评价绝不是负面的，相反，他认为这种人格类型展示了纳粹党人最美品格的典范。①

当然，意识到有些人对权威比谁都恭顺，但对下属却很严厉，这也不是才有的新鲜事。正如专横的上级一样，阿谀奉承的下属也是小说里的定型角色。我们可以断定，读过菲尔丁的作品《汤姆·琼斯》的人都了解该小说中角色黛博拉·维尔金斯的品质，她"在听出主人或姐妹们的意向之前，很少动嘴，她总是同他们的意向保持严格一致"。对于黛博拉，菲尔丁同时写道：

> 这种人的秉性如下……常常羞辱并欺压比自己地位低的人。这是他们对自己在上级那里极度奴颜婢膝进行心理补偿的一种手段；他们认为这再合理不过了，他们要从下级那里索要卑躬屈膝和阿谀奉承，如同他们也曾作为下级对自己的上级付出了这些一样。②

---

① E. R. Jaensch, "Der Gegentypus," *Beihelf zur Zeistchrift für angewandte Psychologie und Charakterkunde*, Beiheft 75 (1938).《威权主义人格》一书主要讨论的人格类型是具有反民主倾向的行为体，延施（Jaensch）讨论的则是与国家社会主义所不相容的"相反类型"的倾向。《威权主义人格》的作者们了解延施的理论，但延施的著作与《威权主义人格》遵循不同的学术传统（政治传统的区别就更不用说了。）延施的著作对他们完全没有影响。当如此不同的学术流派研究中都出现了同样的描述性特征，我们更加相信，至少在现象学的层次，威权主义理论触及到了实际存在的人格结构。

② Henry Fielding, *Tom Jones*, Book I, Chaps. 6 and 8.

第四章 类型政治行为体心理研究

20 世纪关于威权主义研究的**新**进展主要在于以下几个方面：具体明确了这一倾向中所兼具的屈从与专制心理之间的显著相关性，阐述了解释这一系列相关的心理动力机制的理论，进而阐明了关于促成此类政治行为体的典型背景的起源的假设。随后关于这一常见现象的研究设想都可以从当代社会心理学思想中找到源头。《威权主义人格》一书中的一些研究设想，是 20 世纪 30 年代和 40 年代的"法西斯态度"的研究[①]预示的结果。另外一些研究设想，则可以在第二次世界大战和冷战时期的国民性研究成果中找到，尤其是关于德国、日本、俄罗斯的国民性格的研究文献。[②] 埃里希·弗洛姆的《逃避自由》[③] 曾引起广泛热议，该书对威权主义性格的讨论看来具有极其重要的影响，因为正是在 20 世纪 30 年代，弗洛姆和法兰克福社会研究所的有关人员，融合弗洛伊德和马克思的理论，分析了家庭"在现代社会发挥的维护权威"的作用。[④] 从深层次支撑上述所有探讨的理论，可能依然是 20 世纪社会科学领域最具颠覆性的成果——精神分析，特别是弗洛伊德提出了几个相互交叉的核心观点：如，他提出肛门人格的观点，他对于强迫症和偏执狂的分析，和他对投射机制的描述。[⑤]

由此看来，《威权主义人格》一书并不是提出了全新的理论假设，而是将关注点聚焦于先前已提出的假设。但是，其功用远不止这些，该书似

[①] 例如，Ross Stagner, "Fascist Attitudes: Their Determining Conditions," *The Journal of Social Psychology*, 7 (1936), 438 – 54; 以及 Allen L. Edwards, "Unlabeled Fascist Attitudes," *Journal of Abnormal and Social Psychology*, 36 (1941), 575 – 82。

[②] 例如，Ruth F. Benedict, *The Chrysanthemum and the Sword* (Boston: Houghton Mifflin, 1946); Henry V. Dicks, "Personality Traits and National Socialist Ideology," *Human Relations*, 3 (1950), 111 – 54; and Henry V. Dicks, "Observations on Contemporary Russian Behaviour," *Human Relations*, 5 (1952), 111 – 75.

[③] Erich Fromm, *Escape from Freedom* (New York: Holt, Rinehart, and Winston, 1941).《威权主义人格》的作者们也表示对马斯洛（A. H. Maslow）如下论文的致谢，A. H. Maslow, "The Authoritarian Character Structure," *Journal of Social Psychology*, 18 (1943), 401 – 11。

[④] Max Horkheimer, ed., *Studien über Autorität und Familie* (Paris: Alcan, 1936), p. 902.

[⑤] 弗洛伊德的人格发展理论中，将幼儿 1.5—2 岁定义为肛门期，这一时期，幼儿靠大小便排便产生刺激和快感，如果这一时期卫生训练过于严格，会在性格中表现出刚愎、顽固、吝啬的特点。——译者注

乎对于激发后续的研究尤其重要。此书关于"意识形态倾向测量"的章节提供了一些"现成的测验，这些测验也通过了每一个（心理）测验必须通过的诸多效度技术标准"。① 最值得注意并且被广泛运用的是测量法西斯主义的F量表［F- (for fascism) scale］。这些现成的量表非常便于后来的调查研究者拿来参考，不过，那些指导调查研究的有趣的理论体系，"在该书里没有专门"② 进行阐述。

当然，从长远来看，过分强调有限的测量技术是非常不恰当的，因为威权主义研究渐渐陷入了因方法论错误造成的各种滑稽境地，也正是因此《威权主义人格》研究中的一些原创性观点反而从没得到仔细的关注。比如，仅仅四年之后，克里斯蒂（Christie）、海曼（Hyman）和谢斯利（Sheatsley）主编的《关于〈威权主义人格〉理论视野和方法论的研究》③ 一书出版，该书对《威权主义人格》方法论层面的问题展开了一系列猛烈批评。后续的研究者因此有些灰心，便疏于关注书中的一些原创性观点，特别是该书中那些基于准临床心理技术的章节部分，在方法论层面受到了非常严厉的苛责；然而恰恰正是在该书的这些部分提出了最为丰富的研究假设。在《关于〈威权主义人格〉理论视野和方法论的研究》一书中，有一篇爱德华·A. 希尔斯（Edward A. Shils）撰写的生动论文，该论文认为，《威权主义人格》作者们错误地将"威权主义"等同于"右翼威权主义"，这些作者们是这一幼稚的社会学假定的受害者，这一论文也可能打消了人们关注《威权主义人格》一书中所提出的一些更广泛理论议题的兴趣。

在以后的争论中，一系列关于威权主义研究中出现的"回答定式"（response set）问题的论文出版了，由此进一步增加了这一研究的方法论问题的复杂性。一些论文旨在说明，至少在某种程度上，在威权主义研究中发现的很多问题，是由于法西斯主义量表（F量表）存在的技术缺陷所造

---

① Nathan Glazer, "New Light on 'The Authoritarian Personality,'" *Commentary*, 17 (1954), 290.

② M. Brewster Smith, "Review of *The Authoritarian Personality*," *Journal of Abnormal and Social Psychology*, 45 (1950), 775 – 79.

③ Richard Christie and Marie Jahoda, eds., *Studies in the Scope and Method of "The Authoritarian Personality"* (Glencoe, Ill.: Free Press, 1954), hereafter cited as *SSMAP*.

成的。这个测试的措辞方式致使作出肯定的回答的人都被认定成"威权主义者",但是一些被试(尤其是受教育程度低的人)不管有没有威权主义倾向,通常对**任何**问题都回答"是"。其他一些论文则致力于开发出避免回答定式的新测量方法。① 然而,之所以对威权主义的研究在一定程度上还不够周全,在我看来,是因为学术界一直没有回到基本理论的假定来展开详细的批评研究。学者们想要防止出现回答定式的测量,但是回避理论研究的做法是欠妥的。下面我将通过理论重构来展示隐含在早期以及后来威权主义研究中的理论,这一行为体类型研究曾提出了大量有价值的研究问题,这些问题将随着经验阐释的不断推进得到解决,当然,如果我们不把基本理论解释清楚,就不会轻易弄明白这些问题。

第二节 威权主义人格类型学的重构

为了整理出威权主义者人格典型的现象学、动力学和起源分析,我特别参考了《威权主义人格》研究中的第七章,这一章呈现了编辑 F 量表问卷条目的基本原理。这是该书中最接近总体理论阐述的一章。我也翻阅了此书剩余的其他章节,参考了阿多诺和他的同伴们关于这一主题研究的小论文。凡是这些文章中看来含糊不清和不一致的地方,我都努力尽可能提供一个比较可行、保持内在一致连贯性以及忠于作者本意的论证。

这样就形成了我们称之为"基本"的威权主义类型学的重构。在《威

---

① 一些非常有趣的论文在相关专著中被重印,参见 Martha T. Mednick and Sarnoff A. Mednick, *Research in Personality* (New York: Holt, Rinehart, and Winston, 1963) 的第六章。关于非口头的测量方法的研究例子——如通过观察实际行为来研究威权主义的各个方面表现,可以参见 Joan Eager and M. Brewster Smith, "A Note on the Validity of Sanford's Authoritarian-Equalitarian Scale," *Journal of Abnormal and Social Psychology*, 47 (1952), 265–67; and Jack Block and Jeanne Block, "An Investigation of the Relationship between Intolerance of Ambiguity and Ethnocentrism," *Journal of Personality*, 19 (1951), 303–11. 这些行为测量方法以及不断优化的问卷,可以帮助相关研究者走出"回答定式"困境。

权主义人格》一书的非常精彩的后半部分①，阿多诺描绘出了在一般类型基础上产生的变体子类型的全景图，以及在心理测量中得低分的非威权主义类型。然而，阿多诺关于子类型的讨论，与《威权主义人格》其他章节的相关讨论并不完全统一。此外，子类型是大体勾勒出来的：我们很难基于每个变量的逐一对比，明确每个子类型与基本现象的差别，这一基本现象在后来研究中被作者们称为**特定**（the）威权主义人格。然而最重要的是，要注意到该书作者们确实运用了子类型的框架来思考，这也指出了进一步进行理论重构的需要，在理论重构中，我所讨论的一些变量在原著中当时没有呈现，甚至也可能还存在附加变量。类型学是分析的简化，目前要讨论的"基本"类型学是对简化的进一步简化，可以从以下角度来理解，这一基本类型所包含的很多特征，绝不单纯是某个特定行为体的特征，相反，如果我们将这些特征详细展开，这些特征将可能是符合子类型。（也就是说，罗弗狗用子类型"苏格兰㹴犬"或"拉布拉多寻回犬"来描述比"狗"更准确。）当然在任何情况下，一个类别都不能"完全"描述任意一个被分类的个体，因为分类是从众多独特个案中提取典型的共同特征的方法。

一、威权主义人格的现象学分析

如果我们遇到威权主义类型的行为体，完全具备《威权主义人格》的作者们在评论这一类型行为体时所想到的特征，我们将会看到什么样的现象呢？让我们从对威权主义类型的诸多特征的观察开始，这些特征的呈现形式或多或少与在政治舞台上通常展现的活动类似。这些特征乍一看貌似远离政治学研究者的兴趣，但它们确实是威权主义的基本表现，对其展开观察是十分有用的。

从政治分析视角来看，威权主义类型最核心的一对特征，是研究者们所谓的"威权主义攻击"和"威权主义服从"，即威权主义类型人格的支配—服从倾向。正如菲尔丁小说中的黛博拉·维尔金斯一样，这种人在比

---

① *AP*, Chap. 19.

第四章　类型政治行为体心理研究

自己实际地位高的人或感觉强势的人面前表现得很谦卑，而对那些看起来软弱、屈从或者卑微的人称王称霸。正如阿多诺所说，"德国寓言中，有个关于此类人的很贴切的符号"——**自行车人格**（Radfahrernaturen）。"对强者卑躬屈膝，对弱者肆意欺凌。"①

该类行为体所具备的与政治分析密切相关的又一特征，是以权力为主要框架的思维倾向，他们往往对谁支配谁的问题非常敏锐。另一个与政治学离得稍微远一点的特征，是这类人处世时表现出全方位的僵化。用埃尔斯·弗伦克尔-布伦斯威克的话来说，这类人"不能容忍模糊"。②他们喜欢秩序，对无序感到不安；当他们面对的情况变得复杂和微妙时，他们按自己的严格分类来处理这些情况，并忽略各种情况之间的细微差别。因此，他们的思维方式，比常见的刻板还要僵化得多。这种人的另一个性格特征是"墨守陈规"（Conventionalism）。威权主义，很像里斯曼所说的"被雷达控制的"（rador-controlled）他人导向型人格③，对"外部力量"非常敏感，对他自己所属社会群体的主流标准尤为敏感。

所有这些威权主义者的特征，似乎都可能会对政治舞台上的行为产生相当直接的影响，对于由这些特征综合构成的行为风格，我们从常识层面不难理解：支配下属；恭维上级；对权力关系敏感；必须以高度结构化方

---

① Theodor W. Adorno, "Freudian Theory and the Pattern of Fascist Propaganda," in Geza Roheim, ed., *Psychoanalysis and the Social Sciences*, 7 (New York: International Universities Press, 1951), p. 291n. 我讨论威权主义者特征时的基本参考是《威权主义人格》一书的第7章，该章随处可见对这一问题的讨论，其中注释11提到了对桑福德的讨论。该讨论是《威权主义人格》作者们针对"威权主义人格"特征做出的最简洁而又全面的阐释。从政治分析的立场来看，在此我以"威权主义攻击，威权主义服从"概括威权主义类型表征的中心特点，我提出的这一点正是拉斯韦尔所谓的"原子"类型学，用该章的术语来讲，也就是"为分类提供原始基础"的现象学特征。拉斯韦尔的"相关类型"（co-relational type）包括现象学的其他特征，并与我提出的"动力学类型学"重叠。拉斯韦尔提出的"发展类型学"与我提出的"起源分析"采用同样的思路。

② Else Frenkel-Brunswik, "Intolerance of Ambiguity as an Emotional and Perceptual Personality Variable," *Journal of Personality*, 18 (1949), 108–43.

③ David Riesman, with Nathan Glazer and Reuel Denney, *The Lonely Crowd* (New Haven, Conn.: Yale University Press, 1950).

式感知世界；过分使用刻板印象；坚守自己所处环境的一切传统价值。我们很容易想象出来具备这些相辅相成特征的个体。但是，威权主义者典型表现中最神秘的部分，可能是行为体所表现出来的另外几个很不起眼的特点。

理解这些奇异而复杂的特征，需要我们超越现象学，将分析视野拓展到基于精神分析理论的动力学。实际上，在我后面作评论之前，接下来的研究很可能表明，那些没有展现出上述"威权主义者"的某些特征的行为体属于威权主义类型的子类型，该类行为体的行为与我描述的"基本"类型行为体的行为具有相当不同的动力机制。比如，威权主义人格类型的人常被描述为迷信的，这个特征与前面我提到的特征没有直接明显的联系。（F 量表的一个条目是："虽然很多人会觉得可笑，但现实可能表明占星术可以解释很多事情。"）他充满男性气概，总是"夸大强调自己的强壮和坚强"。尽管初看起来，这种特征像是威权主义者对权力的兴趣的变种，但这里加了一种元素，那就是强硬和粗鲁。与之相类似的是，女性威权主义者这个还未充分研究的类型行为体所具备的"伪女性"（Pseudo-femininity）特征，即对"女性的温柔"很着迷。威权主义者持有对人性普遍悲观的假定，倾向于怀疑别人的动机。他们倾向于认为"世上到处都是野蛮和危险"，即"世界就是一个丛林"。他们对性行为持清教徒般的态度，"关注不正当性行为""强烈主张惩罚违反性道德的行为"。最后，他们还表现出一种特征——"拒绝自省"，关于该特征有大量的理论解释。这是一种"对主观体验和慈悲心肠没有耐心，甚至强烈反对的态度"。其中更突出的表现，就是该类行为体在自我反省、接纳自己情感与念头方面的无能为力。

威权主义者类型学，如同弗洛伊德在论及肛门型人格类型时所列出的秩序、吝啬和顽固的显著特征一样，其意义对于常识而言并不那么明显，但对于社会科学家研究的绝大多数理论构想而言具有更多的价值。但它的现实基础是什么呢？是不是足够多的行为体表现出这种特质，或者是这类个体占到相当充足的比例，就会使得"威权主义人格"这个概念绝不只是有趣的推理练习？我相信关于这一系列问题的回答是肯定的；但如果想在关于威权主义研究的错综复杂的资料中找到支撑这个结论的依据，将需要经历一个漫长而又曲折的过程。目前研究中需要重点强调的内容，即关于现象学的问题——类似于诸多单一行为体的现象学分析中所存在的问题——是**可能**（*potentially*）得到解决的。我们可以设计相对来说争议更少的威权主义类型标准和各种各样可能的子类型标准，来确定观察数据是否与这些标准匹配。而关于该类型的动力学和起源学理论的准确性问题，则充满了争议。①

二、威权主义人格的动力学分析

动力类型学主要是解释上述人格特征的模式，尽管也可以采取如同刚才评论现象学时一样的详细方式来对其进行描述，但在这里我们只简单总结它的研究主题就可以了。在总结时，我们还会再次提及行为体的各种表现特征，但再次这样做却是在特定的语境中，即为了解释该行为体人格的功能，以及为何在人格动力机制影响下行为体的行为在现象层面展现出规律性。

可以用一句话来表示威权主义者动力类型学的核心要点：威权主义者对权威人物表现出非常热情并**极度矛盾**（highly amivalent）的态度。该理论认为，这种矛盾心理是问题的症结所在。这类个体，从外表看对他自己所认定的上级如此顺从，实际上内心对上级怀有非常强烈的负面情绪。而且，一般情况下他自己意识不到这一点，只是偶尔微微感觉到自己对上级爱恨交织的情感中所包含憎恨的一面，因为威权主义者通过强烈而原始的"反向"自我防御方式，隐藏了自己对权威的愤怒。他卑躬屈膝、倾尽全

---

① 人格类型的现象学是否经得起经验的验证，可以参见克里斯蒂的观点，他在对威权主义研究做了全面深刻的评论后指出："《威权主义人格》的优势和弱点，都在于它以精神分析理论为根基的假设。这样的视角，有助于研究者发现大量的事实资料，而这些发现是采用其他理论视角无法得到的。尽管早期研究在方法论层面有缺点，但后来的发现显然确证了早期的结论。" *SSMAP*, 195 – 96。也可以参考 M. Brewster Smith, "An Analysis of Two Measures of 'Authoritarianism' among Peace Corps Teachers," *Journal of Personality*, 33 (1965), 513 – 35. 这个报告说明《威权主义人格》中描述的人格类型确实存在。

力赞颂权威，同时压抑自己批评权威的冲动——不让其出现在意识之中。①这样根据精神分析理论的逻辑来解释威权主义服从的特征，威权主义人格的其余特征自然也就很容易理解了。

压抑需要付出代价，并且具有副作用，被压抑的冲动需要找到其他的出口，特别当个体对权威人物的负面态度倾向被抑制时，尤其需要发泄的出口。威权主义者对强者和上级的敌意被抑制后，一旦另寻发泄出口，通常会指向那些弱小的人、非权威者和社会地位相对低的人。但那些被抑制的对权威的敌意还有更远、更模糊的出口，而且还有一些扩散性的副作用。这种宣泄敌意的无意识需求，导致威权主义者对别人及其工作的评价通常都是负面的，他审视周围的环境以发现权威关系的迹象，他倾向于认为周围世界充满危险的事物和人（这是投射的心理防御机制在起作用），他想惩罚别人，比如性犯罪者这些没有压抑住自己冲动的人。威权主义者个人脆弱的内心披上了坚韧的外衣。对大量能量进行压抑和"反向"的另外一个副作用是，威权主义者的情感能力甚至某些认知能力钝化了。他不能面对审视自己内心的局面，担心这样的内省可能会使自己屈服于内心，因此，这些行为体就变得高度依赖于外部的引导。

最后，从现象层面看，在论及威权主义者人格类型行为体所具备的其他一些特质时，"依赖于外部引导"是这些看来似乎互不相关的各种征候外部表现共同的核心要素。这些特征表现为：因循守旧，即坚守生活环境中的主流价值观；刻板，即接受盛行的描述性分类；迷信，即认为人类是由某种神秘的外部力量控制的；不能容忍含糊不清并且使用严格的分类——因此，当周围环境中关于思考和行动提示很少时，威权主义者就会感到非常不安。

---

① 研究中常常描述威权主义者类型行为体压抑了性冲动和敌意冲动。但在关于威权主义者的研究中，性压抑的重要性还没有得到充分阐释。在《威权主义人格》一书中某些地方含蓄提到，威权主义者接受了父母对性的禁忌。而在该书的其他地方曾暗示出如下观点（如第798页），即威权主义者压抑的性冲动主要是指向父母的冲动，特别是指向父亲的冲动。后者是精神分析学派的经典内容，该理论在弗洛姆的研究中得到了进一步的细化，该研究收录于 Horkheimer, *op. cit.*, pp. 77-135; English abstract, pp. 908-11。尤其可以看看他关于受虐性变态的评论。

第四章 类型政治行为体心理研究

上述从现象学和动力学层面进行分析的"基本的"威权主义者类型，也可称之为**自我防御威权主义者类型**（ego-defensive type）。放眼人格与政治研究的知识谱系，从 M. 布鲁斯特·史密斯在思路图中提出的各种相关变量角度来看，该类型研究所揭示的态度和行为模式应该是基于"外部化和自我防御"的态度和行为。依据经典精神分析理论，该类型研究关注非理性——强调自我（self）特别是主观的我（ego）如何投入大量的精力保持自己内心的平衡。保持内心平衡或者满足自我防御需要，就必然要使自己避免频繁遭受冲动与良知之间的强烈冲突。

行为体得付出努力来达到这一内心的目的，这便降低了其掌控现实的外部需求：在感知和应对外部环境时（其方式会根据防御方式的具体性质不同而有所变化），高度自我防御的人可能是有缺陷的。如自我防御威权主义类型的人，他可能在实际上不存在权力关系的情境中看到权力关系；他可能对人际关系中的细小差别和微妙之处不敏感；他会不合时宜地进行自我贬低或攻击性行为，如此等等。所有这些表现的根源在于，看起来他对外部世界所做出的反应，实则是内部一系列要求的延伸。（其实一个可能体现自我防御程度的指标，就是他对外部刺激能做出反应的程度，当然要控制住智力和信息加工水平等相关变量。）

由于精神分析学派的概念和理论在实证可靠性方面本身就是有争议的①，我前面提出的基于该理论流派的威权主义动力学分析也是有争议的。同理，出现一个竞争性的解释（或建议这么说，补充性的解释）也很正常。下面我将转述一些学者对《威权主义人格》的各种批评，以及我们可以称之为**认知威权主义者类型**（cognitive authoritarianism）的相关

---

① 精神分析学说的地位在学术界是有争议的，如何化解造成这些争议的分歧，并从经验层面澄清争论议题，可以参见 B. A. Farrell, "The Status of Psychoanalytic Theory," *Inquiry*, 7 (1964), 104–23; Peter Madison, *Freud's Concept of Repression and Defense: Its Theoretical and Observational Language* (Minneapolis: University of Minnesota Press, 1961); and A. C. MacIntyre, *The Unconscious: A Conceptual Study* (London: Routledge and Kegan Paul, 1958)。目前，一些非常有趣的研究是基于威权主义者人格动力的自我防御理论而展开的，参见 Herbert C. Schulberg, "Insight, Authoritarianism and Tendency to Agree," *Journal of Nervous and Mental Disease*, 135 (1962), 481–88。

学说①。

从认知角度（或借用史密斯研究思路图中的术语，即"对客观实在的评估"维度）来分析威权主义者的学者，至少都能认可我从现象层面所刻画的威权主义类型的主要特征。（我们在该类型研究的重构中遇到的关键问题之一，就是明确两类典型特征表现之间的关键区别。）认知威权主义理论假设，威权主义者呈现出来的人格特质，主要是基于该类行为体从主流文化或者亚文化中习得的（即认知性）观念，而不是基于错综复杂的"反向"自我防御过程。而且认知威权主义者的行为模式，实际上可能或多或少反映了他成年生活的真实情况：在一些社会情境中，尊崇权力和恭顺权威是理性的表现；如同 F 量表中一个条目所陈述的，世界可能实际上就是一个丛林。实际上，最近的研究表明，我们讨论的自我防御型威权主义者和认知型威权主义者在现实中的确是存在的。为了便于从理论上概括令人困惑的复杂现实，可以这么说，"工人阶层中的威权主义者"看来源于简单认知学习，然而，在社会经济地位较高的阶层内，威权主义人格倾向似乎更多是基于不太可见的内部动机力量。②

---

① 我现在讨论的这一逻辑线索可以参见相关论文，如 Hyman and Sheatsley in *SSMAP*, esp. pp. 91ff.; Herbert H. Hyman, *Political Socialization* (Glencoe, Ill.: Free Press, 1959), p. 47; and S. M. Miller and Frank Riessman, "'Working-Class Authoritarianism': A Critique of Lipset," *British Journal of Sociology*, 12 (1961), 263–76。我对自我防御型威权主义和认知威权主义的区分，主要参考了群体观念对人格影响的相关研究文献，参见 M. Brewster Smith, et al., *Opinions and Personality* (New York: Wiley, 1956), Chap. 3；还有我多次引用的史密斯的论文，参见 "A Map for the Analysis of Personality and Politics," *Journal of Social Issues*, 24: 3 (1968), 15–28; Daniel Katz, "The Functional Approach to the Study of Attitudes," *Public Opinion Quarterly*, 24 (1960), 163–204。

② 参见，例如 Angus Campbell, et al., *The American Voter* (New York: Wiley, 1960), pp. 512–15。也可以参考托马斯·F. 皮蒂格鲁（Thomas F. Pettigrew）的非常有趣的研究，他发现，无论在北美、南美还是南非，在威权主义者人格类型（特别是自我防御型威权主义者）的影响下，都有同样数量的歧视黑人现象发生，但是在后两个地区，反黑人的情绪程度要高得多，这主要是因为人们对这两个地区盛行种族偏见的认知习得造成。相关论述参见 "Personality and Sociocultural Factors in Intergroup Attitudes: A Cross-National Comparison," *Journal of Conflict Resolution*, 2 (1958), 29–42。对比自我防御型威权主义者与认知型威权主义者是一个非常复杂的问题，要深入讨论这个问题，我们需要考虑到与威权主义者的测量工具相关的技术层面的内容。

三、威权主义人格的起源分析

在实际研究过程中，阿多诺与他的同事意识到，他们所研究的威权主义类型行为体的人格表现，在一些案例中，可能只是"从表面上看不符合"基于"大致理性"驱动而进行学习的观点，这些结论实际上预见到了认知型威权主义者后来研究的主题。① 后来学者们拓展了对认知型威权主义的解释，如海曼和谢斯利强调，社会底层亚文化群体信息匮乏，他们也缺乏习得运用复杂符号（或者说无论如何符号可以用来表达公共话语）的意愿与能力的机会。有人认为，这种社会情境会使得行为体在回答F量表里的问题时，应答方式就像解释威权主义者的自我防御理论预测的一样，但是这些行为体却没有该理论描述的威权主义者具有的一些病态特征。在F量表中，当那些被试必须回答"是"才能获得"高分"的测试项目，是对情境现实的极为真实的描述时，"威权主义"的测试结果可能最多只是反映了被试学习范例和切实把握自身所处环境特征的情况。

然而，《威权主义人格》一书致力于阐明自我防御型威权主义者童年时代的经历。根据揭示其人格隐形动力的理论，自然可以推测出自我防御型威权主义者行为模式的早期决定因素。

> 当我们追溯威权主义者童年时的处境时……我们发现这类人的父母倾向于严格的纪律，他们给孩子的爱是有条件的，即取决于孩子是否有值得嘉许的行为。与此相关的另一种倾向是……将[家庭]关系建立在相当明确的支配和服从的角色上……孩子被强制要对父母权威至少要有表面的服从，其内心的敌意和攻击性则没有得到有效的疏导。这种对权威的反抗被压抑后，可能成为他针对外群体所持有的敌意的源头，甚至可能是最主要的源头。②

《威权主义人格》一书的作者们，围绕自我防御型威权主义倾向是如

---

① *AP*, pp. 753–56.
② *Ibid.*, p. 482.

何从社会化过程中产生这一问题，做出上述这样以及类似的结论，该结论主要来自他们所研究的主体对自己童年经历回顾的报告，另一方面也参考了弗伦克尔·布伦斯威克针对有种族歧视倾向的孩子和没有歧视倾向的孩子们所开展的亲身研究。有关这些孩子们的研究表明："没有歧视倾向的孩子往往处在这样的家庭环境中：和善的、亲近的、温情脉脉的相互关系占主流。"而具有种族歧视倾向的孩子的家庭成长环境则是"严谨的、刻板的、苛刻的，对孩子要么拒绝，要么接受"。

在主张刻板服从的家庭中……纪律的维持主要基于以下预期，即孩子们能快速学习外部刻板的表面规则，这些规则远远超出了他们的理解能力。家庭关系的特点是：孩子敬畏并屈从于父母的命令，以及提早压抑了许多父母不能接受的冲动。

在这样的家庭中，道德要求对孩子们来说是非常强势、难以理解的，而且奖励也非常少，因此服从行为一定是通过内心的害怕和外部的压力才得以强化。由于缺乏对父母真正的认同，因畏惧而遵守规矩的孩子无法从社会焦虑中走向真正的道德良知，而这是人生中的关键一步。①

我之前提到，威权主义人格研究的知识传统主要源于两个方面：弗洛伊德的心理学和马克思的社会学。在《威权主义人格》一书中，对威权主义形成根源的大部分讨论，主要借重于弗洛伊德关于儿童社会化的理论；但有时也会借鉴马克思的理论来解释威权主义的起源。比如，在该书的最后一段，作者指出："个体是由上层持续塑造的，因为想要全面维持原有的经济形态，就必须这样持续塑造个体。"② 这显然也是弗洛姆的思想，除其他观点外，他在《逃避自由》中特别阐述了如下一系列的概念和推理：

---

① Else Frenkel-Brunswik, "Further Explorations by a Contributor to 'The Authoritarian Personality'", in *SSMAP*, pp. 236 – 37.

② *AP*, p. 976.

第四章　类型政治行为体心理研究

1. "社会角色……内化了外部的需求，个人的能量必须服务于既定经济和社会系统的任务"；

2. 威权主义的社会特征（而不是韦伯的新教伦理）是西方资本主义发展的能量来源；

3. 家庭实际上成为给这个系统提供"所需要的"人格的主要传送带。①

且不论弗洛姆的这些历史性论点所具有的重要价值，自此我们又进一步多了一个解释性因素——与我们在认知型威权主义起源中提到的文化因素部分重叠，可以用来分析威权主义的起源，我们可称之为社会结构和社会角色要求。在解释威权主义起源时，我们可以从家庭、其他社会交往圈子的社会化经历，或者社会结构等不同角度来研究。当然，不论这些解释理论是否强调社会组织经济特征，它们之间并不存在互不相容的问题。这些理论解释的关系已经在原著27页的史密斯的研究思路图中，以及第三章开篇的简要思路图中得到了清晰的标注：弗洛姆感兴趣的起因来自远程的宏大社会环境中（第一板块），这些因素并不直接影响个体，但却会对个体过去和现在所处的直接环境发挥影响，进而影响个体。②

---

① See especially the appendix to *Escape from Freedom*, op. cit., on "Character and the Social Process," pp. 277–99.

② 读者应该注意到，我的观点只是对 M. 布鲁斯特·史密斯研究思路图的解释，而不是可被检验的命题。因此，我并不是主张社会化影响必须要经历从远程的社会大环境到个体生存的直接环境的"两步流程"（虽然通常是这样的），而是认为，即使"远程大环境"的信号直接作用于个体（比如通过大众媒体），这些信号也通常被认为是作用于个体生存的直接环境（也就是列文所说的"生活空间"）。在研究思路图中，没有列出从远端环境板块到人格板块建立直接因果关系的可能——尽管众所周知的是，远方发生的事情会对"间接"经历它的人产生实际的影响——我们也必须采用对直接环境的这种理解方式。社会经济组织会对社会成员的人格特质产生影响，该观点已被关于四个东非部落的农场主与牧人之间人格差异的研究报告进一步证实：Walter Goldschmidt, "Theory and Strategy in the Study of Cultural Adaptability," *American Anthropologist*, 67 (1965), 402–8; and Robert B. Edgerton, "'Cultural' vs. 'Ecological' Factors in the Expression of Values, Attitudes, and Personality Characteristics," *American Anthropologist*, 67 (1965), 442–47.

在第五章的聚合分析中，为进一步研究使用威权主义类型分析政治行为时所遇到的各种分析层次之间的"连接"问题，我还会继续讨论威权主义者的类型学。正如我们所看到的，为确保研究者能辨识出各种复杂的联系，需要做出一系列区分，比如，要区别清楚前面理论重构中分析的深层人格倾向与特定政治态度，要区别清楚个体心理（态度和深层人格倾向）与特定刺激条件下的行为。其中在连接问题研究中最难的，是个体和类型行为体的心理倾向究竟在何种程度上能够聚合成为系统的特质（所有人以系统的方式组织起来）。

不过，我们可以先总结一下现有的关于威权主义类型研究的说明性讨论，为此我们将简要评论本章理论重构的各种方式——明确变量以及变量之间的假设关系，区别不同类别的经验问题，这样的重构提供了深入研究的初步方向。

第三节　重构威权主义人格类型研究的学术意义

通过之前的理论重构，我提出了一些经验性研究问题，实际上也可能是下一步的研究议程。广义地讲，现有成果中出现的问题，主要在于研究者不经理论分析而随意运用不够完善的工具。在一定程度上，F量表的这一问题尤为突出。之所以如此，部分原因在于，一些研究者完全依赖调查问卷题目（特别是那些表述非常模糊的测量态度的题目），将其作为观察人格的深层维度指标。这些研究者居然认为，通过观察被试关于问题的肯定或者否定回答，就能够获得关于行为体内部深层心理模式的可靠信息，这种看法本身就是有问题的。例如，F量表条目中有这样的一些判断题：

对权威的遵从和尊敬是孩子们应该学习的最重要的美德。

任何一个心智健全、精神正常、正派的人都不会有伤害亲密朋友和亲人的想法。

大部分人意识不到我们的生活被政客的密谋所控制的程度。

这个测量工具会造成明显的反应定式问题。且不说这个测量工具辨识人们在出于自我防御需要而寻求支配——服从关系方面差异的功效，这一量表似乎同时还能对人们按常见变量"教育程度"进行分类。如果被试缺乏教育，会明显导致其同意任何神谕式说教——实际上，对所有的调查问卷都是这样。于是，受教育水平较低的人在这种测试中总是得高分，而这一测试结果与他们的深层人格需求无关。①

这种方法论的缺陷导致了如下情况：尽管有大量研究对F量表众多测试条目进行因子分析，我们所看到的有关威权主义类型现象学的证明至今依然不够完善。下一步有必要研究针对相关变量设计出多种操作化指标。这些操作化指标中应该既有口语的指标，也有非口语的指标，这样可以避免因不同阶层群体语言使用习惯不同而造成的许多问题。将来的研究计划不妨"回过头来"，从威权主义者现象学分析的基本理论重新开始，进一步明确这些理论能否并在何种程度上反映个体在现实世界的表现情况。这样的研究计划恐怕不仅要聚焦于威权主义者的基本类型，还要注意威权主义的子类型以及其他作为研究对照组的非威权主义类型。

有不少运用非口语操作化指标进行现象学分类的有趣先例。其中之一便是伊格和史密斯（Eager and Smith）②的早期研究，他们借助观察者对被试者真实行为的报告来进行研究；另外一个有趣的研究是杰克和珍妮·布洛克（Jack and Jeanne Block）所做的工作，他们把反犹倾向与模糊不耐受的视觉指标③联系起来进行研究。具有较强预测性的分析研究（融合运用我们在前面章节个案研究所推荐的各种分析技巧），是M. 布鲁斯特·史密

---

① 由此，一些研究发现被试的F量表得分与教育程度负相关；但当《美国选民》的作者把F量表的条目反过来表述［也就是否定回答（不同意）的项目打分为"威权主义者"］，形成量表来测量全国范围的样本时，他们发现受教育水平低的被试显然比受教育水平高的被试表现出较低的"威权主义"倾向。见本书第109—110页（中文版第100页）注释①和②中引用的资料。

② Eager and Smith, *op. cit.*

③ 这个指示器用来测量个体在"游动效应"（一种错觉现象，一个静止的光点，看起来是运动的）中意识到光没有运动的反应速度，Block and Block, *op. cit.*

斯最近针对和平队志愿者所做的人格评估工作。史密斯与他的同事们采用了精神分析学者常用的方法，对他们针对训练期间的志愿者所访谈的结果进行了定性总结，然后根据一系列人格理论范畴对这些定性总结进行编码。在编码中隐含运用了 Q–分类技术。根据经过修正的 F 量表（避免回答定式）进行测试的结果表明，和平队志愿者当中得分高的人，与得分低的人差别很大，而且尽管这些研究中精神分析访谈与 Q–分类变量都没有特别聚焦于威权主义，但该研究得出的结论与威权主义理论却高度契合。①

在动力学层次研究某一类型人格所遇到最大的挑战，可能是要设计一些研究策略，以确定是否或者在何种情境下，某一类型人格所具备的现象层面的特定反应行为模式的动力来源于自我防御。正如丹尼尔·卡茨（Daniel Katz）所强调，我们需要能够决定是否行为模式（包括信仰表现）源于各种不同的人格动力，因为只有这样我们才可以预测在何种环境下，特定行为模式将会出现，或者在其他环境下，行为模式将可能会改变。比如，卡茨提出，从理论上可以预见，当面临更多适宜的新信息时，基于直接认知学习的信仰就会发生改变。然而，如果类似的信仰是基于满足自我防御的需要，那么提供更多信息实际上不但无法改变原来的信仰，而且只会适得其反，强化原有的信仰。而当行为体面对"威权主义暗示"（"Authoritarian suggestion"）这样的刺激时，或者采用准治疗方法促使行为体审视自己态度的情感基础时，基于自我防御的威权主义态度倾向改变的可能性才会更大。在"与态度改变相关的自我防御测量"一文中，卡茨与他的同事运用了这些理念开展研究。他们在研究中使用了诸如明尼苏达人格测试中的偏执狂测量这样的工具，对研究对象的自我防御水平进行分类。态度改变技术常常适用于洞察中等强度的自我防御，但对于重度自我防御者来说，这些方法太弱了。因此，研究者运用该技术只能正确地预测

---

① Smith, "An Analysis of Two Measures of 'Authoritarianism' Among Peace Corps Teachers," *op. cit.* 詹姆斯·D. 巴伯正在设计一种基于传记数据基础的编码标准，旨在描述美国总统的政治风格和行为中典型模式的特征。他的研究方法与史密斯针对和平队教师进行访谈后的分析方法相同，而且更便于识别特定的政治模式。

107

第四章 类型政治行为体心理研究

出中度自我防御者的情况。①

最后，关于目前人格类型的起源分析令人**最不**满意的地方，在于研究者主要依赖当事人追忆性的资料——行为体**自己**报告的成长背景经历。在将来的研究中，更有效的做法是使用共时性数据资料，即在同一时段对各个年龄段的不同个体采集数据，从而构建一个发展模式。当然最理想的做法，是从诸多个体成长发展的各个阶段纵向观察，不过这样做比较费时，困难较大。

撇开在某一短时段内追踪人群进行共时性研究来看，对关注某一类别政治行为体发展的研究者来说，纵向长时段的研究设计并不可行。然而，研究者应该心中常怀长时段研究的理念，唯其如此，他才能正确判断，在何种程度上他自己的共时性研究设计可能会遗漏了恰恰只有在长时段分析中才能捕捉到的某些信息。为了能够达到这一目的，卡根和莫斯（Kagan and Moss）的研究中设计了一个特别精致的模型，一个调查者把从出生到青春期采集到的数据（包括在家庭背景中对幼儿行为进行实地观察）根据人格主题进行编码，然后，另外一个调查者使用相同的理论范畴进行精细的人格评估。

上述方法基本上可以帮助研究者从经验层面找到观察人格功能的操作化指标，这些人格功能微妙、难以捉摸并且不易测量，也是我们非常推崇的一些关于人格与政治的理论的重点内容。比如，卡根和莫斯在对一个年轻人的研究中，就准确地观察并辨识出否定和反向这两种难以把握的心理机制：这个年轻人在幼儿阶段特别胆小并依赖他人，在青春期前后的行为却恰恰相反，极度活跃并且独立。在成人阶段对该行为体进行心理测试时，比如在屏幕上用速示器闪现 TAT（主体统觉测验）卡片时，他很难察觉到投射测

118

---

① 这里运用的手段，主要是通过一种方法帮助行为体自己意识到自我防御以及这种自我防御会影响到自己的态度。出于现有研究目的，在此我暂且忽略质疑卡茨研究的观点，比如有人怀疑测量自我防御实际上是否能够实现，减少态度转变的障碍是否可行等。参见 Daniel Katz, et al., "The Measurement of Ego-Defense as Related to Attitude Change," *Journal of Personality*, 25 (1957), 465–74。另一个替代性解释以及卡茨与他同事相关的研究可以参见 Susan Roth Sherman, "Demand Characteristics in an Experiment on Attitude Change," *Sociometry*, 30 (1967), 246–61。

试材料中的依赖主题。如果在研究中能够运用这样的测量工具，诸如防御机制之类的各种临床心理学观点，就能够得到扎实的证明，并逐渐走出由天才心理治疗师直觉把控的神秘状态。①

第四节 关于类型政治行为体心理研究的结论

如同单一行为体的心理研究一样，对于政治行为体类型的心理研究也可分为三项工作：从现象层面描述行为体类型，然后分别探寻用以解释行为现象的心理动力机制和成长经历所发挥的作用。上面进行讨论的逻辑顺序，不但重申了解释特定情境中某些行为体如何行动时这三项工作各自的重要性，而且也表明了我们运用直接的调查方法所发现的结果可能得到普遍认可的程度。

总体来看，与个案研究领域相比，在类型研究领域有利于达成共识结论的方法手段要较为成熟一些。在一定程度上，这与过去的学术传统有关：临床心理医生和历史学者一般从事个案研究工作，前者的主要目的是治疗病人，而后者往往使用传统的文史叙述方式来开展研究。而类型学研究的学者则可以更多借鉴半个世纪以来心理测量工作者优化测量标准和方法的成果，以形成满意的分类和解释。但是，考虑到运用概率统计原则②来解释单个案例，其结论会具有不可避免的不确定性，个案研究非同寻常的难点，在一定程度上是要刻画行为体的独特行为和成长经历的特质本身所固有的问题。

---

① Jerome Kagan and Howard A. Moss, *Birth to Maturity* (New York: Wiley, 1962), esp. pp. 72 – 74. 关于长时段分析，里程碑式的代表作可参见，Jack Block and Norma Haan, *Ways of Personality Development: Continuity and Change from Adolescence to Adulthood* (New York: Appleton-Century-Crofts, forthcoming)。

② 心理测量都是基于概率原则设计而成的。——译者注

第五章 人格特质对政治系统的聚合影响

正如我们在第一章所看到的，对诸多单一行为体和行为体类型的分析也会涉及聚合层面。说到"聚合"，我不仅仅指群体心理学——也就是基于对多个个体心理观察后得到的统计汇总。在现实世界，单一与类型行为体正式或非正式地聚合到有组织的**集体**（collectivities）中，这些集体涵盖了始终依托于组织而进行非正式、面对面互动的图景，以及国际舞台上的各种政治图景。另外，平时对这一概念的使用并不总是很严谨，集体并不仅仅是它所包含的个体的简单总合。

传统政治科学研究关注这些集体层面的宏观现象。关于个体行为及其社会心理根源的微观政治学研究，也通常是为了进一步解释个体所适应的制度模式。而且，表面上来看，微观的证据显然**应该**有助于理解宏观层面的现象——比如，对法国人及其政治领导人的心理倾向的聚合分析，能够增强我们对法国政治系统的理解。然而，当论及遵守学术规范且得到扎实论证的聚合分析时，谢梅尔（Smelser）直率的评论道出了社会科学的现状，"从方法论来讲，我们目前还不能论证系统内个体成员的集合状态与这个系统的整体特质之间的因果联系"。[①]

学术界对政治群体（political aggregates）的分析，要么没有充分发挥运用群体成员心理资料的可能优势，要么陷入到心理还原主义之中。在一定程度上，由于过去一段时间内还原主义的泛滥，造成了研究制度进程

[①] Neil J. Smelser, "Personality and the Explanation of Political Phenomena at the Social-System Level: A Methodological Statement," *Journal of Social Issues*, 24: 3 (1968), 123.

（institutional processes）的学者很少关注聚合层面：我们会看到很多把制度简单当作放大的个人的例子。这种做法，在以前劝导类型的历史读物中讨论明君亦或昏君时很常见。把制度机构看成是伟大人物影响力延伸的观点早就已经过时了，然而当下似乎又走到了另一个极端，以至于西德尼·胡克（Sidney Hook）1942 年的评论还是很公允的，他认为，行为体对历史进程的影响遭到了严重的忽视。他写道：

> 20 世纪，绝大多数历史学家不自觉地受到这样或者那样的社会决定论的束缚（social determinism）……（他们尤其重视）……历史上社会生活的结构，以及经过逐渐积聚，进而在革命时期剧烈爆发的社会矛盾。即使不指责他们研究的可靠性，我们也想知道，是否这些研究者对于领袖人物在世界历史发展重大关头的行动给予了公正的评价，尽管他们对这些行动的根源已经进行了充分揭示。①

仅仅只是将历史性进程和社会政治结构还原为个人的心理特征的错误做法，往往会违背我们研究行为体类型聚合影响的初衷。我特别提到过，我们常常会从二战和冷战期间针对国民性的研究成果中看到，以有关领导人童年早期的社会化经历和人格发展作为（常常是不完善）证据，不加充分限定就直接用于形成关于德国纳粹主义、日本军国主义的兴起，以及苏联对外政策的形成等复杂社会历史结果的推论。类似这样的唯心理论的研究只能是心理分析学者的自说自话。在珍珠港事件发生后，一位心理学家指出：

> 当时，几个致力于研究德国纳粹的文化根源的非常著名的社会科学家，邀请了包括我在内的一些以难民身份移居美国的德裔学者，对

---

① Sidney Hook, *The Hero in History* (New York: Humanities Press, 1943), pp. 19 - 20. 近来有研究特别强调威权主义政治体系中领袖人物的影响，参见 Robert C. Tucker, *The Soviet Political Mind* (New York: Praeger, 1963), pp. 145 - 65, and "The Dictator and Totalitarianism," *World Politics*, 17 (1965), 55 - 83。

我们这些学者进行相关经历和观点的采访。我记得,关于为何德国走向国家主义专制的问题,我提出了几个非常重要的因素,比如,从促成大众向往的德国统一大业的结果来看,19世纪德国自由主义失败了,反而后来的普鲁士军国主义的统一德国方案取得了胜利;我认为这种经历让德国人不再相信民主进程,而认为强力手段更加靠谱。我还提出快速工业化对于还处于封建等级结构的社会的影响,在工业化初始阶段,德国没有形成类似于盎格鲁-撒克逊国家所确立的具有调节功能的商业主义精神和强大的工商阶层,这种情形下,人们往往对权力比对内生于工业的福利更加敏感。当我发表这样的观点时,我被当时邀请我的东道主打断了,他是一个著名的人类学家;我发言的这些内容并不是他所预期该有的。在他们看来,作为一个心理分析学家,我应当说明德国婴幼儿的抚养模式是如何造成纳粹主义的。我反驳指出,这两者之间没有任何关系;实际上,在我看来早期童年经历根本不能影响到政治观点。他们都不认同我的这种观点,而且我被告知,德国母亲抚养孩子的模式肯定与其他民主国家不同。显然,当采访结束后我要离开时,邀请我的东道主们认为他们浪费了自己的时间。[①]

通过回过来重新讨论我们在第四章讨论威权主义研究成果时留下的问题,我们就能够阐明为什么在做出关于政治系统的推论时,人格分析有时是必要的,但绝不是充分的基础。尽管《威权主义人格》一书的作者们多次声明:"人格要素并不是影响政治或者社会运动的主要或者排他性的要素"[②],有批判者依然认为,该书中的一些观点具有还原主义的缺陷,对此我们也从不否认。比如说,给人格趋向贴上前面章节提到的"前法西斯主义"或者"潜在的法西斯主义"的标签,这些作者想以下定义的方式简单解决如下复杂的经验问题:深层次人格特质究竟是如何与特定的政治信

[①] Robert Waelder, *Basic Theory of Psychoanalysis* (New York: International Universities Press, 1960), pp. 53–54.

[②] Else Frenkel-Brunswik, "Further Explorations by a Contributor to '*The Authoritarian Personality*'," in Richard Christie and Marie Jahoda, eds., *Studies in the Scope and Method of "The Authoritarian Personality"* (Glencoe, Ill.: Free Press, 1954), p. 228.

念、实际的行动联系在一起的。而且他们提到，美国具有"巨大的……法西斯主义潜力"①，该观点似乎也反映出同样不现实的假定，即一个社会中人格倾向分布和该社会总体政治结构相关。所有这些阐述所缺少的正是**关联**（links），即必须考察清楚从潜在人格结构到社会政治结构之间，究竟有没有因果链条的运行。

第一节 从人格结构到政治结构：如何关联的问题

可以通过以下公式来概括我的观点：

人格结构≠政治信念≠个体政治行为≠集体层面的政治结构和进程。我在这里用"≠"这个符号，意思是指"并不必然预示"。我并不是说，不存在各种各样经验层面的关联；如果看来好像可能存在这种情况，那就误导了本书的全部工作。相反，现在需要强调，这些关联**是**经验性的，需要我们对此进行仔细的研究，而且，这些关联既不是非常强的关联，也不是正向关联，特别是当一些现象涉及多重关联时更是如此。下面我们将详细讨论这些问题。

一、人格结构≠信念系统

众所周知，具有相似人格特质的人可能持有不同的政治信念，而持有相同政治信念的人却可能有不同的深层人格特质。支撑人格的精神因素和支撑信念的精神因素可能是相互独立的变量。之所以如此，是因为一方面，精神（心理）的需求可以通过各种渠道来表现；另一方面，由于多数公民对于政治并不关注，他们的政治态度的形成无需调动深层次的人格资源，而常常是偶然习得的。早期关于威权主义的研究不但与我在第四章提到的知识传统有关，也受到了20世纪30年代、40年代的政治气候的影

---

① Theodor W. Adorno, Else Frenkel-Brunswik, Daniel J. Levinson, and R. Nevitt Sanford, *The Authoritarian Personality* (New York: Harper, 1950), p. 974.

响，特别是当时德国经历了国家社会主义运动的诡异历史，美国也出现了原生极端右翼的运动。因此，这仿佛导致早期研究缺乏对以下可能性的关注——该可能性后来受到了广泛关注，即威权主义人格特质也可能会在非右翼的政治信念中表现出来。[1] 早期相关著作中没有关注非右翼威权主义的特征，还因为当时研究者倾向于把许多威权主义者的种族偏见和政治上的保守态度，界定为威权主义者典型表现的特点。而出于某些研究目的，把观念当作"人格的组成部分"[2] 也许是可取的。但是，在研究人格和政治的过程中，一个基本要求是将潜在深层次精神构造（underlying psychic structure）与信念加以区分，以防止不经研究就把二者之间的联系问题通过简单定义的方式解决。当然，我们的研究可能会表明威权主义人格特征与右翼威权主义意识形态"匹配"程度最高；但是，无论如何这种关联是有缺陷的，因为还存在如下的可能性，即对于某些人而言，人格特质可能会到达其他的政治出口，或者压根就不会到达政治出口。

二、深层人格结构和信念≠政治行为

一个人，如果具备阿多诺与他的同事所揭示的"潜在法西斯主义者"

---

[1] 爱德华·希尔斯在《威权主义："左"和"右"》一书中讨论了左翼的威权主义。参见 Edward A. Shils, "left authoritarianism" in "Authoritarianism: 'Right' and 'Left,'" in Christie and Jahoda, eds., *op. cit.*, pp. 24 - 49。弥尔顿·罗克奇（Milton Rokeach）在他的论著中也提到了这一问题。参见 Milton Rokeach, "Political and Religious Dogmatism: An Alternative to the Authoritarian Personality," *Psychological Monographs*, No. 425, Washington: American Psychological Association, 1956 和 *The Open and Closed Mind*, New York: Basic Books, 1960。相对于已有的关于威权主义的各种研究路径，他尝试找到一条抛开内容、强调人们信念"结构"的替代性路径。大致可以这样理解，一方面，最初对威权主义的研究受马克思主义学说的影响（不关注威权主义的左翼），以致我们很难意识到，具有相同心理特质的人可能在政治信念方面存在多元性；另一方面，受弗洛伊德的影响（在解释问题时强调自我防御而不是认识因素），我们容易忽视，具有相同政治信念的人可能具有各种各样不同的心理特质。在《威权主义人格》一书第771—773页中提到的一个人格类型的子类，即在测评中得分较低的人（rigid low scorer），与希尔斯提出的左翼权威主义类型很相似。

[2] M. Brewster Smith, Jerome Bruner, and Robert White, *Opinions and Personality* (New York: Wiley, 1956), p. 1.

(potential fascist)的人格特质,也未必会持有法西斯主义的政治信念。而且,深层人格结构和政治信念本身对行为的影响,也未必如同运用"潜在法西斯主义者"术语所意味的那样直接。当然,行为不仅与心理倾向有关,而且与人们所处的情境有关,在该情境中人们发觉自己要扮演各种正式与非正式的角色。因此,单纯通过心理数据资料来预测行为是超级糟糕的做法。

大家经常指出,在心理倾向和行为之间并不存在"一对一的相关",当然,也不是像多数人所理解的那样他们之间**不相关**(negative correlation);在某些情境下,如果仅仅考虑行为体的心理倾向,该行为体的行为可能恰恰与预期相反。例如,卡茨和本杰明曾对北方白人大学生对于他们的黑人同伴的行为倾向展开研究。那些想必是具有极端偏见倾向的"威权主义者比非威权主义者在实际情形中竟然对黑人合作者(co-workers)更加尊重",调查者发现的这一结果,是"由于威权主义者担心表现出反对黑人的态度倾向可能会遭受来自环境的潜在惩罚"。[①]只要进一步深入调查是否威权主义者会在此类情境下比非威权主义者感到更紧张,或者当大量的矛盾和挫折挑战威权主义者对自身"敌对冲动"的"控制"[②]的时候每个群体将如何应对,研究者就能够获得更多关于人格与角色之间的各种微妙关系的洞察。

因此,有必要在研究中根据情境做一些区分,以避免在分析中不考虑情境因素而直接从心理倾向来推断行为倾向。正如史密斯在针对我多次引用到

---

① Irwin Katz and Lawrence Benjamin, "Effects of White Authoritarianism in Biracial Work Groups," *Journal of Abnormal and Social Psychology*, 61 (1960), 448 – 56.

② 在《孤独的群体》一书中,里斯曼和格拉瑟(Riesman and Glazer)回应了对社会现象进行心理解释的批评,"尽管我们在《孤独的群体》中提出,在一个机构当中,不同人格特质的人可以在同样的岗位上,但是人格特质与岗位不匹配的人会为此付出沉重的代价,而人格特质与岗位相匹配的人则能充分发挥自己的才能"。参见 David Riesman and Nathan Glazer, "*The Lonely Crowd*: A Reconsideration in 1960," in Seymour M. Lipset and Leo Lowenthal, eds., *Culture and Social Character*: *The Work of David Riesman Reviewed* (New York: Free Press of Glencoe, 1961), p. 438. 莱因哈德·本迪克斯(Reinhard Bendix)评论针对社会制度进行各种"心理"解释的观点时,在一篇学术界广泛运用的论文中也提出了类似的主张(一些人为了遵守角色规定而采取有悖自身人格特征的行动时,他们可能会承受"明显的压力")。参见 Reinhard Bendix, "Compliant Behavior and Individual Personality," *American Journal of Sociology*, 58 (1952), 292 – 303。

的他的研究思路图的讨论中所指出的一样:"在很长一段时间内,围绕人格倾向(主要是**态度**)与情境在决定人的社会行为时各自的相关性与重要性问题,在社会学研究者和心理学研究者之间展开了学术争论。我们提出的研究思路图的一大特点,即通过因果箭头显示情境与人格均对行为产生影响,这就表明我们长期以来对于社会学研究者与心理学研究者之间争论的立场,我们认为这种争论不仅不合时宜,而且是愚蠢的:这两种因素是共同依存的。"①

三、心理倾向和个人政治行为≠整体政治结构和进程

然而,研究中最麻烦的是下一阶段的关联问题——要进一步解释源于情境刺激和心理因素的互动而促成的行为,是怎样聚合为更高层次的系统现象的。对此,我们赞成在本章伊始所引用的谢梅尔(Smelser)的观点:目前还没有形成定论。不过,我们可以找到一些相互补充的分析策略。下面我将盘点理论上行得通的策略。

第二节 聚合研究的主要策略

怎样较好地分析政治行为体的心理特征对其组成的政治系统所产生的影响,首位的要求,是研究者应该基于对该系统内行为体或者其中足够大样本的**直接调查**来获取心理数据。正如英克尔斯和列文森②所强调的,完

---

① M. Brewster Smith, "A Map for the Analysis of Personality and Politics," *Journal of Social Issues*, 24: 3 (1968), 18 - 19. 亚历山大·乔治认为,在研究个体的情境知觉和参与决策倾向之间的互动关系时,把"态度"概念进一步细化是非常有用的。Alexander George, "Comments on 'Opinions, Personality, and Political Behavior,'" *American Political Science Review*, 52 (1958), 18 - 26.

② Alex Inkeles and Daniel J. Levinson, "National Character: The Study of Modal Personality and Sociocultural Systems," in Gardner Lindzey, ed., *Handbook of Social Psychology*, 2 (Cambridge, Mass.: Addison-Wesley, 1954), 977 - 1020. 英克尔斯和列文森进一步修订了这篇论文,收录在第二版的《社会心理学研究手册》当中,参见 the *Handbook of Social Psychology*, 4, Gardner Lindzey and Elliot Aronson, eds., (Reading, Mass.: Addison-Wesley, 1969), 418 - 506。

全或者主要依赖行为体心理的以下间接指标是不可取的,比如知情者对行为体所属的民族国家所具有的特定文化习惯、教养模式的报告,或者包括电影和小说在内的文化作品的描述。这些大都是以前"国民性"(national character)研究成果中运用的指标。第二,用负面清单的方式来提出这一要求比较合适,即不能**先验**假定行为体的某种特质在其所属民族国家具有特定的分布。一个社会系统中可能存在诸如"法国人**独具**的**独特**品质"等术语所反映的特殊的心理特质分布;但是更为可能的情况是,即便在简单的系统当中,都会存在很多基本类型,基本类型的数量与系统本身、人格分类的依据都有关系。① 最后,富有意义且至关重要的一点要求,就是作为研究者我们不仅仅要针对所研究系统的成员的心理开展调查,更要把这些系统成员置于系统结构之中、置于正在持续的进程中来分析。

以下是符合这些基本要求的四种互补的聚合研究策略。第一,基于对小型政治进程的直接观察"自下而上分析"(building up);第二,通过调查来估算在人口总量中各种心理特质出现的频率,然后将这一频率与体系特征联系起来进行分析;第三,考虑非叠加性因素("non-additivity"),来调整频率分析结果;第四,"返回来"对系统进行整体理论分析,形成关于系统运行的心理条件的假设。

一、基于对小型政治进程的直接观察"自下而上"展开分析

我时常强调,分析心理特质的行为后果时要有意识考虑行为体人格和社会情境的共同作用的重要性,这样强调可能会给大家留下如下印象,即事实上存在一种并不令人满意的方法,那就是在社会真空中研究行为体。昆西·赖特在一篇关于经济学中微观和宏观关系的文章中所作的评论有助

---

① 例如 F. C. 安东尼华莱士对美国印第安人部落人格类型的研究,参见 "Modal Personality among the Tuscarora Indians as Revealed by the Rorschach Test," *Bulletin of Bureau of American Ethnology*, No. 150 (1952)。弥尔顿·辛格 (Milton Singer) 就相关研究主题做了非常有价值的文献评论,详细参见 Milton Singer, "Culture and Personality Theory and Research," in Bert Kaplan, ed., *Studying Personality Cross-Culturally* (New York: Harper & Row, 1961), pp. 9 – 90。

于纠正此类认识误区：

> 在经济学研究中普遍面临的令人困惑的问题，是怎样通过个体的行动来解释社会结果。从个人到公司、从公司到行业、从行业到地区、从地区到国家，等等……建立这个长链条关联的目的，就是要进一步明确和分析其中两个终端之间的关系。
>
> 在经济学研究解决这一问题的方法中，有一点值得我们关注。很显然，不存在置身于社会框架之外的个体，社会成员的行为模式也是对社会的反映，任何一个社会概莫能外。这样来设想以个体行动结果来解释社会进程的任务——研究者从如同一张白纸的"非社会"（non-social）的行为体这个基本单位出发，最后得出关于社会结果的结论，显然是处理一项从本质上来看无法解决的任务。尽管经济学家常常提到鲁滨逊·克鲁索①，实际上，并没有学者尝试开展这样徒劳无功的研究。相反，单一个体行动遵循的主要原则和行动开展的场景，都是个体所处社会架构塑造而成的，即便我们做出如此的假定，个体行为模式依然是受**社会**制约的、具体行动情景依然是由**社会**决定的，与较为逼真的描述要求相比，该假定也比较笼统，更没那么复杂。因此，利益最大化原则，并不是不顾行为体所处社会环境的人类"天性"所固有的必然特点的真实描述。我们所知晓的经济学理论和分析，通常都是随着不同历史时期社会状况的演变而不断演化的，我们所假定的行为体的行动原则和条件环境，与当时社会成员个体行动情形是非常吻合的，这绝非偶然。②

由于不可避免要根据社会环境来研究行为体的心理，我们对于政治行为体的描述会自动拓展到关于机构功能的聚合描述，至少在小群体层面是

---

① 《鲁滨逊漂流记》中的主人公鲁滨逊在荒岛求生，几乎没有受到社会影响。——译者注

② Simon Kuznets, "Parts and Wholes in Economics," in Daniel Lerner, ed., *Parts and Wholes* (New York: Free Press of Glencoe, 1963), pp. 52–53.

这样的。当然，具体到领导人物这类个体，对他们自身以及彼此之间互动的分析，可能有助于阐明更大系统的控制机制。乔治夫妇在研究威尔逊巴黎和会期间与英国首相劳合·乔治、法国总理克里孟梭之间打交道的情况时，在研究威尔逊围绕批准国联决议问题与洛奇之间的斗争时，同时考虑到了行为体的人格倾向以及行为体所承担角色之间的关系。上述研究的价值体现为以下两方面：一是开启了关于国际会议社会体系中的一些可能状态的总体说明，二是丰富了对美国立法和行政关系的研究。在这一方面，我们还应该关注南希·莱茨（Nathan Leites）的研究，特别是他曾经对支配法国立法者政治行为的心理倾向进行了分析，以及后来他与梅尔尼克（Melnik）的合作研究中，运用补充案例揭示了在实际的决策过程中立法者的心理过程。[1]

霍奇森、列文森和扎莱兹尼克（Richard C. Hodgson, Daniel J. Levinson, and Abraham Zaleznik）的合作研究立足于更微观的社会层面，运用更常见的分析方法，进一步推动了关于个体心理何以聚合到系统层面的研究。[2]他们针对组织行为的心理层面进行了广泛的田野调查。他们以"行政角色交集"（executive role constellation）为主题，以精神病医院为例，详细描述了该组织中的三位行政人员在各自角色扮演过程中相互交叉的现象。运用上述这种方法或者类似的方法对政治群体进行研究，具有很大的可能性。这方面独具匠心的努力，起码会涉及对自然状态下组织功能进行相当近距离的观察，体现在巴伯的著作《委员会的权力》[3]一书当中。巴伯借助几个"真正"的政治群体（城镇财政委员会）之间的合作现象，运用这些群体成员的心理数据，来解释控制情境下不同群体完成特定任务所采取的方

---

[1] Nathan Leites, *On the Game of Politics in France* (Stanford, Calif.: Stanford University Press, 1959); and Constantin Melnik and Nathan Leites, *The House without Windows: France Selects a President* (Evanston, Ill.: Row, Peterson, 1958).

[2] Richard C. Hodgson, Daniel J. Levinson, and Abraham Zaleznik, *The Executive Role Constellation* (Boston: Division of Research, Harvard University Graduate School of Business Administration, 1965).

[3] James D. Barber, *Power in Committees: An Experiment in the Governmental Process* (Chicago: Rand McNally, 1966).

第五章 人格特质对政治系统的聚合影响

式的不同。

有时，往往只有把政治行为体置于他们所处的情境背景中，研究者才可能发现人格特质与政治卷入相关联的方式。关于这一点，伯朗宁和雅克布（Browning and Jacob）[①] 的著作很有意义。他们在研究中采用了麦克利兰的主题统觉测验。（这是一项人格投射测试，在测试中，面对一系列图片，被试讲述自己看图后能想象到的故事，然后研究者根据具有可靠效度的编码标准，对这些故事进行分析，进而测出被试们的成就、权力和归属需要的等级状况。）他们在美国北部的小城东港（Eastport）[②] 分别抽取了政治人物样本和非政治人物样本进行测验，还在路易斯安那的"赌场区"（"Casino"）和"克里斯蒂安区"（"Christian"）抽取了政治人物样本进行测验。如果不考虑情境因素的话，他们的研究发现当中给人们留下最深刻印象的是：第一，在政治人物和商人之间没有群体动机方面的差异；第二，政治人物之间在麦克利兰动机测试结果方面表现出很大的异质性。然而，一旦受到情境因素的制约后，特别是当这三个地区的各类行政官员面临当地实际（而非正式）的规范和期望时，明显的激励形象（Distinct motivational profiles）开始出现。具有通常所描述的进取型行动主义者（Hard-driving activist）表征的政治人物，也正是伯朗宁通过操作化识别的，那些在成就和权力需要测试中得分高、在归属需要测试中得分低的人，只能在某些特定情境中发现，其他情境中则发现不了。[③]

在东港政治系统中，伯朗宁和雅各布还发现：一方面，"可能到州立法部门或者更高等级机构担任职务，这是政治人物的普遍期望"；另一方面，

[①] Rufus Browning and Herbert Jacob, "Power Motivation and the Political Personality," *Public Opinion Quarterly*, 28 (1964), 75–90.

[②] 位于缅因州，又译为伊斯特波特。——译者注

[③] 对这种行为特征的描述是布朗宁在后期论文中提出的。参见 Browning, "The Interaction of Personality and Political System in Decisions to Run for Office: Some Data and a Simulation Technique," *Journal of Social Issues*, 24: 3 (1968), 93–110。早期布朗宁提出了一些可比较的变量，以这些变量为基础进行人格比较。非常感谢布朗宁教授向我进一步阐述这些观点。

132 在商业领域，可替代的非政治性成就的选择有限。在路易斯安那，"不存在必须通过政治进程才能够作出重大决定的共识"。而且，"在工商业领域获得权力与成就的机会也大量存在"。相比于路易斯安那州的政治人物，东港政治人物普遍在权力和成就需要方面的得分更高，而在归属需要方面得分更低。

在同一个地区**内部**，类似的差异也出现在拥有实职的政治人物和挂名闲差的政治人物之间，前者所承担的职务提供了更多的进一步升迁和获得更高成就的机会，而后者在所处的岗位上升迁的可能性很小。伯朗宁和雅克布精细分析了情境差异，根据实际社会预期而非名义上的要求，对官职进行了分类。在赌场区，在治安部门任职的人拥有更多的权力资源，该部门的工作人员在协调赌手与当局的关系时扮演重要的角色；而在克里斯蒂安区，由于这个区没有博彩业，这个机构拥有的权力资源相对要少。在一些案例中，伯朗宁和雅克布能够采访各种官职的落选者。由于这些落选人士与成功入选人士在人格特质方面非常相似，研究者就更加坚定地认为，作为刺激因素的官职，在之前的招募和选择阶段就在发挥作用，并不是当选者麦克利兰动机测试得分在其成功入选之后发生了变化。

在伯朗宁和雅克布把行为体的动机置于情境背景的研究过程中，实际上他们根据两个维度刻画了情境（社区环境和角色）的特征，一个维度是实际的运行状况（担任某地官职是否能够向当地更高级别的职务升迁）；另一个维度是史密斯（在思路图中的第二板块）提出的"情境规范"（"如果在某地竞争某一职位，社区内对职位发展前景有何共识性期待"）。显然，行为体**自身**的期望，虽未必与假定**存在**的社区共识性期待相一致，也是连接其动机过程与情境的关键调节变量。这是伯朗宁后来在他自己寻访东港区的另一篇报告中提出的观点，这一点在伯朗宁与雅克布之前合作完成的论文中没有提及。他发现，一些在东港的再开发过程中发挥引领作用的积极进取的商业人士，展现出了较高的权力和成就需要、较低的从属需要的动机模式，就如同很多政治性人物一样；但是，这些商业人士来自
133 没有政治背景的家庭，而且显然他们也没有习得以政党政治作为合法的动

机实现途径的预期和价值观。①

"自下而上分析"研究策略的要义，就在于研究者应该在**原位**对行为体的心理特质进行观察和分析。特别是，必须对制度运行进行直接的短期观察。正如伯朗宁和雅各布在其研究中所做的一样，通常有必要从对局部的微观研究开始，这样才能最终获得对于整体的满意理解。当然，其前提条件是：如此有限的短期分析能够一步步得到扩展、整合，积累成为关于更宏大体系运行特征的解释。

二、在心理特质频率和系统特征之间建立联系

抽样调查技术发展到今天，使得研究者可以通过直接的观察，对更大社会系统内成员的心理倾向进行统计。如前所述，早期在人格—文化研究中，特别是关于"国民性"的研究中所遇到的困难，在于研究所依据的样本并不令人满意，而且经常是根据前面我们提到的间接人格指标来分析。

---

① Browning, "The Interaction of Personality and Political System in Decisions to Run for office: Some Data and a Simulation Technique," *Journal of Social Issues*, 24: 3 (1968), 93-110. 布朗宁和雅克布的研究工作充分证明哈罗德·D. 拉斯韦尔最早倡导的研究策略是正确的，参见 Harold D. Lasswell, *psychopathology and politics* (Chicago: University of Chicago Press, 1930); 及其后来的平装版 "*Afterthoughts: Thirty Years Later*" (New York: Viking Press, 1960)，这一策略的核心要义是，要分离出"功能上类似"(functionally comparable) 的进程和现象来进行研究，这样就能排除很多"干扰"和异质因素，这些因素是我们在研究角色的复杂人格特质时会遇到的，表面看起来是一种情况，而实际的运行中又不尽然相同（路易斯安那州两个区的治安部门的官职就不完全相同）。布朗宁和雅各布仔细厘清了运用权力的类似情境机会，大致相当于拉斯韦尔设计他的"政治人"概念时所做的工作。拉斯韦尔所谓的"政治人"（或者权力中心倾向）类型的行为体寻求允许他们使用权力的机缘。这些情境可能是也可能不是正式政治进程的一部分。正如拉斯韦尔所说："一个简明的事实如下，扮演一个通常大家公认的政治角色的人……不一定属于我们划分的"政治人"类型，反过来，一个人没有担负传统意义上政治角色，也并意味着这个人不是权力中心倾向的。"他紧接着建议，我们要研究所有的社会进程，不能仅仅停留在通常界定的"政治过程"方面，"在**实用**意义层面，我们才可以辨识'政治人'人格类型。这就意味着……当私有资本主义经济处于快速增长阶段时，绝大多数权力中心倾向的人会参与'商业'活动"。参见 Harold D. Lasswell, "A Note on 'Types' of Political Personality: Nuclear, Co-Relational, Developmental," *Journal of Social Issues*, 24: 3 (1968), 81-91. Quotation at p. 84。

某种国民性格类型往往是学者们通过社会系统的所有物和产品来推断得出的结论；然后又反过来用这种性格类型解释社会系统的类似特点。

正如我们在第一章所看到，关注选举行为的学者已经开始进行基于调查数据的研究，这些研究致力于在大规模人口群体中心理特质出现的频率与制度运行的某些总体特征之间建立联系。他们所研究的各种心理特质——选民对于某一政党的认同感、选民对政治的兴趣、选民的选举倾向等等方面，并不属于多数个人的核心心理机能。实际上正如我们所看到的，大多数政治学者也不会将这些特征标定归类为"人格"变量，而大多数心理学者则会这样认定。但是，把这些研究方法拓展到包含深层心理特质的调查并不存在什么障碍。在现有的关于选举的研究成果中，我们最容易找到的用调查数据来解释系统特征的例子，一是"选举起伏"（"surge and decline"）的主题研究，二是科文斯和杜佩克斯（Converse and Dupeux）关于法国选民、美国选民的"政治化"的研究。

"选举起伏"研究，旨在解答美国政治中几乎一贯出现的系统规律，即在选举年赢得总统大选的政党在中期选举中会丢掉众议院。过去对这一现象最常见的解释如下：执政党之所以在众议院中期选举中不能获胜，是选民们更加关注政治的结果。该理论假定，总统的行为惹恼了选民，总统与选民的关系蜜月期到头了，总统所代表的执政党就会在中期选举中受到选民的惩罚。

"选举起伏"研究的解释则从不同的甚至更为复杂的假定开始。在解释执政党丢掉众议院选举时，研究者首先通过调查发现，就选举兴趣而言，选民对中期选举的兴趣远远低于选民们对总统选举的兴趣，参与前者投票选举的选民比后者少了大约20%。然后，他们对这两个时段参选选民的特征进行了评估分析，结果发现，参与中期选举投票的选民当中，有浓厚政治兴趣和坚定政党认同的人占据很高的比例，他们经常倾向于投自己所长期归属的政党的票。而在大选年，选民数量会增加，而且这些增加的选民当中包含了许多政党认同不太坚定、政治兴趣要小得多的投票者，即所谓的"边缘选民"（peripheral voters）。这些边缘选民在总统竞选运动的热烈氛围的带动下参与到选举中来，他们一般也会在投票中倾向于支持在当时选举中最有优势的候选人——通常很有魅力，而且在一些诸如当下经济的繁荣、国家军事承诺等相关的短期议题上很有竞争力。

在大选中给予最有望胜出的候选人一边倒的支持之后，这些边缘选民也助推当选者所在党派乘势而上，在国会议员中该党成员比例超出一般配额。但是，当中期选举来临时，边缘选民的这种热情已经退潮至平常状态，此时的选举更多是基于"核心"选民依据自身政党认同所做的选择，这部分选民会参加全部选举。这样在中期选举年，总统代表的执政党在大选年赢得的议员席位就会被反对党所占领。至此，我们对于总统在中期选举年丢掉众议院的现象的解释，不是依据中期选举年选民有意识的行动，而是根据*之前*选举年政治卷入状态较低的部分选民漫不经心的行为而得出的。①

如同"选举起伏"研究一样，科文斯和杜佩克斯关于法国人和美国人政治倾向的比较研究也是采用了这种基于统计数据来解释政治规律的新方法，一改过去研究中单纯依靠大量错误心理假定进行解释的做法。法国选民更愿意支持新党，即"闪"党（"flash" parties），比如波杰德党（Poujadists，声称为法国弱势小众群体服务）和各种各样的戴高乐主义政党。这种选举的易变性在法国比在美国大得多。

传统的解释认为，这是由于法国人特有的理性主义，他们喜欢沉湎于意识形态方面具有特色的小党。科文斯和杜佩克斯得出了完全不同的解释，他们对该问题详尽复杂的分析概括起来如下：对意识形态特色的着迷情结在法国普通大众中并不占主流，或者只是极小一部分政治积极分子的典型特征。法国大众的典型特点，撇开别的不说，是对政党认同度比较

---

① Angus Campbell, et al., *Elections and the Political Order* (New York: Wiley, 1966). 坎贝尔 (Campbell) 对选举起伏现象的分析在该书的第 40—62 页。类似的独立分析可参见 William A. Glaser, "Fluctuations in Turnout," William N. McPhee and William A. Glaser, eds., *Public Opinion and Congressional Elections* (New York: Free Press of Glencoe, 1962), pp. 19 – 51。格莱瑟 (Glaser) 也用过去常用的例子来解释美国政治中反复出现的这一现象，他认为，这是由于在中期选举中选民对执政党的幻想破灭了。尽管美国政治选举中的起伏现象很"明显"，但在关于美国中期选举的讨论中，还是没有充分意识到这一点。而安东尼·金 (Anthony King) 在他的论文中运用新的解释方式对英国政府被选下台的现象进行了创造性的研究。参见 Anthony King, "Why All Governments Lose By-Elections," *New Society*, 11: 286 (1968), 413 – 15。

低。在总人口中，明确承认自身认同某一特定政党的民众所占比例，法国只有45%，美国却高达75%，挪威为65%。因此，在法国就存在大量没有特别明显倾向的选民，由此就为新政党的出现提供了更大的票仓。①

三、考虑到"非叠加因素"来修正频率分析结果

无论是选举起伏研究，还是关于法国人与美国人的对比研究，主要关注的是行为的总体发生率。在研究中出于这些分析目的，从每个个体独特的个性中提取一些共同的表层心理特质是可行的，比如行为体的政党认同、参与政治的兴趣程度。在其他方面，每个行为体都被视为是一样的，就好比热力学对气体中每个分子的描述一样。但是，以下事实值得我们关注：

> 群体中的人和气体中的分子不一样。一些人和另一些人是有区别的，而且有的人对社会的影响比另一些人大。是不是没有列宁，十月革命就不会发生，至今都是值得我们深思的好问题。②

或者，正如阿克利（Ackley）所指出的："当诸多单一行为体服从于集体的行为很相似时，自然聚合就是一种合理的程序。"③ 而科尔曼

---

① 参见科文斯和杜佩克斯前引书的相关章节，第269—291页。关于分析"结构性"或者"构成性"因素影响的相关研究的总结与评论，可参见 Arnold S. Tannenbaum and Jerald G. Bachman, "Structural versus Individual Effects," *American Journal of Sociology*, 69 (1964), 585-95. 在这些研究中，运用包含关于群体特质的数据（经由原始测验得来）来调整调查分析的结果。也可参考 James S. Coleman, "Relational Analysis: The Study of Social Organization with Survey Methods," *Human Organization*, 17 (1958), 28-36。

② May Brodbeck, "Methodological Individualisms: Definition and Reduction," *Philosophy of Science*, 25 (1958), 21. 这篇文章关于"层次分析"引发的科学逻辑问题以及微观与宏观关系的讨论是非常有趣的，亦可参见 "The Reduction of Theories," in Ernest Nagel, *The Structure of Science* (New York: Harcourt, Brace and World, 1961) 的第11章。

③ Gardner Ackley, *Macroeconomic Theory* (New York: Macmillan, 1961), p. 573.

(Coleman)以关联群体成员对群体的依附感与群体的生产效率这样的微观—宏观命题为例,提出了此类命题可能存在的缺陷,该发现有助于证实,在政治或者社会系统中"诸多个体单元的行为"何以可能并不会带来相似的结果。科尔曼指出,我们可能研究某个群体一段时间后,会发现群体成员的亲密感一般逐渐增加。但是,如果一个人对群体的依附感下降,群体生产率也可能下降,因为"这个人可能就是群体的领袖,他对于群体生产率是至关重要的,或者在其他层面对群体生产率造成关键的影响。因他造成群体凝聚力的减少,其结果足以抵消掉其余成员不断增加群体凝聚力所产生的作用"。①

由此看来,赫伯特·海曼(Herbert Hyman)的主张是合理的,他认为,我们不能简单地将个人的特征叠加起来(如,体系中威权主义者的数量),以形成关于作为一个整体的系统所具备特点的结论(该体系是否为具有威权主义的政治结构)。反而,我们应该努力找到"权衡总体的影响力"(weighing the sums)的方法,以便于解释承担关键角色的行为体所发挥的更大作用。而且根据制度角色要求来管控人格欲望的结果可能也是复杂的。② 科尔曼还举了一个群体成员的例子,该成员的"生产率……对群体生产率会产生负面影响(比如,这类人干得越多,对其他人阻碍越大)……此类人对群体依附感增加所造成的后果,可能会抵消由于其他人依附感增强而提高的生产率"。希尔斯(Shils)提到了《威权主义人格》一书中隐含的一个基本假定,即社会总人口表现出的威权主义人格特质导致威权主义的政治实践,继而评论道,"推进一项社会政治运动……"所需要的是"很多种人格类型……社会政治运动或者制度,就算它是威权主义的,它所需要的人格绝不完全是纯粹威权主义人格结构",而且,"即使是自由民主体制社会,如果只有自由民主人格类型的人来担任各种角色,

---

① James S. Coleman, "Group and Individual Variables," in his *Introduction to Mathematical Sociology* (New York: Free Press of Glencoe, 1964), pp. 84–90.

② Herbert Hyman, "The Modification of a Personality-Centered Conceptual System When the Project is Translated from a National to a Cross-National Study," in Bjorn Christiansen, Herbert Hyman, and Ragnar Rommetveit, *Cross-National Social Research* (Oslo: International Seminar, Institute for Social Research, 1951, mimeograph).

这个社会的运行恐怕也不会令人满意"。①

四、"返回来"对系统及其心理要求展开理论分析

通过观察具体的决策过程来进行"自下而上"聚合分析，提供了评估任职角色的影响大小的路径。另一个补充性的方法特别适合初步明晰心理对宏观系统影响的问题，是建构模型或者开展仿真（正式或者非正式的）。我们可以设法阐明政治系统及其子系统模型，说明系统对角色的规定和要求，这样我们就能够辨识出，决定角色扮演者人格倾向与角色是否匹配的关键因素。

把角色要求与人格特质相关联，从体系理论模型"返回来"进行聚合分析可能有各种研究方法，对此，拉斯韦尔在他多年前一篇名为"民主性格"②的论文中做出了值得深思的声明。拉斯韦尔在该文中运用的研究策略实质如下：先将理想类型"民主共同体"的行为要求具体化，然后借鉴当时人格心理学的知识，对系统运行所必需（或者允许存在）的人格类型进行理论化。分别以体系的模型和人格假设作为两个基点，研究者就具备了关于他们所分析的人格与社会结构关系的形式理论。进而就可以围绕现实世界政治体系运行的角色要求，以及该要求与实际在职行为体人格特征相符的程度，来提出假设并进行经验观察。

拉斯韦尔研究策略中尤其重要的一个方面，是使用了人格"力量"（或者称之为性格"力量"）的概念：这个概念指的是影响行为的心理因素的强度与稳定性。使用这个概念，会促使分析者有意识地调查以下两个方面：在多大程度上社会政治中的规律性现象是由"外部"的约束所促成的，在多大程度上这些现象是由于参与者把约束内化后形成的动机所促成的。总体来看，行为体动机越强，就越不需要依赖结构层面的监督预防来

---

① Edward Shils, in Christie and Jahoda, eds., *op. cit.*, pp. 45, 48.

② Harold D. Lasswell, "Democratic Character," in *Political Writings of Harold D. Lasswell* (Glencoe, Ill.: Free Press, 1951), pp. 465 – 525. 对这一概括的拓展参见我的论文，"Harold D. Lasswell's Concept of Democratic Character," *Journal of Politics*, 30 (1968), 696 – 709。

确保行为体的行为遵循既定的模式。①

第三节 关于聚合研究的结论

在系统层面进行聚合研究的分析方法有待进一步完善。如果在解释系统层面反复出现的规律时，还不能适当运用政治体系成员的心理资料数据进行分析，这是我们所不愿看到的。以前在进行微观—宏观研究时存在的还原主义倾向，无疑是造成当下聚合分析缺少较好研究方法的原因。

从潜在的人格结构分析上升到政治与社会结构分析，我们需要对这一推理链条中的许多关联保持敏感——每个关联处都可能是很复杂的。由此，深层次的人格不完全与政治信念有关；在不同的情境刺激下，相同的人格和信念可能会导致不同的行为后果；单一行为体以及类型行为体的聚合方式并不是数学意义上的叠加方式。然而，可以通过一些相互补充的研究策略来推动聚合分析方法的完善，这些策略主要包括：第一，从社会情境下小规模人格研究出发"自下而上分析"；第二，将大众中心理特质出现的频率与系统的规律性联系起来分析；第三，在解释中既要考虑行为体在社会政治结构中所处的位置，也要考虑他们的心理特质；第四，返回来分析角色要求以及与之相匹配的人格类型。

---

① 拉斯韦尔尝试分析动机强度和外部约束之间的相互关系，类似的研究可以参见 J. Milton Yinger, "Research Implications of a Field View of Personality," *American Journal of Sociology*, 68 (1963), 580 – 92. 比拉斯韦尔"民主性格"论文聚焦的分析层次稍微低一点的研究，可参见 Rufus Browning, "The Interaction of Personality and Political System in Decisions to Run for Office," *op. cit.*。这篇论文使用了清晰（非常精准）的人格与角色关系模型。关于"返回来研究"的整体战略，参见 Alex Inkeles, "Society, Social Structure, and Child Socialization," in John A. Clausen, ed., *Socialization and Society* (Boston: Little, Brown, 1968), pp. 73 – 129。

第六章 结 论

人格与政治研究呈现出周期性的特点。学术界对这些议题的兴趣一阵一阵的,几番波动:早期涌现了大量著作,激励了一些研究人员和读者的热忱,后来名声就没有那么好了,主要是因为没有发展出可靠的、便于交流的研究方法。该领域的研究在很大程度上都是富有"启发性"和"建议性"的,但却充满了"争议性"和"不确定性"。然而这一研究主题依然是非常重要的,无论是理论界还是政策界都如此渴望能够把握这一问题,以至于每个时代都有像堂吉诃德一样勇敢的学者来研究政治与人格,其中包括:学者、新闻记者、临床医生,以及很多其他坚信有必要研究政治的人格根源的人士。

可能有人会认为,这样的研究努力注定会起起落落,因为从"科学"角度很难把握所研究的对象——人格与政治研究将依然为以下人士提供庇护:编织感悟故事的智者和一些政治学者,用弗洛伊德的话来说,后者满足于"仅仅写一部精神分析小说"。[1] 小说将不会贬值,人格与政治分析的核心依据依然是同理心、有创意的想象和直觉洞见,特别是在提出假设时尤其如此。然而,正如我致力于通过本书所提出的,既要有发现的策略,也要有证明的策略;随着人格倾向对政治影响的重要性提升,要做的研究就不能止步于关于影响力增强的本质的推测,还应该对其进行证明。

---

[1] Sigmund Freud, *Leonardo da Vinci and a Memory of His Childhood*, *Standard Edition of the Complete Psychological Works of Sigmund Freud*, 11 (London: Hogarth, 1957), p. 134 (最早发表于 1910 年)。

第六章 结 论

第一节　要点回顾

人格与政治研究的学者已经做过的以及需要进一步做好的工作，可以从以下三个方向考虑：单一政治行为体心理分析，政治行为体类型分析，单一行为体与类型行为体对于政治进程、政治制度的聚合影响分析。类型源自规律性——重复出现的相似或者差异现象，这是我们对诸多单一政治行为体观察后发现的结果。反过来，在分析单一行为体时，参照基于过去观察并在类型理论中得到总结的规律也是有用的。尤其是当类型学的理论研究非常充分时事实更是如此，因为各种类型学实质上就是对涉及诸多单一行为体个案的一般性命题的概括。然而，对绝大多数政治学者而言，其内在的兴趣既不是个案研究，也不是类型研究：单一与类型行为体对体制运行的聚合影响才是头等重要的。

要讨论人格与政治议题中的个案、类型和聚合研究，回到史密斯针对政治人格学者所关心的五种变量之间的关系阐释常常是有帮助的：第一，政治行为本身；第二，行为发生的情境状况；第三，人格过程和倾向的各个层面（包括态度，以及用以满足行为体评价客观对象、调节自我与他人关系和自我防御等各种需要的潜在心理机能模式）；第四，影响人格的社会因素；第五，宏大政治社会系统的历史与现实特征，该特征决定着影响人格发展和政治行为发生的当下情境的许多基本情况。

史密斯提出的研究思路图具有很大的价值。通过提醒我们注意有关政治心理的各种变量可以从整体上划分为这几大范畴，以及各个范畴之间的关系，这一研究思路图有助于打消一些空洞的争论，比如，各种不同变量中到底哪一种变量（事实上互补的各种变量）"更适合"解释行为？史密斯研究思路图中的四类变量都与政治行为有直接或者间接的关系，而其中的每一种，都曾经一度被还原主义者视为解释行为的**特别**合适的单一根源。因此，就引发了研究界关于到底是从心理方面还是从情境方面入手来寻找决定行为的因素才更合适的争论。史密斯的研究思路图提醒我们，我们需要考察变量之间的互动，尽管在不同情境下，某类变量可能比其他变量能够更好地解释变化，或者某些变量可能比其他变量在实际研究中更容易操作。还有，关于在决定行为的要素中，究竟是"社会特征"，比如说社会背景方面的特征，还是人格特质更重要，也是争论的话题。事实上，一个有效的做法是，不妨将前者当作后者的早先存在来分析，并进一步理解社会环境塑造人格的发展过程。最后，正如我们在第四章简要提到的弗洛姆的一些观点一样，大家有时还会争论，究竟是依据长时段宏观的（"distal"）社会大环境，还是依据当下的社会情境，才能最好解释政治人格模式的形成？比如，在威权主义人格模式形成的过程中，是不是"市场经济"大环境比家庭环境发挥着更大的作用。然而，无论偏重哪种因素的解释都是不正确的：宏观的社会环境变量最好理解为是经由当下情境中社会化实践的**调节**才产生作用的。

史密斯研究思路图进一步的价值在于，他提出的立体鸟瞰图促进了情境性分析——推动了明确五种变量内部及其之间复杂互动关系的理论和经验研究工作。意识到互为补充的各种变量之间相互作用的复杂关系，从而展开多变量分析，这正是在人格与政治研究中目前尤为迫切的事情。其复杂性表现为：我们几乎很难发现在人格操作化指标和政治行为之间的简单、直接的联系，这种联系普遍出现于所有情境和全人类中。所有紧密的联系，以及在理论与实践中都非常重要的联系，都呈现互动的形式；也就是说，其互动形式根据进一步的情境而定。（这有助于解释，早期的定量研究中常见的人格测量数据与政治测量数据之间不稳定的弱相关现象。）

本书第二章在讨论那些不看好人格和政治研究的一些常见意见的过程中阐明了几种研究的可能性，人格与政治研究学者能在其中感觉到探索这些关系的光明前景：当环境处于混沌的发展阶段、还没有完全定型的时候，当情境的约束力比较弱的时候，当角色规定允许个人行为体有较大的自由决定权力的时候，凡此种种情况，人格变量就会影响行为。在越来越多基于情境构想的人格与政治研究中，可能会看到一些例子，在这些研究例子当中，只有抓住了变量之间那些恰恰视情而定的相互作

第六章 结 论

用，才能够进一步发现人格与政治的重要联系。①

另一组比较是关于现象学、动力学和起源学分析之间的区别；运用这些术语便于对政治行为体心理分析的各种研究路径进行归类，也便于根据与政治行为解释关联的直接性和研究标准化的程度对各种分析研究路径进行排序。对于政治行为体现象学层面的描述——描述该行为体在向他人呈现自身的过程中所反复出现的现象，是在预测和解释行为体行为时与情境因素最为直接相关的补充。而且，这类描述如果能够充分贴近被观察对象的实际时，最容易获得相关研究者的一致认可，即便这些研究者的理论兴趣如同社会学习理论和精神分析学派一样五花八门。相对而言，刻画心理动力的理论建构——要发现能够解释外部规律性的内在趋势——则很难在学术界达成共识，而且对于行为的分析而言也没有那么迫切。总体上看，起源学解释的证实问题甚至更难，而且从与行为的直接关联程度来看，这些解释距离行为最远。

当进一步展开关于单一和类型行为体人格的现象学、动力学和起源学的扎实论证时，最需要解决的基本问题是研究的信度标准（开发出稳定的观察方法）和效度标准（研制出能够名副其实测量研究对象的工具）。另外，在此过程中问题难易程度与政治分析需求的直接性有关：在研究中提高信度比提高效度容易一些，政治分析中对提高信度的需求也更直接更紧迫。只要我们有可靠的观察工具，我们就能在具体的操作层面而不是在理论层面展开分析。然而，我们紧接着在研究中就想进一步明确究竟观察的是什么。总体来看，人格政治分析中遇到的问题是相应研究的理论清晰度太低了。而提升一些理论的清晰度，只需要规范好现象学、动力学和起源学三个层面的研究实践，并且通过正式陈述解释性论证来指出这三者之间的相互联系。

---

① 例如, Daniel Katz, et al. "The Measurement of Ego-Defense as Related to Attitude Change," *Journal of Personality*, 25 (1957), 465 – 74; Rufus Browning and Herbert Jacob, "Power Motivation and the Political Personality," *Public Opinion Quarterly*, 38 (1964), 75 – 90; and Browning, "The Interaction of Personality and Political System in Decisions to Run for Office: Some Data and a Simulation Technique," *Journal of Social Issues*, 24: 3 (1968), 93 – 110。

相比之下，类型研究的现象学、动力学和起源分析中长期以来实践运用的做法发展得最好；而开发出单一政治行为体心理研究的更好方法，既是现实所迫，也是完全可能的。当我们进一步拓展个案和类型研究来分析政治行为体的影响时，我们需要运用心理分析技术；但是同时也需要考察几个因果线索，这些线索体现于从潜在心理特质开始，经由态度、个体行为，进而产生聚合影响的整个链条当中。聚合系统分析的方法比较落后；以下这些互补的策略看来是很有价值的：第一，在行为体实际政治行为发生的真实情境中，对行为体及其心理进行分析；第二，针对参与机制进程的诸多行为体进行心理调查，以便解释该机制的进程；第三，考虑到由于承担角色不同导致行为体产生的影响不同，要对之前心理调查的结果进行修正调整；第四，设计相对正式的理论，以便进一步辨识"角色要求"与角色扮演者人格特质之间的重要关系。

第二节　关于自我防御的着重说明

全书各章讨论都关注自我防御的机制和进程。是否存在客观的方法，可以用来区别哪些政治行为源于预防内心冲突的自身需要、哪些政治行为与这种需要无关？正如我们所看到的，从为实现目的而采取合适手段的理性标准来看，实际上政治行为并不是理性的，但这并不能充分表明行为体行为是出于自我防御的需要。不理性也可能是"认知"因素造成的：不完全信息导致不理性；文化刻板印象导致不理性；缺乏充裕时间进行精打细算导致不理性；或者其他非防御性因素导致不理性。[①] 我的建议集中讨论了把临床上时常隐含运用的诊断程序"客观化"的各种方法。

在第一章我曾经提出，任何人想要阐明、澄清，进而可能改进人格

---

① 可以与布鲁斯特·史密斯关于他的研究思路图的观点做比较，参见 M. Brewster Smith, "Personality in Politics: A Conceptual Map, with Application to the Problem of Rationality," in Oliver Garceau, ed., *Political Research and Political Theory* (Cambridge, Mass.: Harvard University Press, 1968), pp. 77–101。

第六章 结 论

与政治研究知识谱系中相关论著的方法论假定,都会发现自己要面对如何呈现深层次心理的难题——其中涉及各种概念,比如概念库中的"自我防御"就得益于弗洛伊德以及其追随者的贡献。但说实话,这并不是我关注自我防御进程及其操作化指标的唯一理由。正如多数社会科学学者一样,我也发现弗洛伊德在解释他的临床发现时所运用的理论工具,特别是他的元心理学(metapsychology)很难适用于当代的经验研究。然而,尽管今天人们论及精神分析人格理论时,首先想到的是其学术地位的争议和尴尬,其次才是对该学术流派的一些启发性观点的普遍认可,但是精神分析学派不稳固的地位,并不能妨碍我们从中获得启示,并加以运用。

特别需要强调的是,既然学术界能够很容易形成关于人格现象学分析结果的共识,那么,即便精神分析学派饱受争议,可能也不会妨碍政治学研究者为推动自己研究而运用该领域最有用的成果:即精神分析研究成果中那些有关人类行动可见规律的相关临床描述。出于一定的目的,比如我们要对伍德罗·威尔逊或者某些更加令人困惑的威权主义子类型人格进行分析,可能比较好的做法是,在观察政治行为体时应该敏感地意识到:

> 这些有血有肉的行为体生活在半是现实、半是虚构的世界里,他们每天被冲突和内心矛盾所包围,但是他们也能理性思考和行动,受到意识不到的力量和遥不可及的渴望的驱动,他们一阵困惑、一阵清醒,要么受到挫败、要么感到满意,时而期待、时而绝望,一会自私、一会利他;总之,正是一种复杂的人类存在。[1]

上述这段陈述,摘自霍尔和林德(Calvin S. Hall and Gardner Lindzey)对弗洛伊德人格理论的总结。我们能感到这种总体刻画是恰当的,研究者因此没有必要从细节上坚信精神分析理论的所有观点。重要的是:在

---

[1] Calvin S. Hall and Gardner Lindzey, *Theories of Personality* (New York: Wiley, 1957), p. 72.

研究中，我们乐见有关心理机能的假设考虑到以下可能性，即出于一些分析目的，如此来思考人类这一高级动物是有启发意义的：人在发展的过程中，形成了迷宫般的复杂奥妙的人格，其中意识到的和没有意识到的各种因素相互交织在一起。同样具有启发意义的是，可以假定，有时不但要根据外部的、接受现实考验的活动来理解自我，还要根据自我内部防御的一些冲动和想法来理解自我。① 进一步看来，精神分析学派以及相关的人格理论并不是研究中需要遵守的教条，而应是我们形成理论假设的源头。

"出于一些研究目的"，有必要运用前面提到的精神分析概念来研究政治行为体。但究竟是什么样的目的呢？在第二章，我提出了一些自我防御需要可能在政治行为中得到呈现的具体情境。然而，实际上，20 世纪 30 年代由拉斯韦尔开启的"精神病理学与政治"② 方面的讨论议题，今天依然需要接受经验层面的检验。如今，我们只是刚刚获得一些根据不同标准评估形成的精神障碍③发生率的数据，其中有些数据令我们感到不寒而栗。需要进一步研究的问题是，在何种程度上病态心理需要以政治领域作为释放渠道。我们所能看到的包括心理防御机制在内的任何人格变量与政治行为之间存在的关系，都是复杂且不完全的，第二章列出了之所以如此的几个原因：对于普通大众来讲，对政治的关注度太低了，以至于对他们来说政治不是疏导心理需要的出口；对于精英人士而言，情境的紧急性和角色要求可能会把人格变量的影响"挤出去"。然而，概略审视政治和政治学的历史，我们可以发现，大量实际行为的产生看来既是为了适应外部现实的需要，也是为了适应政治行为体内心的需要。

---

① 当然，在对早期开展人格与政治研究知识谱系分析的一些学者进行评论时，需要插入这段话作为提醒，这些学者认为，行为完全出于自我防御的需要。

② Harold D. Lasswell, *Psychopathology and Politics* (Chicago: University of Chicago Press, 1930); paperback edition with "Afterthoughts: Thirty Years Later" (New York: Viking Press, 1960).

③ 参见以下论文中引用的文献资源，Jerome G. Manis, et al., "Estimating the Prevalence of Mental Illness," *American Sociological Review*, 29 (1964), 84 – 89。

135

第六章 结 论

第三节 作为因变量的人格：
一个道德规范性质的应用

  人格和政治研究的学者，今天依然可以重新回到拉斯韦尔的《精神病理学与政治》的内容而受益匪浅，只有认真研读这部著作，我们才能全面地掌握其传达的信息。由于作者独特的表达观点的方式，以及他对专业术语使用的偏好，我们需要对这一著作给出注解。比如，拉斯韦尔总结前言部分时只用了两个很难懂的句子，这两句话是把握全书主要架构原则的唯一线索，该书从第一章到第十章，极尽笔墨论证了政治的精神病理学基础，然后用非常简洁的三章把前十章提出的经验假定进行了分析。①

  在最初的几章当中，拉斯韦尔是这样布局的：首先，阐述了在自我防御理论提出之前早期精神分析学派关于精神机能的理论；② 然后，借助于具有支撑性的案例历史记录对政治行为体进行分类，即煽动者、管理者和理论家；紧接着，概括陈述了他围绕人格对政治进程的影响所做出的解释的内涵。拉斯韦尔所借鉴的早期精神分析学派理论中的人格理论，主要但不完全是从应对无意识的内在冲突的需要出发来解释人们的行为。在这样一种解释框架下，行为体对自身动机的知觉实际上被假定为是合理化的。拉斯韦尔通过描述接受催眠暗示后的人的行为，简要证明了他的解释：一个被催眠的人，当从催眠恍惚状态开始复苏后，被施

---

  ① 拉斯韦尔仅通过表达一则貌似随意的观点来标明全书阐述的基本原则："全书前面的部分是以一种相对教条的方式写就的，这无疑掩盖了当代精神病理学研究方法和研究手段不尽人意的地方。后面部分章节侧重于对这些资料的批判和建设性的讨论，由此应该能够充分表明整体研究的当下特点，当然具有潜在的重要价值。" Lasswell, *op. cit.*, 前言未标注页码的部分。

  ② 早期主要指弗洛伊德理论，强调生理本能与心理的关系；此后阿德勒对精神分析理论的发展，主要是从文化与社会角度提出了以超越自卑为核心概念的"自我防御"理论。——译者注

以撑开雨伞的指导语，当这个人撑开伞时，被提问为什么要撑开伞，这个被试的回答是"要弄明白这究竟是不是我的伞"，这个回答并不是他行动的"理由"，毋宁说这是他的合理化，因为他并没有意识到究竟是什么在驱动着他的行为。

在一定程度上，如果所研究的行为大体具备受无意识需要驱动的这一特性，拉斯韦尔提出的关于政治人（Political Man）行为根源的如下著名框架就是适用的：个人内在需要被转移为公共目标，并以公共利益的形式实现了合理化①。在很少被讨论的《精神病理学与政治》的最后一章，拉斯韦尔表示，他提出的解释所依据的经验前提，即行为在很大程度上取决于无意识的因素，当时还没有得到充分的论证，并且他提出了从方法论或者理论层面对此开展进一步探讨的建议。

该书在精神病理学部分所推出的逻辑结论基于如下的前提，即行为的产生基于无意识需要的驱动，行为体表面所声称的行为原因是合理化的结果，这一结论体现在第十章对"预防政治学"（"the politics of prevention"）的精彩论述中。如果"政治运动的动力源于将个人情感向公共目标的转移"，是对真相的描述，那么我们就能据此理解，在政治中存在的"直接刺激和反应之间失调这一众所周知的现象"。②

> 当农作物由于糟糕的天气而歉收时，尽管人们经过审慎思考应该倾向于认为执政党左右操纵天气的可能性很小，但是农场主还是给执政的共和党人投了反对票。忽视看来细微的人际关系，事实上确实造成了巨大的情感反应。如何更好理解这类众所周知的失调现象的严重程度，我们可以从个体深层（早期）心理结构中发现相关线索。③

---

① Harold D. Lasswell, *Psychopathology and Politics* (Chicago: University of Chicago Press, 1930); paperback edition with "Afterthoughts: Thirty Years Later" (New York: Viking Press, 1960), p. 75.
② Harold D. Lasswell, *op. cit.*, p. 173.
③ Harold D. Lasswell, *op. cit.*, p. 191.

第六章 结 论

　　这些分析促使拉斯韦尔得出以下结论，他认为传统的冲突解决模式，比如武力、辩论、讨价还价和妥协，注定只会使政治冲突持久化而不是真正得到解决。他主张另一种不同的、并且更具有远见（但也更具思想挑战性）的解决方式，该方式涉及投入巨大的集体资源来研究冲突的真正根源，以便于把社会能量都用于消除反复出现的社会紧张根源。①

　　围绕如何加强预防政治学，怎样促使社会系统在政治领域的运行不再是加重冲突的持续化，而是消除冲突的根源，拉斯韦尔提出了相应的建议，与之相关的是，他指出了一种方法，该方法可以促使人格与政治研究转向政治学研究持续存在的规范性关切。② 除了思考人格对政治的影响之外，我们还可以像弗洛姆所说的那样，探索政治以及其他社会制度、实践对人格的影响。当我们将人格作为因变量时，可能就开始将政治分析变成了政治评估的结果。从满意的科学解释会产生相应的认可的角度来看，尽管目前关于政治实践中对人的影响的解释还不足以完全令人信服，但是从心理层面来讲它们可能**是**有说服力的。

　　　　预防政治学将坚持不懈审视当下政治实践运转对人类的影响。政治事务是怎样影响政治行为体的？思考社会行动对人的价值的一种方式，就是明确究竟什么样式的社会行动对行为体有价值。当一个法官

---

　　① Harold D. Lasswell, *Psychopathology and Politics* (Chicago: University of Chicago Press, 1930); paperback edition with "Afterthoughts: Thirty Years Later" (New York: Viking Press, 1960), p. 197. 拉斯韦尔关于**人际**（*inter*personal）冲突解决进程的阐释与他在该书前面章节（第28—37页）关于自由联想（free association）的描述类似，自由联想作为一种方法可以化解个体内部（*intra*personal）冲突，消除个体为合理化寻找理由的倾向。拉斯韦尔的论证与前面第四章提到的丹尼尔·卡兹（Daniel Katz）的观点相对应，卡兹强调，以通过提供新的信息来改变态度的方法，对于基于自我防御的态度而言不合适。卡兹和其他学者关于改变自我防御态度所运用的"洞见（insight）"技术，实质上就是精神分析自由联想方法的简化版本，此类相关研究的总结参见 Daniel Katz, "the functional approach to the study of attitudes," *Public Opinion Quarterly*, 24 (1960), 163 – 204。

　　② 在评估政治系统时，运用经验知识来解决传统问题的前景，可以参考 Robert A. Dahl, "The Evaluation of Political Systems," in Ithiel de Sola Pool, ed., *Contemporary Political Science: Toward Empirical Theory* (New York: McGraw-Hill, 1967), pp. 166 – 81。

在其岗位上工作了 30 年之后，这个人的行为方式会发生什么样的变化？当一个政治煽动者鼓吹了三十年之后，他会怎么样？怎样将各种各样的从政人士与医生、音乐家和科学家相比？展开这一系列研究追问的先决条件是我们要能够搞清楚不同的人在社会中开始扮演各自角色时所具备的特征。如果我们能够说明人们从事的某些行业对于相同反应类型行为体（the same reactive type）的影响，那么我们将从根本上改变对各类职业的社会评价。①

届时，[预防政治学的实践者将应该]逐渐在那些曾经非常困惑的人们中赢得社会尊敬，他们由此意识到了自己的责任，也尊重客观的发现。②

第四节　结束语

上节内容只是些天马行空的思索，本节开始对全书进行总结。为数不多的人格与政治研究的学者，至今还没有通过扎实论证做出关于人格对政治进程产生影响的充分研究，关于政治对人格的影响的研究就更少了。

在人格与政治研究领域，无论是做经验研究还是做规范研究，如果只是建议研究者运用心理学的魔法工具，就能迅速解开他们面对研究主题时所遇到的谜团，那只会使现有人格与政治研究的知识谱系中存在的老问题依然得不到解决。我在本书中所呈现的内容，并不是为研究者设计一套现成的工具箱，直接拿来运用，即可产生大批可信、有效和有趣的关于人格在各个层面对政治产生影响的结论。如果我们着手筹划该领域的全面研究，使其达到类似于选举行为研究目前所达到的状态，必须要进一步壮大研究队伍，开展更多扎实的研究。我已经分析了造成目前研究不充分的诸多原因。另外，目前现状还与以下因素相关：政治人格研究学者所关注的现象捉摸不定，要分析的对象很复杂且不易观察。而且理论及概念术语的

---

① Lasswell, *op. cit.*, p. 198.
② Lasswell, *op. cit.*, p. 203.

第六章 结 论

模糊性使得他们想清晰地思考问题都难。

我撰写本书的基本设想，并不是要使人格与政治知识谱系研究达到完美的境界，而是期待可能使其得到改善。致力于解决其中存在的顽固难题的研究已经开始出现。对此，我更进一步的基本想法如下：相当仔细地围绕分析和论证策略来展开澄清的工作是重要的，因为正如我在第一章所提出的，作为调节政治领域刺激和反应的中介变量，心理因素发挥着相当大的作用。比如，看看古巴导弹危机这一大型系列生动案例是非常有启发意义的。在当时核战争力量平衡的情境下，何种刺激会促使苏联做出反应，美国决策者必须做出相关的抉择。他们的决定一定包含了对苏联领导人心理的假定，也就是关于苏联领导人从心理层面处理替代性刺激信息的可能方式的假定，这些处理方式会产生相应的行动后果。不对苏联领导人施加任何刺激的决策选择是不存在的，因为即使不行动也是对苏联领导人的一种刺激；而且，"由于我们对这些事务的了解是如此不确定"，在一定意义上，美国决策者不会对苏联领导人的心理没有任何假定。无论任何时候，只要在采取行动时考虑到该行动会激发对手的反应，就一定会有意或者无意地做出关于对手心理的假定。

然而，作为研究者，如果不澄清关于人格与政治研究的假定，也不去费工夫反复对照现实情况验证这些假定，该领域的学者将来也可能还是继续蹒跚前行；但是这样勉强支撑的后果将惨不忍睹。当我们回顾政治史以及现代政治学时，"部分生活在现实的世界里，部分生活在想象的世界里，但依然能理性思考和行动"，这段话看来较为准确地刻画了政治人（homo politicus）的特征。尽管从心理层面研究政治，其成果对于促进深深植根于现实的政府治理实践的可能性不大，但应对实践中的风险，必须要有大量的研究人员，能够行走在包括人格心理学在内的心理学与政治科学之间。

参考文献介绍

迈克尔·勒纳

154 　　关于参考文献的评论共分为五个部分。第一部分对人格研究做了基本的介绍。第二部分列举了将人格研究与政治研究关联起来的方法论和理论成果。第三部分包括单一政治行为体人格研究的成果。第四部分集中描述了现有的一些人格类型学，特别是政治行为体的人格类型学。第五部分关注"聚合"分析，聚合分析范围从小群体、机构、国家不断拓展到国际关系，其中都有对人格的研究。概括地讲，前两部分的参考文献，涉及格林斯坦在前两章研究中提到的议题以及支撑全书的一些基础议题。后三部分则分别对应第三章、第四章和第五章。

　　由于关于心理与政治议题的研究文献数量非常多，在这里也不便全部列出，因而在此做出的评论必然有极强的选择性。目前的文献介绍并不是试图囊括政治心理学的全部优秀成果，无疑也将会忽略掉一些非常有价值的研究。而且，这里列出了一些并不成熟但却具有启发意义或者做出过历史贡献的成果。在第一部分关于一般背景的文献介绍中，笔者所提的建议的选择性更强。这一部分注释中开列的参考文献几乎完全是本书作者以政治学学者的身份所提出的，是他以自己曾阅读的人格与政治研究知识谱系中的论著为背景，所发现的自认为有用的研究成果。

155 　　把人格与政治研究知识谱系中现有的文献区划分为个案研究、类型研究与聚合研究，这种分类有利也有弊。该框架不能涵盖融合这三类研究的交叉性文献——比如关于意识形态与人格的研究文献中，既有个体分析，也有从具有某种特质的行为体类型层面展开的分析，或者还有群体分析。为了弥补这样分类可能造成的遗漏，我把有关意识形态和人格的研究成果

中涉及单一行为体的文献都划归为有关"类型学"的成果，尽管从其中一些研究所采用的方法来讲，将它们归类为"个体"或者"聚合群体"研究会更好一些。正如格林斯坦所指出的，"现有这些文献成果内容所涉及的研究模型，实际上可能包含三种分析模式中的一种以上。"

格林斯坦在本书正文部分和注释部分都提到了大量的参考文献，我对此进行了归整，为了方便读者进一步延伸阅读，**我经常会引用格林斯坦本人在描述某一文献的特殊意义时的原话**。对这些引用，我没有用引号标注，也没有具体标出这些原话在原文中的页码，这样做主要是为了编辑的方便，不加具体标注并不表明这是我自己原创性的看法，尽管其中确实加入了我自己的判断。

第一节 一般背景：对人格研究的介绍

对人格理论和研究方法的最好的介绍之一，当属 Calvin S. Hall and Gardner Lindzey, *Theories of Personality*（New York：Wiley，1957）。霍尔和林德西主要介绍了三方面的内容：一是精神分析学派的人格理论（弗洛伊德、阿德勒、荣格、弗洛姆、沙利文）；二是非精神分析的人格理论，比如默里、列文和奥尔波特等人的理论；三是一些学术研究方法，如社会学习理论。露丝·L. 门罗（Ruth L. Munroe）在 *Schools of Psychoanalytic Thought*（New York：Dryden Press，1955）一书中，详细研究了精神分析理论家，她对这些理论家的研究方法进行了比较和批评。对临床运用的精神分析方法的介绍，可以参见 Silvano Arieti, ed., *American Handbook of Psychiatry*（New York：Basic Books，1959），特别是该书的第 1 卷，以及 Frederick C. Redlich and Daniel X. Freedman, *The Theory and Practice of Psychiatry*（New York：Basic Books，1966）。

精神分析学派的概念和理论假设在人格与政治研究知识谱系文献中的地位，与该学派在普通心理学甚至在人格心理学中所受到的关注远远不相称。在一定程度上，这至少是由于研究者的特定倾向造成的：只有当他们在解释那些看起来"非理性"或者"莫名其妙"的行为时，才会转向人格分析。当然，精神分析学派，乃至这一学派在当代演变形成的自我心理学，提供了揭示和阐明该类行为的**卓越超群**的研究范式。把精神分析理论运用到精神病理学研究领域的基本理论文献是 Otto Fenichel, *The Psychoanalytic Theory of Neurosis* (New York: Norton, 1945)。这本著作至今仍然有巨大的价值，任何新出版的论著都无法替代该书在理论界的地位，不过这也暗含了以下的可能，即围绕这些议题真正形成积累性的研究成果，将会来自精神分析学派的学者。

许多观点相异的学者都对埃里克森（Erik H. Erikson）和皮亚杰（Jean Piaget）的著作表现出极大的兴趣。理解埃里克森的基本思想，关键是参考他的著作，*Identity and the Life Cycle* (New York: International Universities Press, 1959)。就在社会科学领域的应用程度而言，皮亚杰的著作不如埃里克森的思想或者晚期精神分析学派的理论广泛；但是他所提出的发展过程理论与政治学研究的学者有很大关系，特别是他与巴贝尔·英海尔德（Barbel Inhelder）合著的 *The Growth of Logical Thinking, from Childhood to Adolescence* (New York: Basic Books, 1958)。而尝试系统呈现皮亚杰丰富作品的著作当中，包括 John H. Flavell 的 *The Developmental Psychology of Jean Piaget* (Princeton, N. J.: Van Nostrand, 1963) 一书。

最便于了解当代各个心理学理论大厦的综合性资源（包括人格研究），可参考 Sigmund Koch, *Psychology: A Study of a Science*，这套丛书是20世纪50年代早期由美国心理学会推动发起，60年代面世的七卷本系列鸿篇巨制，由麦格劳希尔（McGraw-Hill）出版社出版。对于人格与政治研究学者来讲，该丛书最值得关注的部分是第2、3、5和6卷。也可以参考 Gardner Lindzey and Elliot Aronson, eds., *Handbook of Social Psychology*, 1-5 (Reading, Mass.: Addison-Wesley, 1968 - 1969)。

要了解人格与政治研究知识谱系中的大量期刊文献，方便的做法是参考如下读本：Neil J. Smelser and William T. Smelser ed., *Personality and Social Systems* (New York: Wiley, 1963)，该书中有一篇有益的分析性介绍。以下是该类期刊文献的几处资源：一是美国健康、教育和福利部出版发行，并连续推出的《医学索引》(*Index Medicus*)（目录中有"政治学"栏目，该栏目下有许多关于心理和政治的文章）；二是参考 *Psychological*

Abstracts 和 *the Cumulated Index to the Psychological Abstracts*, *1927 - 1960*（Boston：G. K. Hall and Co.），这两个检索中，在"政治""政府""法律""社会权力""选举"以及类似条目下列出了很多相关文献；三是通过 *Social Sciences and Humanities Index*（New York：H. W. Wilson Co.）找文献，该索引的"社会心理""心理和历史"以及其他词条下列出了相关资源名录；四是关注 *The Public Affairs Information Service Annual Cumulated Bulletin*（New York：Public Affairs Information Service, Inc.），这一出版物列出了"政治心理""精神病和法律""心理健康"等相关主题的文献；五是参考 *The Readers' Guide to Periodical Literature*（New York：H. W. Wilson Co.），这本指南记录了通俗期刊上关于人格和政治的文章。许多出色的综合性文献述评文章，讨论了心理学者所关注议题，参见 the *Annual Review of Psychology*（Stanford. Calif.：Annual Heviews, Inc.）一书。

找到人类学家所做相关研究的两条最好途径：一是参考 *Index to Current Periodicals Received in the Library of the Royal Anthropological Institute*（London：Royal Anthropological Institute）的"文化人类学、人种学"条目；二是参考 *International Bibliography of the Social Sciences*, *International Bibliography of Social and Cultural Anthropology*（Chicago：Aldine Publishing Company），可关注其中的"文化和人格""国民性"以及其他相关条目。社会学家的相关研究可以在 *Sociological Abstracts* 的"人格（和文化）""社会精神病学"和"社会人类学"条目下查询。

关于精神分析理论的文献索引可以参考 Grinstein, *The Index of Psychoanalytic Writings*（New York：International Universities Press, 1956 – 65）。这是格林斯坦精心组织整理的九卷本的索引成果，其中包含了 2 卷主题索引。围绕"政治的""政治学"主题的参考文献，第 5 卷列出了 45 种，第 9 卷列出了 30 多种。也可以在主题索引"国际的"和其他的词条下面查阅到相关文献。格林斯坦把他的这一工作定位为对约翰·里克曼（John Rickman）编写的 *Index Psychoanalyticus 1893 – 1926*（London：L. and V. Woolf at the Hogarth Press and the Institute of Psychoanalysis, 1928）的升级和修订，里克曼早期制作的这个索引只有一卷，而且没有设计主题索引。

最后，关于人格和政治研究所涉及的几乎所有方面的内容，有许多非常有用的参考文献可以在 *International Encyclopedia of the Social Sciences*（New York: Crowell-Collier and Macmillan, 1968）的附录中找到，下文中我们将该书简称为 IESS。该书的第 17 卷是相关作者、文章和主题的索引。

第二节　人格与政治研究中的理论和方法论议题

人格与政治研究的理论以及方法论文献，主要围绕三个相关的议题。第一类议题，是文献中讨论最集中的议题，即关于是否要改进研究方法以及如何改进的问题。第二类议题，是在较为宽泛的范围内讨论运用精神病学和精神分析技术获取的数据资料的科学地位问题。第三类议题，涉及个体人格对于各种情境中的政治行为的重要性问题。关于第三类议题，丹尼尔·J. 列文森（Daniel J. Levinson）将这些文献分为"幻景"理论和"海绵"理论：

我用"幻景"理论来标识通常由精神分析学派所明确主张或者暗示的理论观点，即意识形态、角色概念和行为都不过是无意识的想法和防御机制的副产品。类似地，我用"海绵"理论来标识社会学文献中提出的观点，即人不过是主流的结构性需要的被动、机械的吸收器。[引自 "Role, Personality, and Social Structure in the Organizational Setting," *Journal of Abnormal and Social Psychology*, 58 (1959), 170 – 80, 该文在 Smelser and Smelser, eds., *Personality and Social Systems* 一书中重印。]

在这两种对立观点的争论中，非常具有启发意义的文献有：Reinhard Bendix, "Compliant Behavior and Individual Personality," *The American Journal of Sociology*, 58 (1952), 292 – 303, 和 Dennis H. Wrong, "The Over-Socialized Concept of Man in Modern Sociology," *American Sociological Review*, 26 (1961), 183 – 93。这两篇论文在我们前面提到的 Smelser and Smelser, *Personality and Social Systems* 一书中重印。本迪克斯（Bendix）的论文批评了社会分析中"心理化（psychologizing）"的做法；郎（Wrong）的论文则批评了多数社会学论著心理分析深度不够的缺陷，和本迪克斯的观点恰恰

相反。还可以参见格林斯坦在第二章讨论"行为体不可或缺"时提到的一些文献。

面对"幻景"理论和"海绵"理论这两种极端的观点,列文森尝试开辟一条中间道路,参见 "The Relevance of Personality for Political Participation," *Public Opinion Quarterly*, 22（1958）, 3 – 10。这是之前本书引用过的他的文章的姊妹篇。布洛芬布伦纳在其论文 "Personality and Participation: The Case of the Vanishing Variables," *Journal of Social Issues*, 16（1960）, 54 – 63 中表明他认可"海绵"理论,格林斯坦在本书第二章对这一研究进行了评论。第二章源自格林斯坦早期的论文 "The Impact of Personality on Politics: An Attempt to Clear Away Underbrush," *American Political Science Review*, 61（1967）, 629 – 41。布洛芬布伦纳（Bronfenbrenner）的论文可以与霍顿·史密斯（David Horton Smith）的论文对比着研读,参见 David Horton Smith, "A Psychological Model of Individual Participation in Voluntary Organization: Applications to Some Chilean Data," *American Journal of Sociology*, 72（1966）249 – 66。西奥多·阿贝尔（Theodore Abel）在其论文 "Is a Psychiatric Interpretation of the German Enigma Necessary?" *American Sociological Review*, 10（1945）, 457 – 64 中,从更广泛的意义上既批评了"海绵"理论,认为这一理论过于简单化,并指出在社会分析中使用心理数据的做法欠妥。M.布鲁斯特·史密斯曾经围绕情境变量、社会背景变量、更加宏观层面的社会体系变量之间的关系,以及这些变量与人格进程、倾向的互动方式,展开过深刻的讨论,详细参见他的论文 "A Map for the Analysis of Personality and Politics," *Journal of Social Issues*, 24: 3（1968）, 15 – 28。格林斯坦在第一章讨论了史密斯的这一研究思路图,并对其进行了改造。我们还可以看到史密斯在研究理性问题时运用了他自己创作改编的思路图,其成果参见 Oliver Garceau, ed., *Political Research and Political Theory: Essays in Honor of V. O. Key, Jr.*（Cambridge, Mass.: Harvard University Press, 1968）, pp. 77 – 101。

有观点指出,心理学关于形式上的分析规定降低了在社会学研究中运用心理数据的效用,格林斯坦对这类观点的总结参见本书的第 13—14 页,该观点的论证参见 Richard A. Littman, "Psychology: The Socially Indifferent

Science," *American Psychologist*, 16 (1961), 232 – 36。心理分析学者关于解释社会现象时心理数据资料的重要性的讨论集中体现在两篇文献中。一篇是 Heinz Hartmann, "The Applications of Psychoanalytic Concepts to Social Science," *Essays on Ego Psychology* (New York: International Universities Press, 1904),另外一篇是 Harry Stack Sullivan, "A Note on the Implications of Psychiatry, the Study of Interpersonal Relations, for Investigations in the Social Sciences," *American Journal of Sociology*, 42 (1937), 848 – 61。

针对兼顾社会学和心理学视角的社会化研究的相关文献的精彩介绍,可以参阅 John A. Clausen, ed., *Socialization and Society* (Boston: Little, Brown, 1968)。还有一些学者致力于分析心理学与广义上的社会研究、特别是政治现象研究的关系,他们的成果包括以下文献:第一,Alex Inkeles, "Sociology and Psychology," in Sigmund Koch, ed., *Psychology: A Study of a Science*, 6 (New York: McGraw-Hill, 1963), 318 – 87;第二,Harold D. Lasswell, "What Psychiatrists and Political Scientists Can Learn from Each Other," *Psychiatry* 1 (1938), 33 – 39;第三,Hans H. Gerth and C. Wright Mills, *Character and Social Structure* (New York: Harcourt, Brace & World, 1953)。相关主题的文献还可以参考 Karl Popper, *The Open Society and It's Enemies*, 2 (New York: Harper Torchbook Edition, 1963), 97ff,在该书中,波普尔认为,社会学自身就是一个独立的学科,心理学证据资料通常与该学科的相关性非常有限;理查德·利希曼斯 (Richard Lichtmans) 支持波普尔的观点,对此,可以详细参考他的论文 "Karl Popper's Defense of the Autonomy of Sociology," *Social Research*, 32 (1965), 1 – 25;值得关注的文献还有 Arnold Rogow, "Psychiatry as a Political Science," *Psychiatric Quarterly*, 40 (1966), 319 – 32。亨德里克·M. 鲁滕贝克 (Hendrik M. Ruitenbeek) 主编的论文集 *Psychoanalysis and Social Science* (New York: Dutton Paperback, 1962) 当中,重印了拉斯韦尔那篇非常精彩的论文,即 The Impact of Psychoanalytic Thinking on the Social Sciences, 该书还收录了塔尔科特·帕森斯 (Talcott Parsons)、海因茨·哈德曼 (Heinz Hartmann)、埃里克·H. 埃里克森以及卡伊·T. 埃里克森 (Kai T. Erikson) 的相关研究。还可以参考两卷本的读物 J. K. Zawodncy, ed., *Guide to the Study of International*

Relations（San Francisco：Chandler，1966），在该书第 1 卷"冲突"栏目和第 2 卷的"融合"栏目，包含了大约 184 篇论著，其中许多都与人格和政治研究相关。这本书虽然收录的文献参差不齐，但其中包含了很多非常有价值的文章。

精神分析理论的科学地位是学术界持续争论的话题。试图从经验层面澄清相关议题的一项详细的调查研究参见 Peter Madison，*Freud's Concept of Repression and Defense：Its Theoretical and Observational Language*（Minneapolis：University of Minnesota Press，1961）。另外也可以参考 B. A. Farrell，"Can Psychoanalysis Be Refuted?" *Inquiry*，1（1961），16 - 36，这一研究指出，精神分析学派并不是一个封闭的系统，这一学派其实包含了关于本能（机制）、发展、精神结果、思维原则或者防御，以及症状的形成等多个理论分支。在该文中，作者指出，这些理论都可能从经验层面进行研究，或者被证实，或者被证否。另外，同样是在该杂志的这一期，可以看到法瑞尔（B. A. Farrell）还回应了 Michael Martin，"Mr. Farrell and the Refutability of Psychoanalysis"论文中的观点。法瑞尔对这一议题，还有两个重要贡献，一是"The Status of Psychoanalytic Theory," *Inquiry*，7（1964），104 - 23；另外一个是 B. A. Farrell，J. O. Wisdom，P. M. Turquet，"The Criteria for a Psycho-Analytic Interpretation," *Aristotelian Society*，Supplementary Volume 36（1962），77 - 144，这是他们三人共同策划完成的专题研究。在前一篇文章中，法瑞尔对弗洛伊德学派的理论与弗洛伊德学派的分析技术进行了区分，并阐明了该理论的地位："一个有远见的理论；一个大致接近真相的理论。"在后一篇论文中，他们三人对精神分析学派的诠释技术展开了极具启发意义的讨论。在该讨论中，首先呈现了精神分析咨询师与来访人员之间对话的原文，然后三位学者讨论了精神分析师在心理咨询期间所做出的诠释的价值。法瑞尔指出，在分析情境中，对精神分析师作出的诠释进行证实或者驳斥实际上是不可能的，但是这并不意味着，该结论也适用于二人对话环境之外的诠释。这一结论对于社会科学领域从事非常敏感的心理传记工作来讲，显然是非常重要的。

法瑞尔等人的这些论文不易把握，他们以此来阐释精神分析学派的理论、论据和方法的地位，这样做主要是受到当时不列颠哲学界对概念进行阐释的普遍兴趣所驱动。类似模式的理论研究还可以参考：A. C. MacIntyre, *The Unconscious: A Conceptual Study* (London: Routedge and Kegan Paul, 1958); Richard S. Peters, *The Concept of Motivatlion* (London: Routledge and Kegan Paul; New York: Humanities Press, 1958); 以及 Gilbert Ryle, *The Concept of Mind* (London: Hutchinson, 1949)。关于法瑞尔、莱尔 (Ryle) 以及其他学者的研究在如下论文集中得到重印：参见 Donald F. Gustafson, ed., *Essays in Philosophical Psychology* (New York: Doubleday Anchor, 1964)。

呼吁设计更好临床咨询方法的研究，可以参考 Jules D. Holzberg, "The Clinical and Scientific Methods: Synthesis or Antithesis?" *Journal of Projective Techniques*, 21 (1957), 227–42。关于如何增加诸如精神分析的释梦等复杂的调查模式的信度的方法，可以参考 Thomas M. French and Erika Fromm, *Dream Interpretation* (New York: Basic Book, 1964)。论文 Bjorn Christiansen, "The Scientific Status of Psychoanalytic Clinical Evidence," *Inquiry*, 7 (1964), 47–79，评论了为提升精神分析调查准确性和可靠性而进行的一些尝试。作者强调，尽管目前的临床心理资料数据有其内在的缺陷，但是现有分析还没有充分挖掘这些资源，达到其可利用的上限。在 Sidney Hook, eds., *Psychoanalysis: Scientific Method and Philosophy*, New York: New York University Press, (1959) 一书中，可以看到关于精神分析认识论层面的一系列批评。

最后，关于研究人格政治时所面临的问题的总体性讨论，可以进一步参考收录于 IESS 中的论文 Robert E. Lane, "Political Personality"；以及载于 1968 年 7 月专刊 *The Journal of Social Issues* (24: 3) "Personality and Politics: Theoretical and Methodological Issues" 系列主题文章，在本书的后半部分也引用到其中的很多论文；同时，格林斯坦还就此专刊做了介绍，可详细参考 Greenstein, "The Need for Systematic Inquiry into Personality and Politics: Introduction and Overview," pp. 1–14。

第三节 单一政治行为体人格研究

关于政治行为体的心理传记案例研究，有两个非常出色的代表作，一是埃里克·埃里克森对路德的巧妙而引人深思的研究（前提是我们将路德视为政治人物），参见 Erik Erikson, *Young Man Luther*（New York：Norton，1958）；另一个是乔治夫妇关于威尔逊比较系统的、逻辑严密的研究，参见 Alexander and Juliette L. George, *Woodrow Wilson And Colonel House：A Personality Study*（New York：John Day, 1956）；该书1964再版（New York：Dover, 1964），其平装本增加了新的前言。对乔治夫妇著作的进一步拓展思考，可参考 Bernard Brodie, "A Psychoanalytic Interpretation of Woodrow Wilson", *World Politics*, 9 (1957), 413 – 22, 这篇文章后来还被收录重印于 Bruce Mazlish, ed., *Psychoanalysis and History*（Englewood Cliffs, N. J.：Prentice-Hall. 1963）, pp. 115 – 23。

近期出版的较为全面的心理传记还包括以下几本：一是 Lewis J. Edinger, *Kurt Schumacher：A Study in Personality and Political Behavior*（Stanford, Calif.：Stanford University Press, 1965）；二是 Arnold Rogow, *James Forrestal：A Study of Personality, Politics, and Policy*（New York：Macmillan, 1963）；三是 E. Victor Wolfenstein, *The Revolutionary Personality：Lenin, Trotsky, and Gandhi*（Princeton, NJ.：Princeton University Press, 1967）；四是 Betty Glad, *Charles Evans Hughes and the Illusions of Innocence*（Urbana：University of Illinois Press, 1966）。

关于惠特克·钱伯斯和阿尔杰·希斯（Whittaker Chambers and Alger Hiss）的心理传记，参见 Meyer A. Zeligs, *Friendship and Fratricide*（New York.：Viking, 1967），该传记遭到了质疑。作者用了很多引人入胜但却不够可靠的材料；这本传记根本没做到乔治夫妇在撰写心理传记中所坚守的平衡和中立原则。与这一心理传记同时期出版的另一本心理传记也遭到了类似的质疑，即20世纪30年代出版的 Sigmund Freud and William C. Bullitt, *Thomas Woodrow Wilson, Twenty-Eighth President of the United*

States: *A Psychological Study* (Boston: Houghton Mifflin, 1967)。学术界针对该书广泛讨论的问题,是到底弗洛伊德在该研究中承担了多少责任。一系列对希斯、弗洛伊德和布利特所撰写的上述两本传记的评论,为心理传记的发展同时带来了危险和希望。比如,对此我们可以参阅的相关文献有:一是 Meyer Shapiro, "Dangerous Acquaintances," *New York Review of Books*, February 23, 1967, pp. 5 - 9; 二是 "Brotherly Hatred," *The Times Literary Supplement* (London), November 9, 1967, p. 1057; 三是 Ernest van den Haag, "Psychoanalysis and Fantasy," *National Review*, March 21, 1967, pp. 295ff; 四是 Erik Erikson and Richard Hofstadter, "The Strange Case of Freud, Bullitt, and Wilson", *New York Review of Books*, February 9, 1967, pp. 3 - 8。研究者应该将弗洛伊德、布利德的合著与弗洛伊德在 1911 年最早发表的关于一个著名的德国犹太人的分析对比着来读,参见 Daniel Paul Schreber, "Psycho-Analytic Notes Upon an Autobiographical Account of a Case of Paranoia (Dementia Paranoides)", Standard Edition of the *Complete Psychological Works of Sigmund Freud*, 12 (London: Hogarth, 1958), 3 - 82。后来的著作都很少关注弗洛伊德的早期评论观点。

到目前为止,已经出版了一大批有关各种政治人物的心理传记作品,其中代表性成果如下:

Karl Abraham, "Amenhotep IV (Ikhnaton): A Psychoanalytic Contribution to the understanding of his Personality and the Monotheistic Cult of Aton," *Psychoanalytic Quarterly*, 4 (1935), 537 - 69;

Sebastian de Grazia, "Mahatma Gandhi: The Son of His Mother," *Political Quarterly*, 19 (1948), 336 - 48;

Erik Erikson, "Gandhi's Autobiography: The Leader as Child," *American Scholar*, 35 (1966), 632 - 46;

Erik Erikson, "On the Nature of Psycho-Historical Evidence: In Search of Gandhi", *Daedalus*, 97 (1968), 695 - 730;

Bernice Engle and Thomas M. French, "Some Psychodynamic Reflections upon the Life and Writing of Solon," *Psychoanalytic Quarterly*, 20 (1951), 253 - 74;

Charles Kligerman, "The Character of Jean Jacques Rousseau," *Psychoanalytic Quarterly*, 20 (1951), 237 – 52;

A. W. Levi, "The Mental Crisis of John Stuart Mill," *Psychoanalytic Review*, 32 (1945), 86 – 101;

John Durham, "The Influence of John Stuart Mills Mental Crisis on His Thoughts," *American Imago*, 20 (1963) 369 – 84;

Philip Weisman, "Why Booth Killed Lincoln: A Psychoanalytic Study of a Historical Tragedy," *Psychoanalysis and the Social Sciences*, 5 (1958), 99 – 115;

Edwin A. Weinstein, "Denial of Presidential Disability: A Case Study of Woodrow Wilson," *Psychiatry*, 30 (1967), 376 – 91。

上述最后一篇文献（作者 Weinstein）是一家临床机构对于威尔逊病情的分析，由此可以了解临床机构对心理传记研究已达到的精细程度。另一则类似的研究是篇非常有趣的论文，参见 Edward J. Kempf, "Abraham Lincoln's Organic and Emotional Neurosis," Norman Kiell, ed., *Psychological Studies of Famous Americans: The Civil War Era*, (New York: Twayne Publishers, 1964), pp. 67 – 87。关于早期这些围绕公共人物开展的心理研究的总结，可以参考 F. Fearing, "Psychological Studies of Historical Personalities," *Psychological Bulletin*, 24 (1927), 521 – 39。

在前面提到的埃里克森的第二篇论文中，即 Erik Erikson, "On the Nature of Psycho-Historical Evidence: In Search of Gandhi," *Daedalus*, 97 (1968), 695 – 730，他提出了针对政治人物以及其他历史人物进行心理分析的重要方法论问题。这样的议题在以下论文中也出现过：一是 L. Pierce Clark, "Unconscious Motives Underlying the Personalities of Great Statesmen and Their Relation to Epoch-Making Events: A Psychologic Study of Abraham Lincoln," *Psychoanalytic Review*, 8 (1921), 1 – 21；二是 George Devereux, "Charismatic Leadership and Crisis," *Psychoanalysis and the Social Sciences*, 4 (1955), 145 – 57；三是 Erwin C. Hargrove, Jr., *The Tragic Hero in Politics: Theodore Roosevelt, David Lloyd George, and Fiorello LaGuardia* (unpublished Ph. D. dissertation, Yale University, 1963)。

有几篇文献通过评估国家领导人的心理状态与特定历史时期该领导人与该国的联系，贯通了个体分析和聚合分析。这类文献主要有：第一，Robert C. Tucker, "The Dictator and Totalitarianism," *World Politics*, 17 (1965), 555 – 83；第二，Gustav Bychowski, "Dictatorship and Paranoia," *Psychoanalysis and the Social Sciences*, 4 (1955), 127 – 34。

关于单一行为体心理分析的一般方法论问题的讨论，可以参阅其中一篇非常好的文献：法瑞尔对弗洛伊德英文平装版著作 *Leonardo* (Harmondsworth: Penguin edition, 1963) 的介绍。还有一篇由两部分内容组成的论文，Lewis J. Edinger, "Political Science and Political Biography," *Journal of Politics*, 26 (1964), 423 – 39, and 648 – 76。Bruce Mazlish, ed., *Psychoanalysis and History* (Englewood Cliffs, N. J.: Prentice-Hall, 1963) 一书中列出的如下文献是非常有用的：

John A. Garraty, *The Nature of Biography* (New York: Knopf, 1957);

J. A. Garraty, "The Inter-relations of Psychology and Biography," *Psychological Bulletin*, 51 (1954), 569 – 82;

Richard L. Bushman, "On the Uses of Psychology: Conflict and Conciliation in Benjamin Franklin," *History and Theory*, 5 (1966), 225 – 40;

Edward Hitschmann, "Some Psychoanalytic Aspects of Biography," *International Journal of Psycho-Analysis*, 37 (1956), 265 – 69;

Robert R. Holt, "Clinical Judgement as a Disciplined Inquiry," *Journal of Nervous and Mental Disease*, 133 (1961), 369 – 82;

R. R. Holt, "Individuality and Generalization in the Psychology of Personality," *Journal of Personality*, 30 (1962), 377 – 404;

Leon Edel, "The Biographer and Psychoanalysis," *International Journal of Psycho-Analysis*, 42 (1961), 458 – 66;

Alfred L. Baldwin, "Personal Structure Analysis: A Statistical Method for Investigating the Single Personality," *Journal of Abnormal and Social Psychology*, 37 (1942), 163 – 83;

A. F. Davies, "Criteria for the Political Life History," *Historical Studies of Australia and New Zealand*, 13: 49 (1967), 76 – 85;

Betty Clad, "The Role of Psychoanalytic Biography in Political Science", 这是 1968 年美国政治科学协会年会上发表的论文；

还有两个早期发表但依然非常重要的文献：一个是 John Dollard, *Criteria for the Life History* (New Haven, Conn.: Yale University Press, 1935)；另一个是 Gordon W. Allport, *The Use of Personal Documents in Psychological Science* (New York: Social Science Research Council Bulletin 49, 1942)。

亚历山大·乔治曾写了很多论文，对心理传记研究中遇到的一系列问题有精致的分析。其中包括：1956 年他在美国政治学会年会上发表的一篇论文 Alexander L. George and Juliette L. George, "Woodrow Wilson: Personality and Political Behavior"；1960 年完成的一篇未发表的论文 "Some Dynamic Uses of Psychology in Political Biography," (unpublished paper, 1960)；还有 "Power as a Compensatory Value for Political Leaders," *Journal of Social Issues*, 24: 3 (1968), 29 – 50。

介于心理传记、类型分析和群体分析之间的文献包括：A. F. Davies, *Private Politics: A Study of Five Political Outlooks* (Melbourne: Melbourne University Press, 1966)。这本著作运用精神分析学派的主张，对澳大利亚五位中层政治领导人进行了广泛的采访，这种非常有趣的尝试值得参考。类似的文献还有 Fred I. Greenstein, "Art and Science in the Political Life History: A Review of A. F. Davies' *Private Politics*," *Politics: The Journal of the Australasian Political Science Association*, 2 (1967), 176 – 80。

第四节 类型政治行为体人格研究

在一定意义上，所有关于人格和政治的研究都一定会用到分类。这一部分的文献综述关注了有关类型学的一般性讨论，也讨论了业已出现的对政治心理分析有用的类型的研究。从整体上对类型学进行讨论的两篇重要文献：一个是 Edward A. Tiryakian, "Typologies", 该论文被收录在 IESS 中，另一个是 Carl G. Hempel, *Aspects of Scientific Explanation* (New York:

Free Press of Glencoe, 1965) 一书当中的自然和社会科学中的分类方法部分（该书的 156—171 页）。类似的参考文献还有：John C. McKinney, *Constructive Typology and Social Theory* (New York: Appleton-Century-Crofts, 1966); 和 Paul F. Lazarafeld and Allen Barton, "Qualitative Measurement in the Social Sciences: Classification, Typologies, and Indices," in Daniel Lerner and Harold D. Lasswell, eds., *The Policy Sciences* (Stanford, Calif.: Stanford University Press, 1951), pp. 155 - 92。

关于在人格与政治研究中进行分类的可行性研究，里程碑意义的代表性文献是拉斯韦尔 20 世纪 30 年代的专著《精神病理学与政治》的第五章"政治类型的标准"。这部分内容于 1951 年在 *The Political Writings of Harold D. Lasswell* (The Free Press) 一书出版时重印；该书紧接着在 1961 年再版 (Viking Press)，在这一版中，原来的两个附录被删掉了，但是加上了拉斯韦尔的说明"Afterthoughts: Thirty Years Later"。拉斯韦尔对他在 30 年代创立的"原子类型""相关类型"和"发展类型"等概念进行了扩展，形成了论文 "Note on 'Types': Nuclear, Co-Relational, and Developmental," *Journal of Social Issues*, 24: 3 (1968), 81 - 91。后来，拉斯韦尔在他的著作 *Power and Personality* (New York: Norton, 1948) 的第三章描述了政治人 (political man) 的特征，政治人看中权力，是因为他希望拥有权力以克服其内心的自卑。该书在 1962 年平装本 (Viking) 出版时删掉了原来的附录。在该书的第七章，拉斯韦尔创造了"民主人格"(democratic personality) 这一概念。这一理论建构，正是他早在 1951 年出版的文集 *The Political Writings of Harold D. Lasswell* 的结论中提出的"民主主义人格"(Democratic Personality)。

全书没有对精神分析类型学涉及的广阔领域进行太多阐述，但值得关注的是，精神分析学派学者从一开始就关心他们研究的类型学意义。参见以下文献：一是弗洛伊德完成于 1931 年的一篇非常简短的论文，Sigmund Freud, "Libidinal Types," in Vol. 2 of *Standard Edition* (1961), 215 - 20；二是荣格对类型研究方法的概括说明一文，参见 "A Psychological Theory of Types," *Modern Man in Search of a Soul* (New York: Harvest paperback edition, 1960)。还可以参考 Jung, *Psychological Types: or the Psychology of*

Individuation（London：Routledge，1959；最早出版于 1933 年）。

目前运用最为广泛的政治心理学类型是我们多次引用的《威权主义人格》一书中提出的，我们把该书简称为 AP（*The Authoritarian Personality*），即 Theodor W. Adorno, Else Frenkel Brunswik, Daniel J. Levinson, and R. Nevitt Sanford, *The Authoritarian Personality*（New York：Harper，1950）。受到《威权主义人格》一书的启发，学术界涌现出许多相关研究，关于这些研究的回顾和评论，可以参考 John P. Kirscht and Ronald C. Dillehay, *Dimensions of Authoritarianism*（Lexington：University of Kentucky Press，1967），还可以参考 Richard Christie and Peggy Cook,"A Guide to the Published Literature Relating to *The Authoritarian Personality* through 1956," *Journal of Psychology*, 45（1958），171 – 99。

在《威权主义人格》出版之前，最早对这一人格类型进行研究的学者是埃里希·弗洛姆和威廉·赖希（Wilhelm Reich），他们最早提出了威权主义理论。参见 Reich, *The Mass Psychology of Fascism*（New York：Orgone Press，1946，3d ed. 修订和扩充版；最早于 1933 年出版）。弗洛姆在其论文中首先提出这一理论，可详细参考收录该论文的文集 Max Horkheimer, *Studien über Aulorität und Familie*（法文）（Paris：Alcan，1936）。弗洛姆在他非常著名的作品《逃避自由》中比较细致地阐述了威权主义的概念，参见 Fromm, *Escape from Freedom*（New York：Holt，1941）。两年之后，马斯洛（A. H. Maslow）发表了论文"Authoritarian Character Structure," *Journal of Social Psychology*, 18（1943），401 – 11，这是后来参与《威权主义人格》编写的作者们广泛认可的一篇有价值的论文。对于《威权主义人格》具有持续重大影响的是两类文献：一是 20 世纪 30 年代到 40 年代的国民性研究文献，二是当时盛行的与法西斯主义者相关态度的研究。关于态度研究方面的代表性论文有：一篇是 Ross Stagner,"Fascist Attitudes：Their Determining Conditions," *The Journal of Social Psychology*, 7（1936），438 – 54；另一篇是 Allen L. Edwards,"Unlabeled Fascist Attitudes," *Journal of Abnormal and Social Psychology*, 36（1941），575 – 82。国民性研究方面的代表性论著有：一是弗洛姆的著作；二是本尼迪克特（Ruth F. Benedict）的著作 *The Chrysanthemum and the Sword*（Boston：Houghton Mifflin，1946）；三是迪克的

两篇论文 Henry V. Dicks, "Personality Traits and National Socialist Ideology," *Human Relations*, 3 (1950), 111 – 54 和 H. V. Dicks, "Observations on Contemporary Russian Behavior," *Human Relations*, 5 (1952), 111 – 75。

同一历史时期出现、但却没什么影响力的另一著作，出自纳粹心理学者，参见 E. R. Jaensch, "Der Gegentypus," *Beiheft zur Zeitschrift für angewandte Psychologie und Charakterkunde*, Beiheft 75 (1938)。延施在书中提出了与《威权主义人格》非常相似的类型学。他盛赞威权主义人格类型，批评不符合当时纳粹需要的那种不同于威权主义者的"相反人格类型"。

曾参与《威权主义人格》一书编写的尼维特·桑福德（Nevitt Sanford）对《威权主义人格》一书进行全面总结，并重申了其理论价值，详见 Nevitt Sanford, "The Approach of the Authoritarian Personality," in J. L. McCary, ed. *Psychology of Personality* (New York: Grove Press, 1959)。而针对《威权主义人格》一书最好的一部批评性文集，参见 Richard Christie and Marie Jahoda, eds., *Studies in the Scope and Method of "The Authoritarian Personality"* (Glencoe, Ill.: Free Press, 1954)。这个文集当中有两篇有价值的文章：一是 Edward A. Shils, "Authoritarianism: 'Right' and 'Left'"，二是 Herbert H. Hyman and Paul B. Sheatsley, "'The Authoritarian Personality' —A Methodological Critique"。另外一些非常有用的文章包括：第一，Nathan Glazer, "New Light on 'The Authoritarian Personality,'" *Commentary*, 17 (1954)；第二，M. Brewster Smith, "Review of *The Authoritarian Personality*," *Journal of Abnormal and Social Psychology*, 45 (1950), 775 – 79；第三，Daniel J. Levinson, "Political Personality: Conservatism and Radicalism," *IESS*。

关于《威权主义人格》的争论主要有两个方面：一方面是围绕"自我防御"威权主义和"认知"威权主义两种对立的观点展开，这是之前格林斯坦在第四章讨论过的内容；另一方面的争论是关于系统性错误是否可以归因为"反应定式"（response-set）。关于"反应定式"，在 Martha T. Mednick and Sarnoff A. Mednick, *Research in Personality* (New York: Holt, Rinehart and Winston, 1963) 一书中的第 6 章有专门的论述。怎样区分"认知型"威权主义和"自我防御型"威权主义，以下文献都有详细讨论：一是 Angus Campbell, et al., *The American Voter* (New York: Wiley, 1960), pp. 212-15; 二是 Thomas F. Pettigrew, "Personality and Sociocultural Factors in Intergroup Attitudes: A Cross-National Comparison," *Journal of Conflict Resolution*, 2 (1958), 29-42。有关"工人阶级的威权主义"可以参考以下两篇文献：第一, Seymour Martin Lipset, *Political Man: The Social Bases of Politics* (Garden City, N.Y.: Doubleday, 1960); 第二, S. M. Miller and Frank Riesman, "Working Class Authoritarianism: A critique of Lipset," *British Journal of Sociology*, 12 (1961), 263-70, 这篇论文针对上篇论文提出了批评。

其他一些非常有趣的关于威权主义的文献列举如下：

Herber C. Schulberg, "Insight, Authoritarianism, and Tendency to Agree," *Journal of Nervous and Mental Disease*, 135 (1962), 481-88;

Irwin Katz and Lawrence Benjamin, "Effects of White Authoritarianism in Biracial Work Groups," *Journal of Abnormal and Social Psychology*, 61 (1960), 448-56;

M. Brewster Smith, "An Analysis of Two Measures of 'Authoritarianism' Among Peace Corps Teachers," *Journal of Personality*, 33 (1965) 513-35;

Joan Eager and M. Brewster Smith, "A Note on the Validity of Sanford's Authoritarian-Equalitarian Scale," *Journal of Abnormal and Social Psychology*, 47 (1952), 265-67;

Jark Block and Jeanne Block, "An Investigation of the Relationship Between Intolerance of Ambiguity and Ethnocentrism," *Journal of Personality*, 19 (1951), 303-11;

Daniel J. Levinson, "Authoritarian Personality and Foreign Policy," *Journal of Conflict Resolution*, 1 (1957), 37-47;

Herbert J. McClosky, "Conservatism and Personality," *American Political Science Review*, 52 (1958), 27-45, 虽然这一论文并没有直接研究威权主义人格，但这篇论文中对类型的细致分析能够解决威权主义人格研究中出现的一些问题。

Greenstein, "Personality and Political Socialization: The Theories of Authoritarian and Democratic Character," *Annals of the American Academy of Political and Social Science*, 361 (1965), 81-95，格林斯坦的这篇论文形成了本书第四章和第五章的基础。

还有与《威权主义人格》一书关系非常密切的几种类型学，特别是罗克奇（Milton Rokeach）在他的著作 *The Open and Closed Mind: Investigations into the Nature of Belief Systems and Personality Systems* (New York: Basic Books, 1960) 当中所提出的"教条主义"类型。罗克奇认为，位于政治行为体光谱两个端点上的人格，都表现出显著的"教条主义"特征。然而，迪伦佐（Gordon J. DiRenzo）运用罗克奇测量方法对意大利的议员进行了测量，得到的结果与罗克奇提出的观点恰恰相反，参见 DiRenzo, *Personality, Power, and Politics* (Notre Dame, Ind.: University of Notre Dame Press, 1967)。艾森克（Hans J. Eysenck）提出了如下的假设，无论在共产主义者当中还是法西斯主义者当中，都表现出类似于"教条主义"的"头脑僵化"的特点。有几位学者对艾森克的上述观点提出了挑战，他们的论文可详细参见：一是 Richard Christie, "Eysenck's Treatment of the Personality of Communists," *Psychological Bulletin*, 53 (1956), 411-30；二是 Rokeach and Charles Hanley, "Eysenck's Tender-mindedness Dimension: A Critique," *Psychological Bulletin*, 53 (1956), 169-76。艾森克对这些批评进行了回应，参见 Eysenck, "The Psychology of Politics: A Reply," *Psychological Bulletin*, 53 (1956), 177-82。另外一些与心理相关的类型学文献如下：Morris Rosenberg, "Misanthropy and Political Ideology," *American Sociological Review*, 21 (1956), 690-95；以及 Richard F. Christie and F. Geis, *Studies in Machiavellianism* (New York: Academic Press, forthcoming)。

还有一部非常重要的著作，虽然不及《威权主义人格》对类型学研究影响直接，但是也在学术界产生了广泛的影响，这就是大卫·里斯曼（David Riesman）的著作《孤独的群体》，详见 David Riesman, *The Lonely Crowd* (New Haven, Conn.: Yale University Press, 1950)。受到弗洛姆观点的影响，里斯曼构建了人格的四种类型：传统导向的类型、自我导向的类型和其他两种导向的类型，他还提出了许多子类型比如中立者、说教者、预测者等。罗伯特·莱恩（Robert Lane）曾经在他的论文中讨论了里斯曼的类型学，参见 Robert Lane, "Political Character and Political Analysis," *Psychiatry*, 16 (1953), 387 – 98。对于里斯曼类型学的各种评论性研究，还可以参考 Seymour Martin Lipset and Leo Lowenthal, eds., *Culture and Social Character: The Work of David Riesman Reviewed* (New York: Free Press of Glencoe, 1961)。在该文集中，与心理类型分析议题高度相关的论文有：一是 Talcott Parsons and Winston White, "The Link Between Character and Society," pp. 89 – 135；二是 Robert Gutman and Dennis Wrong, "David Riesman's Typology of Character," pp. 295 – 315；三是 Elaine Graham Sofer, "Inner-Direction, Other-Direction, and Autonomy: A Study of College Students," pp. 316 – 48。

一个大胆而有趣的心理类型分析是巴伯在其著作 *The Lawmakers* (New Haven, Conn.: Yale University Press, 1965) 中提出来的。巴伯发现，根据回到州议会的意愿（主要用来测量奉献程度）和行动表现两个维度，可以把康涅狄格州新当选的参议员分为四种类型：行动强和意愿弱的自我广告型议员、行动弱和意愿强的观察型议员、行动弱和意愿弱的勉强型议员、行动强和意愿强的立法型议员。借鉴了拉斯韦尔的理论，巴伯认为前三种类型的议员似乎都受到自卑的折磨，"他们的自卑看起来与他们的政治参与有着重要联系"（参见该书第 217 页）。巴伯认为，只有那些立法者似乎内心拥有足够的自尊，以至于我们必须理解，为什么这些立法者采取非凡的行动竞选州议员。巴伯认为，"立法者，同里斯曼提出的自我导向型的人（autonomous man）类似，他们在行动中不同寻常，是因为他们拥有超强的能力，进而能够直接应对伴随行动过程的各种压力"。（参见该书第 224 页。）

莱恩（Robert E. Lane）也研究了政治参与的心理根源，并出版了两部相关著作：*Political Life* (Glencoe, Ill.: The Free Press, 1959) 和 *Political Ideology* (New York: Free Press of Glencoe, 1962)，后一本书主要采用了案例研究的方法。拉斯韦尔早期强调，政治卷入可能有一些病理根源，莱恩在《政治生命》中提出了不同的观点，他认为在绝大多数情况下，精神疾病太耗费人，以至于患病的人根本没有精力去参与政治。莱恩认为，一个精力充沛的政治行为体，应该是一个心理基本健康的人。以前的政治参与心理分析强调精神病理根源，现在则强调不受神经症困扰的能量驱动，这种有趣的学术转向类似于精神分析学派发展的转向。与早期弗洛伊德理论不同，后弗洛伊德自我心理学的崛起过程中更加强调人自我本身具有的力量和资源。

173 仔细阅读这些文献，在究竟谁参与政治的问题上，莱恩和拉斯韦尔的观点并不是完全不相容的。不过，受他们二人所强调的不同重点的启发，布伦特·M. 卢瑟福（Brent M. Rutherford）做了一项出色的研究，详细参考 Brent M. Rutherford, "Psychopathology, Decision-Making, and Political Involvement," *Journal of Conflict Resolution*, 10（1966），387–407。卢瑟福尝试研究的问题是：在埃尔金公立精神病院（Elgin State Mental Hospital），有精力也有意愿参与领导委员会工作的病人究竟具备什么样的特征？结果他发现躁狂—抑郁精神病患者和精神分裂—偏执精神病患者在领导群体中所占比例很高。卢瑟福指出"埃尔金精神病院的发现支撑了拉斯韦尔的观点，即政治人物将自己的需要进行了转移并且外部化"（参见该书第405页）。长期以来，学者发现不少著名政治人物都有强迫和偏执倾向（其中有些还专门为此进行治疗）；卢瑟福的发现确实将谁参与政治的研究提升到新的水平，即把该问题进一步具体化为假设，研究究竟在什么样的情境中，行为体的哪些心理问题，非但不妨碍反而会促进人的政治参与。

关于信念体系根源问题的另一种研究方法，是通过观察精神病人的信念来研究偏离正常范围的变化。这方面代表性的研究是 Marguerite Hertz, "Mental Patients and Civil Rights: A Study of Opinions of Mental Patients on Social and Political Issues," *Journal of Health and Human Behavior*, 1（1960），251–58。该文作者发现，在绝大多数议题上，心理疾病患者与医院雇员持有相同的观点。这两类人群之间主要区别在于：一是相比于对照组（医院的工作人员），这些心理疾病患者感知到的国际形势没有那么危险；二是与对照组相比，心理疾病患者更倾向选择避免战争的举措；三是与对照组相比，心理疾病患者更加确信美国政府会采取防御行动。因此，这项研究看起来支持了莱恩的观点，即绝大多数受到心理疾患困扰的人，由于承担内心冲突的压力，以至于他们对外部冲突没太多的兴趣。[心理疾病患者更加和平的倾向，也是对莱恩（Laing）的观点的支持，详细参见

R. D. Laing, *The Politics of Experience* (New York: Pantheon, 1967)]。莱恩认为，精神分裂患者可能是那些无法压抑自然本能以迎合反常状态下社会预期的人。另一方面，赫兹在他研究心理疾病患者时还发现，假设美国遭到攻击，这些心理疾病患者更愿意使用（细菌和化学武器）极端手段坚决进行防卫。可能这与他们自身在处理与周围环境关系时，倾向于使用强烈的退化防御方式有关。

另外一些学者致力于研究如下问题：与普通人物相比，政治人物中患有神经症的人到底是更多，还是更少呢？代表性的论文有 John B. McConaughy, "Certain Personality Factors of State Legislators in South Carolina," *American Political Science Review*, 44 (1950), 897 – 903，不过，由于抽样和量表效度方面的问题，使得我们很难评估这些数据的准确性。我们前面提到塔克的论文 "The Dictator and Totalitarianism" 是一篇重要的理论文章，在该文中，塔克批评了以下的理论观点："政治组织排挤人格异常的人，这些人不会被赋予领导职务。"斯大林和希特勒这样的人，塔克指出，崛起于既定官僚体系之外，从外部建立了对革命组织的控制。尽管作者没有进一步扩展这一论述，但是显而易见的，美国选民选出来的政治领袖以及总统助理，也常常是来自于官僚体制之外。而且，我们并不确定，那些在既有官僚体系中不断向上发展的人，是不是更少具有偏执或者强迫的人格特征，进而使其看起来认知功能完善并足以胜任其工作。

"谁参与政治以及为什么参与政治？"是关于政治动机的各种研究讨论的问题。其中比较有代表性的研究，是 Gabriel Almond, *The Appeals of Communism* (Princeton, N. J.: Princeton University Press, 1954)。该书第十章是关于精神病理学的数据。另外一些关于政治参与的心理研究如下：

Bernard Hennessy, "Politicals and Apoliticals: Some Measurements of Personality Traits," *Midwest Journal of Political Science*, 3 (1959), 336 – 55;

Gardner Murphy, "The Internalization of Social Controls," in Morroe Berger, et al. *Freedom and Control in Modern Society* (New York: Van Nostrand, 1954), pp. 3 – 17;

Herbert McClosky and John H. Schaar, "Psychological Dimensions of Anomy," *American Sociological Review*, 30 (1965), 14 – 40;

Edward L. McDill and Jeanne C. Ridley, "Status, Anomia, Political Alienation and Political Participation," *American Journal of Sociology*, 68 (1962), 205 – 13;

Paul H. Mussen and Anne B. Wyszynski, "Personality and Political Participation," *Human Relations*, 5 (1952), 65 – 82。

目前出现了很多关于学生为什么参与学校政治,乃至更大范围内社团政治的研究。《社会议题刊物》(*The Journal of Social Issues*)杂志1967年23卷第3期是关于这个问题的专题讨论,其中特别有用的文献如下:一是Richard Flacks,"The Liberated Generation: An Exploration of the Roots of Student Protest," pp. 52 – 75,这是一则经验性研究;二是一篇理论性的论文,Kenneth Keniston,"The Sources of Student Dissent," pp. 108 – 37。像研究立法者的巴伯和研究政治意识形态的莱恩一样,肯尼斯顿(Keniston)在他的著作 *Young Radicals: Notes on Committed Youth* (New York: Harcourt, Brace & World. 1968)中,致力于研究在人格非常健全的学生所聚集成的群体中,学生们之间意见分歧及行动的根源。

在分析人格和政治相关性的研究中,认知因素一直是类型学分析关注的重要领域,我们前面所提到的许多文献中也有关于这一议题的研究,比如威权主义者研究、罗克奇关于教条主义者的研究、艾森克对头脑僵化者的研究、罗森博格对愤世嫉俗者的研究、克里斯蒂和盖斯(Christie and Geis)对马基雅维利主义者的研究等。在这里,我想列出另外一些与上述文献不同的研究,诸如关于观点、态度和意识形态等这些人格认知机能的重要作用的分析,其中最重要的著作如下: Robert Lane, *Political Ideology*,前引书;M. Brewster Smith, Jerome Bruner, and Robert While, *Opinions and Personality* (Kew York: Wiley, 1956)。也可以参考 Paul Schilder, "The Analysis of Ideologies as a Psycho-Therapeutic Method, Especially in Group Treatment," *American Journal of Psychiatry*, 93 (1936), 601 – 17。

"形象和反应"研究(images-and-reactions)是意识形态研究中的一个子范畴。这些研究探讨了政治符号的意识形态意义以及这些符号被赋予的情感。这类研究的代表性著作是 Murray Edelman, *The Symbolic Uses of Politics* (Urbana: University of Illinois Press, 1964)。对总统之死所引发的反应研究提供了反应研究的例子，相关文献包括：Sebastian de Grazia, "A Note on the Psychological Position of the Chief Executive," *Psychiatry*, 8 (1945), 267–72; Richard Sterba, "Report on Some Emotional Reactions to President Roosevelt's Death," *Psychoanalytic Review*, 33 (1946), 393–98; Harold Orlansky, "Reactions to the Death of President Roosevelt," *Journal of Social Psychology*, 26 (1947), 235–66; Paul B. Sheatsley and Jacob J. Feldman, "The Assassination of President Kennedy: A Preliminary Report on Public Reactions and Behavior," *Public Opinion Quarterly*, 28 (1964), 189–215; David Kirschner, "Some Reactions of Patients in Psychotherapy to the Death of the President," *Psychoanalytic Review*, 51 (1964), 125–28。还有关于儿童对于总统死亡的反应的分析，参见 Martha Wolfenstein and Gilbert Kliman, eds., *Children and the Death of a President: Multi-Disciplinary Studies* (New York: Doubleday, 1965); 还可参考 Augusta Alpert, "A Brief Communication on Children's Reactions to the Assassination of the President," *Psychoanalytic Study of the Child*, 19 (1964), 313–20; John J. Sherwood, "Authoritarianism, Moral Realism, and President Kennedy's Death," *British Journal of Clinical Psychology*, 5 (1966), 264–69。在实施精神分析的过程中，怎样清晰有条理地报告精神失常人士对政治事件的反应，格林斯坦提出了相关的研究策略，对此，可以参考格林斯坦的两篇文章：一是 "Private Disorder and the Public Order: A Proposal for Collaboration Between Psychoanalysts and Political Scientists," *Psychoanalytic Quarterly*, 37 (1968), 261–81; 二是 "Popular Images of the President," *American Journal of Psychiatry*, 122 (1965), 523–29。

对政治认知在人格中的作用进行研究的另外一种路径，不像莱恩等学者提出的普通民众的政治信念是**什么**的问题，或者"反应"研究所讨论的民众的政治认知是**怎样**与其情感世界相互联系的问题，倒更像关注"一个人的政治观念究竟有什么用"的问题。观念对于持有它的人到底有什么作用这个问题催生了最近研究中与观念和态度有关的一些丰硕成果。上面我们引用的这个句子，是我们前面提到的著作 Smith, et al., *Opinions and Personality* 在该书第一页提出的问题。作者通过案例仔细研究了十个普通人的苏联观所造成的影响，其中详细分析了三个案例，概略分析了其他七个案例。作者指出，"与我们（Smith, et al.）关于态度变化的研究框架非常相似的是欧文·萨诺夫（Irving Sarnoff）和丹尼尔·卡茨（Daniel Katz）的研究成果"，详细参见："Irving Sarnoff and Daniel Katz, The Motivational Bases of Attitude Change," *Journal of Abnormal and Social Psychology*, 49 (1954), 115 – 24。卡茨和萨诺夫（Katz and Sarnoff）在其研究纲领中提出，态度是非常有用的假定：(a) 态度赋予了个体世界以结构和意义；(b) "态度是一种帮助个人实现外部目标的工具，比如工人会支持感觉能够给他带来福利的政党；(c) 态度是个体对自我的防护。"（Daniel Katz, Charles McClintock, and Irving Sarnoff, "The Measurement of Ego Defense as Related to Attitude Change," *Journal of Personality*, 25 [1957], 465 – 74，在465页指出这一点）。他们还在其他论文中概括了另外的相关发现，即"Ego-Defense and Attitude Change," *Human Relations*, 9 (1956), 27 – 45。卡茨对自己观点进行总结的论文，参见"The Functional Approach to the Study of Attitudes," *Public Opinion Quarterly*, 24 (1960), 165 – 204。

从功能层面对态度和观点开展的研究，已经扩展到政治行为体在决策时面临的冲突领域，参见Irving L. Janis, "Decisional Conflicts: A Theoretical Analysis," *Journal of Conflict Resolution*, 3 (1959), 6 – 27；从更广泛视角分析决策冲突的根源和不同类型解决方式的研究，详见"Motivational Factors in the Resolution of Decisional Conflicts," *Nebraska Symposium on Motivation*, 7 (1959), 198 – 231。关于人格和态度研究的文献非常多，我们在列举时有可能忽略了一些文献，但是以下几篇我们认为是特别值得关注的：一是Eugenia Hanfmann and Jacob W. Getzels, "Interpersonal Attitudes of Former Soviet Citizens, as Studied by a Semi-Projective Method," *Psychological Monographs*, 69 (1955), 1 – 37；二是Herbert McClosky, "Personality and Attitude Correlates of Foreign Policy Orientation," in James N. Rosenau, ed., *Domestic Sources of Foreign Policy* (New York: Free Press of Clencoe, 1967), pp. 51 – 109；三是Llewellyn Queener, "The Development of Internationalist Attitudes," a three-part series in Volumes 29 – 30 (1949) of *Journal of Social Psychology*, 221 – 35 and 237 – 52 in Volume 29, 105 – 26 in Volume 30；四是

Ross Stagner, "Studies of Aggressive Attitudes: I. Measurement and Interrelation of Selected Attitudes," and "Studies of Aggressive Attitudes: II. Changes from Peace to War," *Journal of Social Psychology*, 20 (1944), 109 – 20 and 121 – 28。最后，关于近期学术进展重要的评论，以及一则富有想象力的不同寻常的经验性研究，可参见 Bjorn Christiansen, *Attitudes toward Foreign Affairs as a Function of Personality*（Oslo: Oslo University Press, 1959）。

第五节 人格特质的聚合研究

把个体人格对政治的影响分析扩展到群体人格对政治的影响分析，需要克服很多困难。这些困难也绝不是只有人格与政治研究知识谱系当中所独有的。格林斯坦讨论了这些困难，并提出了可能的解决策略，详细参见本书的第五章，以及格林斯坦的一篇论文，"Personality and Politics: Problems of Evidence, Inference, and Conceptualization," *American Behavioral Scientist*, 10 (1967), 38 – 53。还可以参见刊发在同一期杂志上的两篇文章：J. David Singer, "Man and World Politics: The Psychological Interface," and Neil J. Smelser, "Personality and the Explanation of Political Phenomena at the Social-System Level," 127 – 156 and 111 – 125, *Journal of Social Issues*, 24: 3 (1968)。

格林斯坦提出了关于聚合影响的四种研究策略。第一种策略是基于对小规模群体的政治过程的直接观察建构理论分析，这方面研究的例子可参考 Richard C. Hodgson, Daniel J. Levinson, and Abraham Zaleznik, *The Executive Role Constellation*（Boston: Division of Research, Harvard University Graduate School of Business Administration, 1965）。其他类似的研究例子还可以参考：Robert Rubenstein and Harold D. Lasswell, *The Sharing of Power in a Psychiatric Hospital*（New Haven, Conn.: Yale University Press, 1966）；以及 Erving Goffman, *Asylums: Essays on the Social Situation of Mental Patients and Other Inmates*（New York: Anchor, 1961）。在更宽泛的意义上，这种聚合研究的

理论"构建"策略通常涉及对小群体内部关系的观察。有许多研究专门关注小群体。其中，如下参考文献非常有用：一是 A. Paul Hare, *Handbook of Small Group Research* (New York: Free Press of Glencoe, 1962)；二是 Theodore M. Mills, "The Sociology of Small Groups (Englewood Cliffs. N. J.: Prentice-Hall, 1967)；三是 Philip E. Slater, *Microcosm: Structural, Psychological, and Religious Evolution in Groups* (New York: Wiley, 1966)。

格林斯坦提出的第二种聚合研究策略，是根据调查数据来估计某种心理特质在相应群体中出现的频率，然后将这种频率与体系特征联系起来进行分析。格林斯坦指出，依托于现代调查技术的进步，我们已经能够在较大社会系统的人口中进行系统的心理倾向"统计"。一些复杂的选举研究就展示了调查技术会开启人格研究工作新契机。从心理视角看来非常有趣的一项研究，详见 Philip E. Converse and Georges Dupeux, "Politicization of the Electorate in France and the United States," *Public Opinion Quarterly*, 26 (1962), 1–23, reprinted in Campbell, et al., *Elections and the Political Order* (New York: Wiley, 1966), pp. 269–91。为大范围的人格特质统计奠定基础的重要著作有：Leo Srole, el al., *Mental Health in the Metropolis: The Midtown Manhattan Study* (New York: McGraw-Hill, 1962)。完成这些统计固然工作量很大，然而这一步并不是最难的，研究者还必须进一步阐明人格和政治行动的关系，阐明个人行动和聚合过程的关系。

格林斯坦提出的第三种聚合研究策略，是考虑非叠加性因素来调整频率分析。这方面研究的例子有 Hayward R. Alker, "The Long Road to International Relations Theory: Problems of Statistical Non-additivity," *World Politics*, 18 (1966), 623–55。针对辨识不同因素在聚合过程中的因果影响时所遇到的困难，对其进行详细分析的文献如下：一是 Hubert M. Blalock, *Causal Inference in Nonexperimental Research* (Chapel Hill: University of North Carolina Press, 1967)；二是 A. H. Yee and N. L. Gage, "Techniques for Estimating the Source and Direction of Causal Influence in Panel Data," *Psychological Bulletin*, 70 (1968), 115–26。

格林斯坦提出的第四种研究策略是返回来对体系进行理论分析并研究系统运行的心理要求。这意味着从建立一个体系怎样运行的理论模型开始，然后形成关于这个体系正常运行所需要的人格类型假设。格林斯坦在其论文中详细分析了这种理论研究的典型代表，参见"Harold D. Lasswell's Concept of Democratic Character," *Journal of Politics*, 30（1858），696 – 709，拉斯韦尔关于"民主性格"的论文收录在我们前面引用的拉斯韦尔文集当中，即 *The Political Writings of Harold D. Lasswell* 一书。

而现有关于国民性的研究文献则往往综合了第二种、第三种和第四种策略，也就是先进行民众调查，然后考虑到结构的影响，返回来再分析理想类型社会体系的要求。关于国民性研究的文献尤为参差不齐，而且也不易理解。20世纪40年代是关于各国国民性研究的繁荣时期。这些文献大多数都是依据关于某一社会制度的印象和相关作品来推断性格结构，然后又按照弗洛伊德心理机制的理论来解析这种国民性格结构。大家比较熟知的这类研究成果如下：一是 Ruth F. Benedict, *The Chrysanthemum and the Sword*, 前引书；二是 Geoffrey Gorer, *The American People*（New York：Norton, 1948）；三是 Geoffrey Gorer and John Rickman, *The People of Great Russia*（London：Cresset Press, 1949）；四是 F. L. K. Hsu, *Under the Ancestors' Shadow*（New York：Columbia University Press, 1948）；五是 Abraham Kardiner, et al., *The Psychological Frontiers of Society*（New York：Columbia University Press, 1945）；六是 Margaret Mead, *And Keep Your Powder Dry*（New York：William Morrow, 1942）。

在20世纪50年代，这些研究的方法论遭到了严厉的批评，一项持续的建设性批评研究是 Daniel J. Levinson, National Character："The Study of Modal Personality and Sociocultural Systems," in Gardner Lindzey, ed., *Handbook of Social Psychology*, 2（Cambridge, Mass.：Addison-Wesley, 1954），977 – 1020，这篇论文在修订时关注到了后来新发表的研究成果，并且再次被重新收录于 *Handbook of Social Psychology* 修订版的第4卷418—506页。在50、60年代，国民性研究变得不那么流行，而且研究切入点更小了，有时更加复杂，有关这一情况的讨论，可参见 Don Martindale, ed., *The Annals of the American Academy of Political and Social Science*, 370（1967），"National Character in the Perspective of Social Science"。类似的研究还可以参考以下文献：一是 David McClelland, et al., "Obligations to Self and Society in the

[181] United States and Germany," *Journal of Abnormal and Social Psychology*, 56 (1958), 245-55; 二是 David McClelland, *The Achieving Society* (Now York: Free Press of Glencoe, 1961); 三是 Lucian Pye, *Politics, Personality and Nation-Building: Burma's Search for Identity* (New Haven, Conn.: Yale University Press, 1962), 在该书中作者指出, 通过收缩研究范围、改善研究程序, 关于国民性的研究就能够变得更加可信, 更易进行详细的评估。对白鲁恂 (Lucian Pye) 这一著作的评论, 可以参见 Clifford Geertz, "A Study of National Character," *Economic Development and Cultural Change*, 12 (1964), 205-9。吉尔茨 (Geertz) 指出, 运用埃里克森提出的"认同"进行分析有内在的风险: 把人格认同作为文化的"载体"有可能陷入循环论证。但吉尔茨提醒我们, 文化所包含的内容远远超出人格认同所包含的内容。在持久体制下的文化总是以外部可感知的形式呈现。吉尔茨认为, 白鲁恂忽略了缅甸人文化的物质载体, 如此就会陷入以下循环论证: 文化是被个体内化的事物, 进而被个体内化的事物是文化。关于各国国民性研究的一个非常有用的清单, 可以参考 H. C. J. Duijker and N. H. Frijda, *National Character and National Stereotypes* (Amsterdam: North-Holland Publishing, 1960)。

还有一些研究, 尝试综合个体层面和群体层面的数据, 以定量的方式进行聚合分析, 特别是研究"结构"或者"构造"的作用。对这类文献的回顾和评论可以参考以下文献: 一是 Arnold S. Tannenbaum and Jerald G. Bachman, "Structure vs. Individual Effects," *American Journal of Sociology*, 69 (1964), 589-95; 二是 Peter M. Blau, "Structural Effects," *American Sociological Review*, 25 (1960), 178-93; 三是 James S. Colemen, "Relational Analysis: The Study of Social Organization with Survey Methods," *Human Organization*, 17 (1958), 28-36。

关于不同层次相互关联的问题, 主要是在科学哲学的语境中讨论的, 相关文献有: 一是 May Brodbeck, "Methodological Individualisms: Definition and Reduction," *Philosophy of Science*, 25 (1958), 1-22; 二是 Ernest Nagel, *The Structure of Science* (New York: Harcourt, Brace & World, 1961), Chapter 11。随着研究从抽象概念层次到具体问题的转向, 如下政治学研究 [182] 中运用了人格与结构数据: Rufus Browning and Herbert Jacob, "Power

Motivation and the Political Personality," *Public Opinion Quarterly*, 28 (1964), 75 - 90。其他一些关于社会结构与人格的相对零散的讨论包括:一是 Hans H. Gerth and C. Wright Mills, *Character and Social Structure*, 前引书, 该书的第 14 章强调了政治行为体在塑造他们的角色和环境中所发挥的作用;二是 Alex Inkeles, "Personality and Social Structure," in Robert K, Merton, et al., eds., *Sociology Today* (New York: Basic Books, 1959), pp. 249 - 76;三是 A. Inkeles and Daniel Levinson, "The Personal System and the Sociocultural System in Large-Scale Organizations," *Sociometry*, 26 (1963), 217 - 29;四是 Bert Kaplan, "Personality and Social Structure," in Joseph B. Gittler, ed., *Review of Sociology* (New York: Wiley, 1957), pp. 87 - 126;五是 George A. Kelly, "Man's Construction of His Alternatives," in Gardner Lindzey, ed., *Assessment of Human Motives* (New York: Grove Press, 1958), pp. 49 - 50;六是 Robert K. Merton, "Bureaucratic Structure and Personality," *Social Forces*, 18 (1940), 560 - 68。

喜欢运用心理分析的概念来开展研究的学者,一直以来都对战争成因与和平条件这样的议题非常感兴趣。弗洛伊德在 1915 年就开始对这一问题进行研究,具体参见他的以下相关论著: "Thoughts for the Time on War and Death," *Standard Edition*, *op. cit.*, 14 (1957), 275 - 300, 以及早期精神分析文集的一个前言"Introduction to Psycho-Analysis of the War Neuroses," *ibid.*, 17 (1955), 207 - 10。在 1932 年, 他给爱因斯坦写了一封题为"为什么会有战争"的信,"Why War?" *ibid.*, 22 (1964), 197 - 215。一些关于战争与和平的心理的经典研究被收录于 Leo Bramsen and George W. Goethals, eds., *War: Studies from Psychology, Sociology, Anthropology* (New York: Basic Books, 1964)。

下面是以 20 世纪 30 年代为起点,按照时间先后列出的一些关于战争与国际危机的原因的代表性研究:

Irene Titus Malamud, "A Psychological Approach to the Study of Social Crises," *American Journal of Sociology*, 43 (1938), 578 - 92, 该研究分析了俄国革命的心理机制;

Thomas M. French, "Social Conflict and Psychic Conflict," *American*

Journal of Sociology, 44 (1939), 922 – 31;

Franz Alexander, "A World without Psychic Frustration," American Journal of Sociology, 49 (1944), 465 – 69;

Ranyard West, Conscience and Society: A Study of the Psychological Requirements of Law and Order (New York: Emerson, 1945);

Talcott Parsons, "Certain Primary Sources and Patterns of Aggression in the Social Structure of the Western World," Psychiatry, 10 (1947), 167 – 81, 该文在其论文集中再次重印, 参见 Sociological Theory (rev. ed.; New York: Free Press of Glencoe, 1954), pp. 298 – 322;

Tom H. Pear, ed., Psychological Factors of Peace and War (New York: Philosophical Library, 1951);

Frederick S. Dunn, War and the Minds of Men (New York: Harper and Brothers, 1950);

Otto Klineberg, Tensions Affecting International Understanding (New York: Social Science Research Council Bulletin 62, 1950);

Kenneth N. Waltz, Man, the State, and War (New York: Columbia University Press, 1959);

Werner Levi, "On the Causes of War and the Conditions of Peace," Journal of Conflict Resolution, 4 (1960), 411 – 20;

Otto Klineberg, The Human Dimension in International Relations (New York: Holt, Rinehart and Winston, 1965);

Herbert C. Kelman, ed., International Behavior: A Social-Psychological Analysis (New York: Holt, Rinehart and Winston, 1965);

Judd Marmor, "Nationalism, Internationalism, and Emotional Maturity," International Journal of Social Psychiatry, 12 (1966), 217 – 20;

Edward D. Hoedemaker, "Distrust and Aggression: An Interpersonal-International Analogy," Journal of Conflict Resolution, 12 (1968). 69 – 81;

精神病学研究推进会 (The Group for the Advancement of Psychiatry) 的社会议题学术委员会所发表的一系列报告中, 代表性报告参见 "Psychiatric Aspects of the Prevention of Nuclear War," Report 57 (1964)。

心理因素在国际关系研究中之所以被忽略，在于追求解释的简约性所致，该观点的详细分析可参见 Sidney Verba, "Assumptions of Rationality and Non-Rationality in Models of the International System," *World Politics*, 14 (1961), 93 – 117。

另外一些关于国际关系的心理学研究更多聚焦在和平议题上。一个典型的例子可参见 Theodore Caplow and Kurt Finsterbush, "France and Other Countries: A Study of International Interaction," *Journal of Conflict Resolution*, 12 (1968), 1 – 15, 该文运用首属群体研究的方法，比较了一小群个人之间互动和一小群国家之间互动的相似性。相关的理论研究还有：一是 Hadley Cantril, *Human Nature and Political Systems* (New Brunswick, N. J.: Rutgers University Press, 1961); 二是 Hermann Weilenmann, "The Interlocking of Nation and Personality Structure," in Karl W. Deutsch and William J. Foltz, eds., *Nation-Building* (New York: Athereon Press. 1963), pp. 33 – 55; 三是 G. M. Gilbert. ed., *Psychological Approaches to Intergroup and International Understanding* (Austin: Hogg Foundation for Mental Hygiene, University of Texas, 1956)。

最后，有一些研究试图从心理层面建构格林斯坦所谓的"关于政治和社会的宏观理论"，这些论著中出现了聚合研究方面的议题，比如以下文献存在此类情况：第一，Ranyard West, *Conscience and Society: A Study of the Psychological Requirements of Law and Order* (New York: Emerson, 1945); 第二，Erich Fromm, *Escape from Freedom*, 前引书; 第三，Herbert Marcuse, *Eros and Civilization* (rev. ed.: Boston: Beacon Press, 1966); 第四，Norman O. Brown, *Life Against Death* (Middletown, Conn.: Wesleyan University Press. 1959); 第五，Franz Alexander, *Our Age of Unreason* (rev. ed.; Philadelphia: Lippincott, 1951); 第六，R. E. Money-Kyrle, *Psychoanalysis and Politics* (New York: Norton, 1951); 第七，Alexander Mitscherlich, *Society without the Father* (London: Tavistock Publications, 1969), 该书译自德文版著作 *Auf dem Weg Zur Vaterlosen Gesellschaft* (Munich: Piper, 1963)。

人名索引

(页码为英文原书页码,即本书边码)

A

Abel, Theodore, 西奥多·阿贝尔, 19n, 159

Abraham, Karl, 卡尔·亚伯拉罕, 164

Ackerman, Nathaniel, 纳撒尼尔·阿克曼, 61

Ackley, Gardner, 加德纳·阿克利, 15n, 137

Adler, Alfred, 艾尔弗雷德·阿德勒, 155

Adorno, Theodor W., 西奥多·W. 阿多诺, 15n, 58n, 97, 102-3, 110, 123n, 125, 168

Alexander, Franz, 弗朗茨·亚历山大, 4n, 183, 184

Alker, Hayward R., 海沃德·R. 阿尔克, 179

Allport, Gordon, 戈登·奥尔波特, 3, 69n, 155, 166

Almond, Gabriel, 加布里埃尔·阿尔蒙德, 174

Alpert, Augusta, 奥古斯塔·阿尔佩特, 176

Arieti, Silvano, 西尔瓦诺·阿列蒂, 155

Aronson, Elliot, 埃利奥特·阿伦森, 127n, 167, 180

B

Bachman, Jerald G., 杰拉尔德·G. 巴克曼, 136n, 181

Baker, Ray Stannard, 雷·斯坦纳德·贝克, 80, 82-83

Baldwin, Alfred, L., 艾尔弗雷德·L. 鲍德温, l66

Barber, James D., 詹姆士·D. 巴伯, 15, 21-23, 77n, 95, 116n, 130, 172, 175

人名索引

Barton, Allen, 艾伦·巴顿, 95, 167

Bendix, Reinhard, 莱因哈德·本迪克斯, 19n, 33n, l26n

Benedict, Ruth, 鲁思·本尼迪克特, 4, 15n, 99n, 169, 180

Benjamin, Lawrence, 劳伦斯·本杰明, 126, 170

Berelson, Bernard, 伯纳德·贝雷尔森, 59n

Berger, Morroe, 莫罗·贝格尔, 174

Blalock, Hubert M., 休伯特·M. 布莱洛克, 38n, 179

Blau, Peter, 彼得·M. 布劳, 181

Block, Jack, 杰克·布洛克, 101n, 115, 118n, 170

Block, Jeanne, 珍妮·布洛克, 101n, 115, 170

Bramsen, Leon, 列昂·布拉姆森, 16n, 182

Brennan, Donald G., 唐纳德·G. 布伦南, 10n

Brodbeck, May, 梅尔·布罗德贝克, 137n, 181

Brodie, Bernard F., 伯纳德·F. 布罗迪, 10–11, 69, 80–81, 163

Bronfenbrenner, Urie, 尤里·布朗芬布伦纳, 37–39, 159

Brown, Norman O., 诺尔曼·O. 布朗, 4, 184

Browning, Rufus P., 鲁弗斯·P. 伯朗宁, 24, 131–33, 139n, 144n, 182

Bruner, Jerome, 杰罗姆·布鲁纳, 14, 19, 25, 29, 68, 125n, 175

Budner, Stanley, 斯坦利·布德纳, 50, 51

Bullitt, William C., 威廉·C. 布利特, 72, 82n, 163–64

Bullock, Alan, 艾伦·布洛克, 44n

Bushman, Richard L., 理查德·L. 布什曼, 72n, 165

Bychowski, Gustav, 古斯塔夫·比肖夫斯基, 161

C

Campbell, Angus, 安格斯·坎贝尔, 25n, 39n, 110n, 170

Cantril, Hadley, 哈德利·坎特里尔, 184

Caplow, Theodore, 西奥多·卡普洛, 183

Carlyle, Thomas, 托马斯·卡莱尔, 41

Chambers, Whittaker, 钱伯斯·惠特克, 72, 163

Chomsky, Noam, 诺姆·乔姆斯基, 65n

Christiansen, Bjorn, 比约恩·克里斯蒂安森, 89, 137n, 162, 178

Christie, Richard F., 理查德·F. 克里斯蒂, 15n, 33n, 39n, 47n, 48n, 50n, 53n, 56nn, 97n, 101, 106n, 123n, 124n, 138n, 168, 169, 171, 175

Clark, L. Pierce, 皮尔斯·L. 克拉克, 18n, 165

Clausen, John A., 约翰·A. 克劳森, 139n, 160

Coleman, James S., 詹姆斯·S. 科尔曼, 136n, 137–38, 181

Converse, Philip E., 菲利普·E. 匡威, 25n, 135–36, 179

Cook, Peggy, 佩吉·库克, 97n, 168

Crain, Robert L., 罗伯特·L. 克雷恩, 46n

D

Dahl, Robert A., 罗伯特·A. 达尔, 151n

Davies, A. F., A. F. 戴维斯, 14n, 72n, 166

Davies, James, 詹姆斯·戴维斯, 7n

DeGrazia, Sebastian, 塞巴斯蒂安·德格拉齐亚, 164, 175

Denney, Reuel, 鲁埃尔·丹尼, 15n, 104n

DeSola Pool, Ithiel, 伊锡尔·德索拉·普尔, 161n

Deutsch, Karl W., 卡尔·W. 多伊奇, 184

Devereux, George, 乔治·德弗罗, 165

Dicks, Henry V., 亨利·V. 迪克斯, 99n, 169

Dillehay, Ronald G., 罗纳德·G. 迪莱海, 97n, 168

DiRenzo, Gordon J., 戈登·J. 迪伦佐, 171

Dollard, John, 约翰·多拉德, 69n, 166

Donagan, Alan, 艾伦·多纳根, 92n

Dray, William H., 威廉·H. 德雷, 87n, 92n

Duijker, H. C. J., H. C. J. 杜伊克, 181

Dunn, Frederick, S., 弗雷德里克·S. 邓恩, 183

Dupeux, Georges, 乔治斯·迪珀, 135–36, 179

Durham, John, 约翰·达勒姆, 164

Durkheim, Emil, 埃米尔·涂尔干, 24

人名索引

E

Eager, Joan, 琼·伊格, 101n, 115, 170

Easton, David, 戴维·伊斯顿, 7, 47

Edel, Leon, 列昂·埃德尔, 166

Edgerton, Robert B., 罗伯特·B. 埃杰顿, 113n

Edinger, Lewis J., 刘易斯·J. 埃丁格, 14n, 72n, 163, 165

Edwards, Allen L., 艾伦·L. 爱德华兹, 99n, 169

Engle, Bernice, 伯尼斯·恩格尔, 164

Erikson, Erik H., 埃里克·H. 埃里克森, 14n, 18n, 20 – 21, 72, 86, 156, 161, 163, 164, 165, 181

Erikson, Kai T., 卡伊·T. 埃里克森, 161

Eysenck, Hans J., 汉斯·J. 艾森克, 171, 175

F

Farrell, B. A., B. A. 法瑞尔, 5n, 72, 109n, 161 – 62, 165

Fearing, F., F. 费林, 165

Feldman, Jacob J. 雅各布·J. 费尔德曼, 176

Fenichel, Otto, 奥托·费尼切尔, 156

Fielding, Henry, 亨利·菲尔丁, 99, 103

Finsterbush, Kurt, 库尔特·芬斯特布什, 183

Fisher, Roger, 罗杰·费雪, 10n

Flacks, Richard, 理查德·弗莱克斯, 175

Flavell, John H., 约翰·H. 弗拉维尔, 156

Foltz, William J., 威廉·J. 福尔兹, 184

Freedman, Daniel X., 丹尼尔·X. 弗里德曼, 156

French, Thomas M., 托马斯·M. 弗伦希, 89, 162, 164, 182

Frenkel-Brunswik, Else, 埃尔斯·弗伦克尔-布伦斯维克, 15n, 97, 104, 111 – 12, 123n, 168

Freud, Sigmund, 西格蒙德·弗洛伊德 3, 4, 29, 71, 72, 81, 82n, 100, 105, 112,

124n, 141, 146, 147, 155, 161, 163 – 65, 168, 172, 180, 182

Frijda, N. H., N. H. 弗里杰达, 181

Fromm, Erich, 埃里希·弗洛姆, 4, 17, 58, 100n, 107n, 112 – 13, 143, 155, 168, 169, 171, 184

Fromm, Erika, 埃里卡·弗洛姆, 89, 162

G

Gage. N. L., N. L. 盖奇, 179

Garceau, Oliver, 奥利弗·加尔索, 146n, 160

Garraty, John A., 约翰·A. 加拉蒂, 72n, 165

Geertz, Clifford, 克利福德·吉尔茨, 181

Geis, F., F. 盖斯, 15n, 171 – 75

George, Alexander L., 亚历山大·L. 乔治, 11n, 12, 14n, 17, 21, 28n, 32, 69 – 86, 127n, 130, 163, 166

George, Juliette L., 朱丽叶·L. 乔治, 12, 14n, 17, 21, 32, 69 – 86, 130, 163, 166

Gerth, Hans H., 汉斯·H. 格特, 45n, 160, 182

Getzels, Jacob W., 雅各布·W. 格策尔斯, 177

Gilbert, G. M., G. M. 吉尔伯特, 184

Gittler, Joseph B., 约瑟夫·B. 吉特勒, 182

Glad, Betty, 贝蒂·格莱德, 14n, 72n, 163, 166

Glaser, William A., 威维廉·A. 格拉瑟, 135n

Glazer, Nathan, 内森·格拉瑟, 15n, 33, 56, 100n, 104, 126n, 169

Goethals, George W., 乔治·W. 格塔尔斯, 16n, 182

Goffman, Erving, 欧文·戈弗曼, 178

Goldhamer, Herbert, 赫伯特·戈尔德哈默, 47, 50 – 51, 51n, 53 – 55

Goldschmidt, Walter, 沃尔特·格德史密特, 113n

Gorer, Geoffrey, 杰弗里·戈尔, 4, 15n, 180

Greenstein, Fred I., 弗雷德·I. 格林斯坦, 29n, 72n, 162, 166, 170, 176, 178, 179 – 80

Grinstein, Alexander, 亚历山大·格林斯坦, 157 – 58

Gustafson, Donald F., 唐纳德·F. 古斯塔夫森, 162

Gutman, Robert, 罗伯特·古特曼, 171–72

H

Haan, Norma, 诺玛·哈恩, 118n
Hall, Calvin S., 加尔文·S. 霍尔, 147, 155
Halperin, Morton H., 莫顿·H. 哈尔波林, 10n
Hanfmann, Eugenia, 欧金尼娅·汉夫曼, 177
Hanley, Charles, 查尔斯·汉利, 171
Hare, A. Paul, A. 保罗·黑尔, 178
Hargrove, Erwin C, Jr., 欧文·C. 小哈格罗夫, 165
Hartmann, Heinz, 亨氏·哈特曼, 60n, 160, 161
Hempel, Carl G., 卡尔·G. 亨佩尔, 65n, 87, 92, 95, 167
Hennessy, Bernard, 伯纳德·轩尼诗, 174
Hertz, Marguerite, 玛格丽特·赫兹, 173
Himelhock, Jerome, 杰罗姆·希梅尔霍克, 97n
Hitschmann, Edward, 爱德华·希奇曼, 166
Hodgson, Richard C., 理查德·C. 霍奇森, 130, 178
Hoedemaker, Edward D., 爱德华·D. 霍德梅克, 11n, 183
Hofstadter, Richard, 理查德·霍夫施塔特, 72n, 164
Holt. Robert R., 罗伯特·R. 霍尔特, 166
Holzberg, Jules D., 朱莉斯·D. 霍尔茨贝格, 88n, 162
Hook, Sidney, 西德尼·胡克, 5n, 41, 43–44, 46, 121, 162
Horkheimer, Max, 马克斯·霍克海默, 100n, 107n, 168
Howland, John T., 约翰·T. 豪兰, 24n
Hsu, F. L. K., 许烺光, 180
Hyman, Herbert, 赫伯特·海曼, 37–39, 101, 109n, 110, 137

I

Inhelder, Barbel, 巴贝尔·英海尔德, 156
Inkeles, Alex, 亚历克斯·英克尔斯, 25n, 35, 127, 139, 160, 180, 182

J

Jacob, Herbert, 赫伯特·雅各布, 24, 131–33, 144n, 182

Jaensch, E. R., E. R. 延施, 98, 169

Jahoda, Marie, 玛丽·贾霍达, 15n, 33n, 39n, 47n, 48n, 50n, 53n, 56nn, 61, 101n, 123n, 124n, 138n, 169

James, William, 威廉·詹姆斯, 41

Janis, Irving L., 欧文·L. 贾尼斯, 177

Jung, C. G., C. G. 荣格, 155, 168

K

Kagan, Jerome, 杰罗姆·卡根, 117–18, 118n

Kaplan, Abraham, 亚伯拉罕·卡普兰, 66

Kaplan, Bert, 伯特·卡普兰, 29n, 128n, 182

Kardiner, Abraham, 亚伯拉罕·卡尔金（俄国人名）, 180

Katz, Daniel, 丹尼尔·卡茨, 109n, 116, 117n, 144n, 150n, 176–77

Katz, Irwin, 欧文·卡茨, 126, 170

Kelly, George A., 乔治·A. 凯莉, 182

Kelman, Herbert C., 赫伯特·C. 凯尔曼, 183

Kempf, Edward J., 爱德华·J. 肯普夫, 164–65

Keniston, Kenneth, 肯尼思·肯尼斯顿, 175

Khrushchev, N. S., N. S. 赫鲁晓夫, 9–11

Kiell, Norman, 诺曼·基尔, 165

Kirschner, David, 大卫·基施纳, 176

Kirscht, John P., 约翰·P. 柯尔赫特, 97n, 168

Kligerman, Charles, 查尔斯·克利格曼, 164

Kliman, Gilbert, 吉尔伯特·克利曼, 176

Klineberg, Otto, 奥托·克莱恩伯格, 16n, 183

Koch, Sigmund, 西格蒙德·科赫, 35n, 156, 160

Kuznets, Simon, 西蒙·库兹涅茨, 123–29

人名索引

L

Laing. R. D., R. D. 莱恩, 173

Lane, Robert E., 罗伯特·E. 莱恩, 14, 47, 51, 54-56, 59-60, 60n, 68, 162, 171-73, 175, 176

Lasswell, Harold D., 哈罗德·D. 拉斯韦尔, 4, 6, 15, 20, 22-23, 29n, 58, 77, 85n, 95, 133n, 138-39, 148-52, 160, 167-68, 172-73, 178, 180

Lazarsfeld, Paul F., 保罗·F. 拉扎斯菲尔德, 95, 167

Lazarus, Richard S., 理查德·S. 拉扎勒斯, 7

Leites, Nathan, 南希·莱茨, 10, 11n, 12, 130

Leontief, Wassily, 瓦西里·列昂季耶夫, 43n

Lerner, Daniel, 丹尼尔·勒纳, 129n, 167

Lerner, Michael, 迈克尔·勒纳, 154-84

Levi, A. W., A. W. 列维, 164, 183

Levinson, Daniel J., 丹尼尔·J. 莱文森, 15n, 25n, 47n, 51, 53, 54, 56n, 97, 123n, 127nn, 130, 158-59, 168, 169, 170, 178, 180, 182

Lewin, Kurt, 库尔特·勒温, 7, 113n, 155

Lichtman, Richard, 理查德·莱希特曼, 48n, 160

Lincoln, Abraham, 亚伯拉罕·林肯, 18

Lindzey, Gardner, 加德纳·林德, 127n, 147, 155, 157, 180, 182

Link, Arthur S., 亚瑟·S. 林克, 75, 82n

Lippmann, Walter, 沃尔特·李普曼, 6

Lipset, Seymour M., 西摩·M. 李普塞特, vii, 33n, 56n, 126n, 170, 171

Littman, Richard A., 理查德·A. 利特曼, 13-14, 160

Lowenthal, Len, 莱恩·洛文塔尔, 33n, 56n, 126n, 171

M

McCary, J. L., J. L. 麦卡里, 98n, 169

McClelland, David, 大卫·麦克莱兰, 131, 132, 180-81

McClintock, Charles, 查尔斯·麦克林托克, 177

McClosky, Herbert, 赫伯特·麦克洛斯基, 18n, 170, 174, 177

McConaughy, John B., 约翰·B. 麦康纳, 174

McDill, Edward L., 爱德华·L. 麦克迪尔, 174

MacIntyre, A. G., A. G. 麦金太尔, 5n, 109n, 162

McKinney, John C., 约翰·C. 麦金尼, 95, 167

McPhee, William N., 威廉·N. 麦克菲, 135n

Madison, Peter, 彼得·麦迪逊, 5n, 109n, 161

Malamud, Irene Titus, 艾琳·泰特斯·马拉默德, 182

Manis, Jerome G., 杰罗姆·G. 玛尼斯, 61n, 148n

Marcuse, Herbert, 赫伯特·马尔库塞, 4, 184

Margolin, Sydney G., 辛迪·G. 马戈林, 89n

Marmor, Judd, 贾德·马莫尔, 183

Martin, Michael, 迈克尔·马丁, 89n, 161

Martindale, Don, 唐·马丁代尔, 180

Marx, Karl, 卡尔·马克思, 100, 112, 124n

Maslow, A. H., A. H. 马斯洛, 100n, 128

Mazlish, Bruce, 布鲁斯·马兹利什, 72n, 163, 165

Mead, Margaret, 玛格丽特·米德, 4, 180

Mednick, Martha T., and Sarnoff, A., 马莎·T. 梅德尼克和 A. 萨诺夫·梅德尼克, 18n, 101n, 169–70

Melnik, Constantin, 康斯坦丁·梅尔尼克, 130

Merton, Robert K., 罗伯特·K. 默顿, 182

Miller, S. M., S. M. 米勒, 109, 170

Miller, Warren E., 沃伦·E. 米勒, 25n

Mills, C. Wright, 莱特·C. 米尔斯, 45n, 160, 182

Mills, Theodore M., 西奥多·M. 米尔斯, 178

Mitscherlich, Alexander, 亚历山大·米切利希, 184

Money-Kyrle, R. E., R. E. 蒙尼–凯里, 4n, 184

Moss, Howard A., 霍华德·A. 莫斯, 117–18

Munroe, Ruth L., 露丝·L. 门罗, 155

Murphy, Gardner, 加德纳·墨菲, 174

Murray, Margaret, 玛格丽特·穆雷, 155

Mussen, Paul H., 保罗·H. 马森, 175

N

Nagel, Ernest, 欧内斯特·内格尔, 137n, 181

O

Orlansky, Harold, 哈罗德·奥兰斯基, 176

P

Parsons, Talcott, 塔尔科特·帕森斯, 161, 171, 183
Pear, Tom H., 汤姆·H. 皮埃尔, 183
Peters, Richard S., 理查德·S. 彼得斯, 162
Pettigrew, Thomas F., 托马斯·F. 佩蒂格鲁, 110n, 170
Piaget, Jean, 让·皮亚杰, 156
Plekhanov, George, 乔治·普列汉诺夫, 41
Popper, Karl, 卡尔·波普尔, 48n, 160
Pye, Lucian, 卢西恩·派伊, 181

Q

Queener, Llewellyn, 卢埃琳·昆娜, 177

R

Radlich, Frederick C., 弗雷德里克·C. 拉德利奇, 156
Reich, Wilhelm, 威廉·赖克, 168
Rickman, John, 约翰·里克曼, 158, 180
Ridley, Jeanne C., 珍妮·C. 雷德利, 174
Riessman, David, 大卫·里斯曼, 15n, 33, 56, 104, 126n, 171, 172

Riessman, Frank, 弗兰克·里斯曼, 109n, 170

Rogow, Arnold, 阿诺德·罗格, 14n, 160, 163

Roheim, Geza, 格扎·罗海姆, 103n

Rokeach, Milton, 米尔顿·罗卡赫, 15n, 124n, 171, 175

Rommetreit, Ragner, 拉格娜·罗米特里特, 137n

Rosenau, James N., 詹姆斯·N. 罗森, 18n, 177

Rosenberg, Morris, 莫里斯·罗森伯格, 15n, 171, 175

Rosenthal, Donald B., 唐纳德·B. 罗森塔尔, 46n

Rubenstein, Robert, 罗伯特·鲁宾斯坦, 178

Ruitenbeck, Hendrik M., 亨德里克·M. 鲁滕贝克, 160

Rutherford, Brent M., 布伦特·M. 卢瑟福, 173

Ryle, Gilbert, 吉尔伯特·莱尔, 162

S

Sanford, R. Nevitt, R. 内维特·桑福德, 15n, 97–98, 123n, 168, 169

Sarnoff, Irving, 欧文·萨尔诺夫, 176–77

Schaar, John H., 约翰·H. 沙尔, 18n, 174

Schilder, Paul, 保罗·舒尔, 175

Schulberg, Herbert C., 赫伯特·C. 舒伯格, 109n, 170

Sears, David O., 戴维·O. 西尔斯, 59–60

Shapiro, Meyer, 迈耶·夏皮罗, 72n, 163

Sheatsley, Paul B., 保罗·B. 谢斯利, 39, 101, 109n, 110, 169, 176

Sherif, Muzafer, 穆扎费尔·谢里夫, 50

Sherman, Susan Roth, 苏珊罗斯·谢尔曼, 117n

Sherwood, John J., 约翰·J. 舍伍德, 176

Shils, Edward A., 爱德华·A. 希尔斯, 33n, 46–48, 50, 53n, 56, 101, 124n, 138, 169

Singer, J. David, J. 戴维·辛格, 24, 178

Singer, Milton, 密尔顿·辛格, 128n

Skinner, B. F., B. F. 斯金纳, 65n

Slater, Philip E., 菲利普·E. 斯莱特, 179

Smelser, Neil J., 尼尔杰·谢梅尔, 120–21, 127, 157, 159, 178

Smelser, William T., 威廉·T. 谢梅尔, 157, 159

Smith, David Horton, 戴维·霍顿·史密斯, 37n, 159

Smith, M. Brewster, M. 布鲁斯特·史密斯, 14, 19n, 25, 26, 28 – 29, 30n, 31, 39n, 63, 68, 100n, 101n, 106n, 109n, 115 – 16, 125 – 27, 142 – 43, 146n, 159 – 60, 169, 170, 175, 176

Smith, Page, 佩奇·史密斯, 70 – 71, 73 – 74, 81

Sofer, Elaine Graham, 伊莱恩·格雷厄姆·索福, 172

Spiro, Melvin, 梅尔文·斯皮罗, 29n

Spitz, David, 戴维·斯皮兹, 33n

Srole, Leo, 莱奥·斯洛尔, 61n, 179

Stagner, Ross, 罗斯·斯塔格纳, 99n, 169, 177

Sterba, Richard, 理查德·斯特巴, 175

Stokes, Donald, 唐纳德·斯托克斯, 25n

Sullivan, Harry Stack, 哈利·斯塔克·沙利文, 155, 160

T

Tannenbaum, Arnold S., 阿诺德·S. 坦南鲍姆, 136n, 181

Tiryakian, Edward A., 爱德华·A. 泰里亚伊安, 95, 167

Tolstoy, Leo, 列奥·托尔斯泰, 41

Trotsky, Leon, 莱昂·托洛茨基, 41

Tucker, Robert C., 罗伯特·C. 塔克, 44 – 45, 121n, 165, 174

Turgenev, Nikolai, 尼古拉·屠格涅夫, 45

Turquet, P. M., P. M. 特奎特, 161

V

Van den Haag, Ernest, 欧内斯特·范德哈格, 72n, 164

Verba, Sidney, 西德尼·维巴, 33n, 47n, 52, 57n, 183

W

Waelder, Robert, 罗伯特·韦尔德, 123n

Wallace, Anthony F. C., 安东尼·F. C. 华莱士, 94n, 128n
Waltz. Kenneth N., 肯尼斯·N. 华尔兹, 183
Weber, Max, 马克斯·韦伯, 46n
Weilenmann, Hermann, 赫曼·韦琳曼, 184
Weinstein, Edwin A., 埃德温·A. 温斯坦, 164
Weisman, Philip, 菲利普·韦斯曼, 164
West, Ranyard, 兰亚德·威斯特, 4n, 183, 184
White, Morton, 莫顿·怀特, 92n
White, Robert, 罗伯特·怀特, 14, 19n, 25, 29, 68, 125n, 175
White, Winston, 温斯顿·怀特, 171
Wildavsky, Aaron, 亚伦·韦达夫斯基, 52
Willcox, William, 威廉·威尔科克斯, 57n
Wilson, M. O., M. O. 威尔逊, 50n
Wisdom, J. O., J. O. 威兹德姆, 161
Wolfenstein, E. Victor, E. 维克多·沃芬斯坦, 14n, 163
Wolfenstein, Martha, 玛莎·沃芬斯坦, 176
Wrong, Dennis H., 丹尼斯·H. 朗, 159, 172
Wyszynski, Anne B., 安妮·B. 维辛斯基, 175

Y

Yee, A. H., A. H. 伊, 179
Yinger, J. Milton, 米尔顿·J. 英尔, 29n, 139n

Z

Zaleznik, Abraham, 亚伯拉罕·扎莱兹尼克, 130, 178
Zawodney, J. K., J. K. 萨沃德尼, 161
Zeligs, Meyer A., 迈耶·A. 泽利格斯, 72, 163

主题索引

(页码为英文原书页码,即本书边码)

A

Achieving Society, *The*(McClelland),《追求成就的社会》,戴维·麦克莱伦,181

Action dispensability,行为无关紧要,34,40–46:

 actor's location in environment,行为体在环境中的位置,44–45;

 actor's personal strength and weaknesses,行为体的优势和弱点,45–46;

 and actor's dispensability,行为体无关紧要,41,48;

 effect of individual acting on events,个人行动对事件的影响,40–46;

 hero-and-history debates,英雄人物在历史中的作用的争论,41;

 instability of environment,环境的不稳定性,42–44;

 manipulability of environment,环境的可操控性,43–45;

 "substitutability" "可替代性",41–42;

 variable of skill,才能变量,46;

 varying likelihood of personal impact,个体人格影响的各种不同可能性,42–46

Actor dispensability,行为体无关紧要,34,46–58:

 ambiguous activities,模棱两可的行为,50–51;

 and action dispensability,行为无关紧要,41,48;

 degree of political involvement,政治参与卷入程度,54;

 effect of personal variability on behavior,人格变量对行为影响的结果,46–57;

 group pressures,群体压力,53;

 lack of socially standardized mental sets,不存在社会标准化的思维定式,51–52;

 leadership positions,领导人位置,56–57;

need to take cases from others，需要向他人学习获得启发，53；

non-uniformity of behavior，个体行为的不一致性，48－49；

political behavior and situational stimuli，政治行为和情境刺激，47；

prevailing sanctions，主流规范，52－53；

spontaneous behavior，自发的行为，55；

types of more demanding activity，各种更加费力的行为，54－55；

variability in expressive aspects，行动展示方式的差异，55－56

Aggregation of personal psychology，个体心理的聚合，128－33，140：

"building up" strategy，"自下而上分析"的策略，128－33；

executive role constellation，行政角色群集效应，130；

location of political actors in situational contexts，政治行为体在特定情境中的位置，131－33，140，145；

use of TATS，运用主题统觉测验，131

Aggregative analyses，聚合分析，15－16，145：

advances，聚合分析研究进展，24；

aggregation of personal psychology，个体心理的聚合，128－33，140；

criticisms，批判，19－20；

direct observation of actors，对行为体的直接观察，127－28；

frequency analysis of psychological and system characteristics，心理与系统特质的频率分析，133－38；

macro-and micro-phenomena，宏观和微观现象，24，120，139；

reductionism，还原主义，19－20，121，123；

strategies for analysis，分析策略，127－39；

voting studies，选举研究，25，134－36；

"working back" from theoretical analyses，返回来进行理论研究，138－40

Aggregative effects of personality characteristics on political systems，人格特质对政治体系的聚合影响，120－40：

collectivities，集体，120；

linkage problems，连接问题，123－27；

macro-phenomena and micro-data，宏观现象和微观数据，120；

reductionism，还原主义，121，123；

strategies for analysis of aggregation，聚合分析的策略，127－39；

use of term "aggregation", 对"聚合"概念的使用, 120

Ambiguity, intolerance of, 不能容忍模糊, 104

Ambiguous situations and personal variability, 不确定的情境和人格差异, 50-51:

Completely new situations, 全新的情境, 51;

Complex situations, 复杂情境, 51;

Contradictory situations, 相互冲突的情境, 61

American Handbook of Psychiatry (ed. Arieti), 《美国精神病学手册》(阿里埃蒂), 155-56

American People, The (Gorer), 《美国人》(戈尔), 14n, 180

American Voter, The (Campbell, et al.), 《美国选民》(坎贝尔等编写), 39n, 110n, 115n, 170

And Keep Your Powder Dry (Mead), 《有备无患:一位人类学家对美国的观察》(米德), 180

Annual Review of Psychology, 《心理学年鉴》, 157

Anthropology and Human Behavior, 《人类学和人类行为》, 94n

Anti-Semitism, 反犹主义, 61, 97

Anti-Semitism and Emotional Disorder (Ackerman and Jahoda), 《反犹主义和精神障碍》(阿克曼、贾霍达), 61

Appeals of Communism, The (Almond), 《共产主义的吸引力》(阿尔蒙德), 174

Arab-Israeli conflict (1967), 阿—以冲突 (1967), 8

Aspects of Scientific Explanation (Hempel), 《科学解释理论》(亨佩尔), 65n, 95n, 167

Assessment of Human Motives (ed. Lindzey), 《人类动机评估》(林德西), 182

Asylums (Goffman), 《避难所》(戈夫曼), 178

Attitudes, 态度:

concept of, 态度概念, 28-29;

externalization and ego defense, 外部化和自我防御, 29-30;

functional bases, 态度的功能性根基, 29-31;

interaction with situational stimuli, 态度和情境刺激的相互作用, 29;

mediation of self-other relations, 调节自我与他人关系, 30, 64;

object appraisal, 对客体的认识评估, 29, 64, 109

Attitudes towards Foreign Affairs as a Function of Personality (Christiansen), 《人格对外交态

度的影响》（克里斯蒂安森），178

Authoritarian aggression and submission，威权主义攻击和屈服行为，103，107

Authoritarian Personality，*The*（Adorno, et al.），《威权主义人格》（阿多诺等主编），
14n，39，58，97－104，106－12，123，124n，138，168－71

Authoritarian suggestion，威权主义暗示，116

Authoritarianism studies of，关于威权主义的研究，5，15，96－102：

 anti-Semitism，反犹主义，97；

 "bigot personality"，"偏执人格"，97；

 contemporary social psychological thought，当代社会心理学思想，99－100；

 dynamics，威权主义的动力学分析，105－10，116－18；

 F-（fascism）scale，法西斯主义量表，100－2，105，110，114－16；

 genesis，威权主义的起源分析，110－14，117－18；

 literature，威权主义研究的相关文献，96－102；

 measurement of ideological trends，意识形态测量，100；

 methodological criticisms，方法论批评，101；

 phenomenology，现象学分析，103－8，115－16，118；

 profusion of research，研究成果的蓬勃发展，97；

 reconstruction of typology，重建威权主义类型学，102－18；

 research implications of reconstruction，理论重构的价值，114－18；

 response set，回答定式，101－2，115－16；

 subtypical variants，子类型，102－3；

 use and connotations of term "authoritarian"，"威权主义"术语的用法与内涵，98

B

Basic Theory of Psychoanalysis（Waelder），《精神分析的基本理论》（韦尔德），123n

Behavior，行为：

 affected by personal variability，人格差异对行为的影响，46－57；

 and ego-defensive needs，自我防御需要，57－62；

 and political or other stimuli，政治或其他刺激与行为，11；

 as function of environmental situations and psychological predispositions，情境和心理倾向对行为的影响，7，26

Belief system and personality structures, 信念系统和人格结构, 124-25

"Bigot personality", 偏执人格, 97

Birth to Maturity (Kagan and Moss), 《从出生到成熟》(卡根和莫斯), 118n

Bryan, William Jennings, 威廉·杰宁·布赖恩, 74

"Building up" strategy, "自下而上分析"的策略, 128-33

C

"Canceling out" of personality theses, 各种人格类型"互抵平衡"的观点, 34-36: randomness theory, 随机分布理论, 34-36

Case studies of members of general population, 普通大众的个案分析, 14, 68

Causal Inference in Nonexperimental Research (Blalock), 《在非实验类研究中的因果推理》(布莱洛克), 179

Character and Social Structures (Gerth and Mills), 《行为体特质和社会结构》(格特和米尔斯), 45n, 160, 182

Charles Evans Hughes and the Illusions of Innocence (Glad), 《查尔斯·埃文斯·休斯及其纯真的幻想》, (格拉德), 14n, 163

Childhood antecedents of ego-defensive authoritarianism, 自我防御型威权主义行为体童年早期经历, 111-12

Children and the Death of a President (ed. Wolfenstein and Kliman), 《童年与总统之死》(沃芬斯坦和克利曼), 176

Chrysanthemum and the Sword, The (Benedict), 《菊与刀》(本尼迪克特), 14n, 99n, 169, 180

Clemenceau, Georges, 劳合·乔治、克里孟梭, 130

Cognitive authoritarianism, 认知型威权主义, 109-10

"Cognitive" irrationality, 认知因素造成的不理性, 146

Cold War national-character literature, 冷战期间关于国民性研究文献, 99, 122

Collectivities, 集体, 120

Concept of Mind, The (Ryle), 《心的概念》(里尔), 162

Concept of Motivation, The (Peters), 《动机的概念》(彼得), 162

Conduct of Inquiry, The (Kaplan), 《提出研究问题》(卡普兰), 66n

Conflict-resolution, 冲突的解决, 150

Conscience and Society（West），《良知与社会》（韦斯特），4n，183

Constructive Typology and Social Theory（McKinney），《建构类型学与社会理论》（麦金尼），95n，167

Contemporary Political Science（ed. Pool），《当代政治科学》（普尔编），151n

Conventionalism，墨守陈规，104

"Core" electorate，"核心"选民，135

Co-relational types，相关类型，23，95

Criteria for the Life History（Dollard），《生活史的标准》（多拉德），69n，166

Cuban Missile Crisis（1962），古巴导弹危机，8–11，153：

　Correspondence in *New York Times*，《纽约时报》的相关报道，9–11；

　debate on psychology of political actors and decisions made，关于政治行为体心理和决策关系的争论，9–11，153

Culture and Social Character（ed. Lipset and Lowenthal），《文化和社会特征》（李普塞特和洛文塔尔编写），33n，56n，126n，171

Cumulated Index to the Psychological Abstracts，1927–1960，《心理研究摘要索引集（1927—1960）》，157

D

Deductive-nomological explanation，通过演绎法进行解释，92

Definitions，定义，2–6：

　political scientists' meaning of "personality"，政治学者赋予人格的定义，3–5；

　psychologists' meaning of "personality"，心理学者赋予人格的定义，2–4；

　usage and forms in this work，本书中人格的用法，5–6

Denial，否认，77，88

Depth psychology，深层次心理，4，5，146

Developmental analysis, desirability of，发展过程分析，对发展分析的需要，85–86

Developmental Psychology of Jean Piaget, The（Flavell），《皮亚杰的发展心理学》（弗拉维尔），156

Developmental types，发展类型，23，95

Dimensions of Authoritarianism（Kirscht and Dillehay），《威权主义的维度》（基什特和迪莱海），97n，68

"Distal" and immediate social environment，长远历史时期内宏观的社会大环境和当下的社会情境，143

Domestic Sources of Foreign Policy（ed. Rosenau），《对外政策的国内根源》（罗西瑙），18n，177

Dominance-submissiveness tendencies，支配服从倾向，103

Dream interpretation，释梦，89

Dream Interpretation（French and Fromm），《梦的解释》（弗伦齐和弗洛姆），89n，162

Dynamic interpretation of personality，对人格的动力学解析，65－67，87，93，144－45：personality dynamics of President Wilson，关于威尔逊总统人格的动力学分析，75－80

Dynamics of authoritarianism，威权主义类型行为体人格的动力学分析，105－10，116－18：

 ambivalence towards figures of authority，威权主义者对权威人物的矛盾态度，106－7；

 authoritarian suggestion，威权主义暗示，116；

 cognitive authoritarianism，认知型威权主义，109－10；

 dependence on external guidance，依赖于外部导向，108；

 ego-defensive type，自我防御类型，108－11；

 stereotypy，刻板，108；

 superstition，迷信，105，108

E

Ego defense and ego-defensive processes，自我防御和自我防御进程，3－5，19，20，31，39，64，69，146－48：

 and externalization，外部化，29－30；

 and political behavior，政治行为，5；

 basic ego-defensive type，基本的自我防御类型，108－10；

 emphasis on，对自我防御的强调，146－48；

 origins of "irrationality"，非理性的根源所在，5；

 psychoanalytic theories，精神分析理论，146－47；

 psychopathology and politics，《精神病理学与政治》148－52；

 research into measurement of ego defensiveness，关于自我防御的测量研究，116－17；

 standard mechanisms，自我防御机制77，85

Ego-defensive needs and political behavior, 自我防御需要和政治行为, 57–62, 77, 114:

 emotionally sensitive issues, 诱发情感反应的刺激事件, 59–60;

 favorable circumstances, 容易诱发的环境, 58–59;

 kinds of ego-defensive adaptations, 各种适应现实的自我防御方式, 61;

 prejudice studies, 偏见研究, 61;

 types of responses, 应对方式, 61

Einstein, Albert, 阿尔伯特·爱因斯坦, 182

Elections and the Political Order (Campbell, et al.), 《选举与政治秩序》（坎贝尔等主编）25n, 135n, 136n, 179

Environmental situations and behavior, 环境与行为, 7

Eros and Civilization (Marcuse), 《爱欲与文明》（马尔库塞）, 4n, 184

Escape from Freedom (Fromm), 《逃避自由》（弗洛姆）, 4n, 17n, 58, 112, 168, 184

Essays in Philosophical Psychology (ed. Gustafson), 《哲学心理学文集》（古斯塔夫森）, 162

Essays in Sociological Theory (Parsons), 《社会学理论文集》（帕森斯）, 183

Essays on Ego Psychology (Hartmann), 《自我防御研究文集》（哈特曼）, 60n, 160

Executive Role Constellation, The (Hodgson, et al.), 《行政角色交集》（霍奇森等主编）, 130n, 178

Externalization and ego defense, 外部化与自我防御, 29–30

F

F- (fascism) scale, 法西斯主义量表, 100–2, 105, 110, 114–16:

 factor analysis of clustering of items, 对量表测试项目进行因子分析, 115

February Revolution, 二月革命, 44

Figure One (types of variables relevant to the study of personality and politics), 史密斯研究思路图（与人格政治研究相关的各种变量）, 26–28, 42, 47:

 social characteristics and personality characteristics, 社会特征和人格特质, 36

Folk taxonomies, 民间分类学, 94

Foundations of Historical Knowledge (White), 《历史知识基础》（怀特）, 92n

Freedom and Control in Modern Society (Berger, et al.), 《现代社会中的自由与控制》（伯杰等主编）, 174

Frequency analysis of psychological to system characteristics（心理特征频率和体系特征分析），133–38，140，145：

 modification for "non-additives"，考虑到非叠加因素来修正频率分析结果，136–38；

 "politicization" analysis，政治化分析，134–36；

 sample survey techniques，抽样调查技术，133–34；

 "surge and decline" thesis，选举中的起伏变化研究，134–36

Freud's Concept of Repression and Defense（Madison），《弗洛伊德关于压抑和防御的理论》（麦迪逊），5n，109，161

Friendship and Fratricide（Zeligs），《友谊和自相残杀》（泽利格斯），72，163

G

Genesis of authoritarianism，威权主义的起源，110–14，117–18：

 childhood antecedents of ego-defensive authoritarianism，自我防御型威权主义者的童年早期经历，111–12；

 early childhood socialization，童年早期的社会化经历，112；

 linkage problems，连接问题，113–14；

 longitudinal study，长时段研究，117；

 social structure and social role requirements，社会结构与社会角色要求，113；

 study by Kagan and Moss，卡根与莫斯的研究，117–18

Genetic explanation of personality，人格起源的解释，66–67，87，92，93，144–45

Genetic hypotheses on President Wilson's development，关于威尔逊总统人格形成根源的假设，80–86：

 complicated pattern of childhood and later experience and behavior，童年发展模式及其后的经历与行为的关系，81–82；

 idealization of his father and reaction-formation，对父亲的理想化与反向心理防御，84；

 reading retardation，阅读能力发展迟滞，82–83；

 relations with his father，与他父亲的关系，73，81–85

Group pressures，群体压力，53

Group Relations at the Crossroads（ed. Sherif and Wilson），《十字路口的群体关系》（谢里夫·威尔逊编），50n

Growth of Logical Thinking from Childhood to Adolescence, The（Piaget and Inhelder），《从童

年期到青少年期逻辑思维的发展》（皮亚杰和英尔德），156

Guide to the Study of International Relations（ed. Zawodny），《国际关系研究指导手册》（萨沃德尼编写），161

H

Handbook of Small Group Research（Hare），《小群体研究手册》（黑尔），178

Handbook of Social Psychology（ed. Lindzey and Aronson），《社会心理学手册》（林德、阿伦森主编），157，180

Hero-and-history debates，关于英雄人物在历史发展中的地位的争论，41，121

Hero in History, The（Hook），《历史上的英雄人物》（胡克），41，43 – 44，121n

Hiss, Alger，阿尔杰·希斯，72，163

Historian and History, The（Smith），《历史学家与历史》（史密斯），70 – 71

History of the Russian Revolution（Trotsky），《俄国革命史》（托洛茨基），41

Hitler, Adolf，阿道夫·希特勒，44，174

Hitler（Bullock），《希特勒》（布洛克），44n

Home without Windows, The（Melnik and Leites），《幽闭之家》（梅尔尼克和莱茨），130n

House, Col. Edward M.，爱德华·M. 豪斯上校，69n，75

Human Dimension in International Relations, The（Klineberg），《国际关系中人的重要性》（克兰伯格），183

Human Nature and Political Systems（Cantril），《人性和政治系统》（坎特里尔），184

Human Nature in Politics（Davies），《政治中的人性》（戴维斯），7n

I

Identity and the Life Cycle（Erikson），《认同与生命历程》（埃里克森），156

Ideological trends, measurement of，意识形态倾向测量，100

In-depth studies of members of general population，对于普通民众的深度研究，14，68

Index Medicus，《医学索引》，157

Index of Psychoanalytic Writers, The（Grinstein），《精神分析学者名录》（格林斯坦），158

Index Psychoanalyticus, 1893 – 1926（Rickman），《精神分析索引（1893—1926)》（里克曼），158

Index to Current Periodicals Received in the Library of The Royal Anthropological Institute,《皇家人类研究所图书馆收藏的期刊索引》, 157

Instability of environment, and action dispensability, 环境的不稳定性，行为无关紧要，42 – 44

Institut für Sozialforschung, 法兰克福社会研究所, 100

International Behavior（ed. Kelman），《国际行为》（凯尔曼主编），183

International Bibliography of the Social Sciences,《社会科学国际参考文献》, 157

International Encyclopedia of the Social Sciences（I. E. S. S.），《社会科学国际百科全书》, 158, 162, 167

Intolerance of ambiguity, 不能容忍模糊性, 104

Introduction to Mathematical Sociology（Coleman），《数理社会学》（科尔曼），137n

Irrationality, 不理性：

"cognitive"，认知因素导致的不理性，146；

possible ego-defensive origins, 自我防御导致的不理性，5

J

James Forrestal（Rogow），《詹姆斯·弗莱斯特》（罗格），14n, 163

K

Kennedy, John F., 约翰·F. 肯尼迪, 9

Kurt Schumacher（Edinger），《库尔特·舒马赫》（埃丁格），14n, 163

L

Lawmakers, The（Barber），《立法者》（巴伯），14n, 21 – 23, 95, 172, 175

Leadership positions, 领导岗位，56 – 57

Lenin, Vladimir Ilich, 弗拉基米尔·伊里奇·列宁，44, 46, 137

Leonardo da Vinci（Freud），《莱昂纳多·达芬奇》（弗洛伊德），72n，141n，165

Life Against Death（Brown），《向死而生》（布朗），4n，184

Lincoln: A Psycho-Biography（Clark），《林肯心理传记》（克拉克），18

Linkage problems，连接问题，113-14：

    from personality structure to social structure，从人格特质到社会结构，123-27

Literature on personality and politics，关于人格与政治的研究文献，2，14-25：

    aggregative analysis，聚合分析，15-16；

    classification of types of inquiry，关于各种研究的分类，14-17；

    criticisms in principle，常见的批评意见，20，33-35；

    criticisms of specific modes，针对具体研究模式的批判，18-19；

    general casing of difficulties，棘手问题得到普遍缓解，25；

    interdependencies among modes，研究路径之间的相互依存，16-17；

    promising trends，有前景的发展趋势，20-25；

    single-case psychological analyses，个案心理分析，14-16；

    sources of difficulty，问题的根源，17-20；

    typological analyses，类型学分析，15，16

Lloyd George, David，大卫·劳合·乔治，130

Lodge, Henry Cabot，亨利·卡波特·洛奇，76-77

Logic：

    "logic-in-use"，所运用的逻辑，66；

    reconstructed，逻辑的重构，66，73

Lonely Crowd, The（Riesman, et al.），《孤独的群体》（里兹曼等编写），14n，33n，104n，126n，171

Luther Martin，马丁·路德，20，72，163

M

McClelland TATS，麦克利兰的主题统觉测验，131

Macroeconomic Theory（Ackley），《宏观经济学》（阿克利），14n，137n

Man, The State and War（Waltz），《人、国家和战争》（沃尔兹），183

Manipulability of environment，环境的可操纵性，43-45

"Map" for thinking about personality and politics，人格与政治研究的思路图，25-31，

63–65

Mass Psychology of Fascism, The（Reich），《法西斯主义的大众心理学》（赖希），168

Mediation of self-other relations，调节自我与他人关系，30，64

Mental Health in the Metropolis（Srole, et al.），《都市心理健康研究》（斯洛尔等编写），61n，179

Methodology of the Social Sciences（Weber），《社会科学研究方法》（韦伯），46n

Micro-and macro-phenomena，微观与宏观现象，24，120，139

Microcosm（Slater），《缩微世界》（斯莱特），179

Minnesota Multiphasic Personality Inventory, paranoia scale，明尼苏达多相人格测试，偏执分量表，116

Modern Man in Search of a Soul（Jung），《寻求灵魂的现代人》（荣格），168

N

Nation-Building（ed. Deutschand Foltz），《建设国家》（福尔茨主编），184

National Character and National Stereotypes（Duijker and Frijda），《民族性格与民族刻板印象》（杜伊克兰·弗里德），181

Nature of Biography, The（Garraty），《生物的本质》（加拉蒂），72n，165

"Non-additivity"，非简单叠加性，136–38

Nuclear types，原子类型，22–23，95

O

Object appraisal，对客观实在的认知评估，29，64，109

Objections to study of personality and politics，反对开展人格与政治研究的几种意见，33–62：

    action dispensability，行为无关紧要，34，40–46；

    actor dispensability，行为体无关紧要，34，46–57；

    "canceling out" of personality thesis，各种人格"互抵平衡"的观点，34–36；

    ego-defensive needs and political behavior，自我防御需要和政治行为，57–61；

    objections in principle，几条基本反对意见，33–35；

    thesis of greater importance of social characteristics，有关社会特征更重要的一些论点，

34，36－40

October Revolution，十月革命，44，137

On the Game of Politics in France（Leites），《法国政治游戏》（莱茨），130n

Open and Closed Mind, The（Rokeach），《开放和封闭的思想》（罗克奇），14n，124n，171

Open Society and Its Enemies, The（Popper），《开放社会及其敌人》（波普尔），48n，160

Operational Code of the Politburo（Leites），《苏共政治局委员的操作码》（莱茨），11n

Opinions and Personality（Smith，Bruner，and White），《观念与人格》（史密斯、布鲁纳和怀特），14n，19n，25，30，68n，109n，125n，175，176

Our Age of Unreason（Alexander），《我们的无理性时代》，4n，184

P

Parts and Wholes（ed. Lerner），《部分和整体》（勒纳主编），129n

Peace Corps volunteers, personality assessment of，和平队志愿者，人格评估，115－16

People of Great Russia, The（Gorer and Rickman），《伟大的俄罗斯人民》（戈尔、里克曼），180

Peripheral voters，《边缘选民》，135

Personal psychology, aggregation of，人格，聚合，128－33

Personal variability and effect on behavior. See Actor dispensability，人格差异以及人格差异对行为的影响，也可以参见"行为体无关紧要"

Personality，人格：

　application to broad gamut of non－political psychological attributes，非政治心理品质的广义上的应用，6；

　as circularly used construct，作为一个可以循环运用的概念构想，63－65；

　as preserve of journalists，新闻工作者的主要领地，2；

　meaning to political scientists，政治学学者对人格的定义，3－5；

　meaning to psychologists，心理学学者对人格的定义，2－4

Personality（Allport），《人格心理学》（奥尔波特），3n

Personality and Adjustment（Lazarus），《人格与适应》（拉扎勒斯），7n

Personality and politics，人格与政治：

　literature，研究文献，2，14－25；

"map", 研究思路图, 25-31, 63-65;

need for systematic study, 系统研究的需要, 1, 6-12;

objections to study, 反对开展人格与政治研究的意见, 33-62;

slow development of study, 研究的缓慢发展, 12-14

Personality and Social Systems (Smelser),《人格与社会系统》(斯梅尔瑟), 157, 159

Personality characteristics and social characteristics, 人格特质和社会特征, 34, 36-40

Personality dynamics of President Wilson, 关于威尔逊总统人格的动力学分析, 75-80;

denial of personal stake in points of contention, 否认争论点与他有利害关系, 79;

disagreements over principle colored with personality clashes, 原则方面的分歧染上了人格冲突的色彩, 76;

flexibility and rigidities, 灵活和僵化, 76;

inability to see virtue in opponents, 认为他的对手在道德层面是非常卑劣的, 76;

pursuit of power serving compensatory functions, 追求权力实现心理补偿, 80;

recurrence of self-defeating actions, 反复自毁长城, 79-80;

standard ego defense mechanisms, 典型的自我防御机制, 77

Personality, Power and Politics (DiRenzo),《人格、权力和政治》(迪伦佐), 171

Personality structures, 人格结构:

and belief system, 信念系统, 124-25;

movement into larger systemic phenomena, 用来分析更高层次的系统现象, 127;

"potentially fascist" structure, 潜在的法西斯主义倾向, 123, 125;

underlying standards and beliefs and political behavior, 潜在标准、信念和政治行为, 125-27

Phenomenological description of personality, 对人格的现象学描述, 65, 66, 87, 92 93, 144-45

Phenomenology of authoritarianism, 关于威权主义类型人格的现象学分析, 103-8, 115-16, 118:

authoritarian aggression and submission, 威权主义者攻击行为和屈服行为, 103;

dominance-submissive tendencies, 支配和屈服倾向, 103;

imperfect documentation, 论证不够完善, 115;

indicators, 操作化指标, 115-16;

non-verbal indicators, 非口语化操作指标, 115-16;

obvious and less obvious traits, 显著和不太显著的特征, 104-5;

potentially answerable questions, 可能得到解决的问题, 106;

Q-sort technique，Q 分类技术，116

Phenomenology of President Wilson，威尔逊总统人格的现象学分析，73–75：

    approach to power，追求权力，74–75；

    contradictory pattern of behavior，行为中的矛盾之处，75；

    mixture of expediency and rigidity，灵活周全与僵硬执拗的混合，74，75

Philosophical Analysis and History（ed. Dray），《哲学分析和历史》（德雷主编），87n

Policy Sciences, The（ed. Lerner and Lasswell），《政策科学》（勒纳和拉斯韦尔主编），95n，167

Political actors as individuals，个人作为政治行为体，1：

    psychological analysis of types，类型行为体的心理分析，94–119

Political behavior，政治行为：

    and personality structures and political beliefs，人格结构和政治信念，125–27；

    possible ego-defensive origins，可能的自我防御根源，5

Political culture，政治文化，vii–ix

Political Ideology（Lane），《政治意识形态》（莱恩），14n，68n，172，175

Political Life（Lane），《政治生活》（莱恩），47n，172

Political Man（Lipset），《政治人》（李普塞特），170

Political personality as dependent variable，作为因变量的政治人格，148–52

Political Research and Political Theory（ed. Garceau），《政治研究和政治理论》，（加尔索主编），146n，160

Political Science and Social Science（ed. Lipset），《政治科学和社会科学》（李普塞特主编），vi

Political scientists and meaning of personality，政治学家和人格的含义，3–5：

    equation with ego defense，等同于自我防御，4；

    exclusion of political attitudes，不包括政治态度，4；

    politics and depth psychology，政治学和精神分析学，4；

    restricted meaning，狭义，4；

    studies of "authoritarianism"，"威权主义"研究，5

Political Socialization（Hyman），《政治社会化》（海曼），109n

Political System, The（Easton），《政治系统》（伊斯顿），7n，47n

Political Writings of Harold D. Lasswell，《哈罗德·D. 拉斯韦尔政治研究文集》，4n，58n，138n，167，168，180

"Politicization" analysis，政治化分析，134-36

Politics：as matter of human behavior，政治：一种人类行为，6-7；
　　functional use of term，概念的使用，6-7；
　　influenced by "personality"，受人格的影响，1；
　　standard definitions，标准定义，6-7

Politics of Experience, The（Laing），《经历的政治》（莱恩），173

Politics, Personality and Nation Building（Pye），《政治、人格和国家的构建》（派伊），181

Portrait of a General（Willcox），《一个将军的肖像》（威尔科克斯），57n

Power and Personality（Lasswell），《权力与人格》（拉斯韦尔），77n，167

Power in Committees（Barber），《委员会中的权力》（巴伯），130

Preface to Politics（Lippmann），《政治学导论》，（李普曼），6n

Prejudice studies，偏见研究，61

Preventive politics，预防政治学，151-52

Princeton graduate-school controversy，Woodrow Wilson and，在普林斯顿研究生院的争论，伍德罗·威尔逊，76，78-79

Private Politics（Davies），《平民政治学》（戴维斯），14n，166

Pseudo-femininity，伪女性，105

Psychoanalysis and History（ed. Mazlich），《精神分析和历史》（马兹利什主编），72n，163，165

Psychoanalysis and Politics（Money-Kyrle），《精神分析和政治》（芒尼—基尔），4n，184

Psychoanalysis and Social Science（ed. Ruitenbeck），《精神分析和社会科学》（鲁滕贝克主编），160

Psychoanalysis and the Social Sciences（ed. Roheim），《精神分析和社会科学》（罗海姆主编），103n

Psychoanalysis: Scientific Method and Philosophy（ed. Hook），《精神分析：科学方法与哲学》（胡克主编），5n，162

Psychoanalytic theories，精神分析理论，146-47

Psychoanalytic Theory of Neurosis, The（Fenichel），《关于神经症的精神分析理论》（费尼切尔），156

Psychological Abstracts，《心理学摘要》，157

Psychological analysis of types of political actors，政治行为体类型的心理分析，94-119

Psychological Approaches to Intergroup and International Understanding（ed. Gilbert），《心理

学视角下的群际关系和国际交流研究》(吉尔伯特主编),184

Psychological biographies, 心理传记, 14, 68-93:

 hypotheses about the subject, 关于传主的假设, 87;

 implicit external comparison, 隐含的外部比较, 91;

 keeping hypotheses and interpretations distinct from observational data, 把观察到的数据与假设、诠释区分开来, 87-88;

 specific operational criteria, 具体的操作化标准, 88;

 standards for reliability and validity, 信度和效度标准, 89-92;

 study of Woodrow Wilson by the Georges, 乔治夫妇关于伍德罗·威尔逊的研究, 20-21, 69-86, 88, 90-91, 93;

 subjective probabilities, 主观的可能性解释, 92

Psychological characteristics and system characteristics, 心理特质和系统特征, 133-38, 140

Psychological data, need for, 心理数据, 需要, 8

Psychological Factors of Peace and War (ed. Pear), 《和平与战争的心理因素》(皮尔主编), 183

Psychological Frontiers of Society (Kardiner, et al.), 《社会的心理边疆》(卡尔金等编写), 180

Psychological predispositions, and behavior, 心理倾向, 和行为的关系, 7

Psychological Studies of Famous Americans: The Civil War Era (ed. Kiell), 《美国内战时期名人心理分析》(基尔), 165

Psychological Types (Jung), 《心理原型》(荣格), 168

Psychologists and meaning of personality, 心理学家及其对人格概念的使用, 2-4:

 definitional pluralism, 相关定义的多元局面, 3;

 processes of ego defense, 自我防御的进程, 3;

 referent to inferred entity, 指涉经过推断得出的实体存在, 3;

 "structures", "心理结构", 3

Psychology: A Study of a Science (ed. Koch), 《心理学:一门科学研究》(科赫主编), 35n, 156, 160

Psychology of Personality (ed. McCary), 《人格心理学》(迈克·凯利主编), 98n, 169

Psychopathology and politics, Lasswell's analysis, 精神病理学与政治, 拉斯韦尔的分析, 148-52;

account of personality, 对人格影响政治进程的理论解释, 149;

approach to conflict-resolution, 解决冲突的方法, 150;

enforcement of preventive politics, 加强预防性政治工作, 151-52;

political personality as dependent variable, 作为因变量的政治人格, 151;

schema of sources of behavior of Political Man, "政治人"行为根源的理论, 149

Psychopathology and Politics (Lasswell),《精神病理学与政治》(拉斯韦尔), 4, 6n, 14n, 22-23, 58, 133n, 148-52, 167

Public Affairs Information Service Annual Cumulated Bulletin,《公共事务信息服务年度公告》, 157

Public Opinion (Lane and Sears),《公共舆论》(莱恩、希尔斯), 60n

Public Opinion and Congressional Elections (ed. McPhee and Glaser),《大众舆论和国会选举》(麦克菲、格拉瑟), 135n

Q

Q-sort technique, Q 分类技术, 116

R

"Radar-controlled" other-directed personality, "被雷达控制的"他人导向型人格, 104

Randomness theory of personality characteristics, 人格特质的随机分布理论, 34-36

Reaction-formation, 反向, 77, 84, 88

Readers' Guide to Periodical Literature,《期刊文献读者指南》, 157

Reductionism, 还原主义, 19-20, 121, 123, 139

Reliability in psychological case studies, 个案研究中的信度, 89-90

Republican politics in 1964 and personal characteristics of actors, (1964 年共和党政治与行为体的人格特质), 8

Research in Personality (Mednick and Mednick),《人格研究》(梅德尼克夫妇), 18n, 101n, 170

Response set, 反应定式, 101-2, 115, 116

Review of Sociology (ed. Gittler),《社会学评论》(吉特勒主编), 182

Revolutionary Personality, The (Wolfenstein),《革命型人格》(沃芬斯坦), 14n, 163

Role requirements and personalities of role incumbents, 角色要求和角色扮演者的人格特质, 145

Role theory, 角色理论, viii – ix

S

Sample survey techniques, 抽样调查技术, 133 – 34

Schools of Psychoanalytic Thought (Munroe), 《精神分析的各个学派》（门罗）, 155

Schreber, Daniel Paul, （丹尼尔·保罗·施雷勃）, 164

Sharing of Power in a Psychiatric Hospital, The (Rubenstein and Lasswell), 《精神病院的权力分享研究》（鲁本斯坦、拉斯韦尔）, 178

Single-case psychological analyses, 个案心理分析, 14, 16, 63 – 93：

analysis of Woodrow Wilson by the Georges, 乔治夫妇对伍德罗·威尔逊的分析, 20 – 21, 69 – 86, 88, 90 – 01, 93；

criticism of "subjectivity", 关于研究存在"主观性"的批评, 18；

dynamics, 动力学, 65 – 67；

impressive contributions, 令人敬佩的成果, 20 – 21；

in-depth studies of members of general population, 普通民众的深度研究, 14, 68；

personality as circularly-used construct, 人格作为可以循环运用的概念构想, 63 – 65；

phenomenology, 现象学分析, 65 – 67；

psychological biographies, 心理传记, 14, 68 – 93；

specifc problems, 相关的具体问题, 68 – 72

Situation stimuli, 情境刺激：

and political behavior, 与政治行为, 47；

interaction with attitudes, 与态度的互动, 29

Skill, variable of, 作为变量的才华, 46

Social adjustment, 社会适应, 30

Social characteristics and personality characteristics, （社会特征和人格特质）, 34, 36 – 40, 143：

not mutually exclusive, 并不互斥, 36 – 37；

standard control procedures, 标准的控制变量方法, 37, 39

Social environment, larger ("distal") and immediate, 社会环境, 更"长远"的宏大历史

背景和当下情境，143

Social Sciences and Humanities Index，人文与社会科学索引，157

Socialization and Society（ed. Clausen），《社会化与社会》（克劳森主编），139n，160

Society without the Father（Mitscherlich），《一个没有父亲的社会》（米切利希），184

Sociological Abstracts，社会科学摘要，157

Sociology of Small Groups, *The*（Mills），《小群体社会学》（米尔斯），178

Sociology Today（ed. Merton, et al.），《当代社会学》（默顿编写），182

Soviet Political Mind, *The*（Tucker），《苏联的政治能人》（塔克），45n，121n

Stalin, Josef，约瑟夫·斯大林，174

Stereotypy，刻板，108

Structure of Science, *The*（Nagel），《科学的结构》（内格尔），137n，181

Studienüber Autorität und Familie（Horkheimer），《权威和家庭》（霍克海姆），168

Studies in Machiavellianism（Christie and Geis），《马基雅维利主义研究》（克里斯蒂、盖斯），14n，171

Studies in the Scope and Methods of "The Authoritarian Personality"（ed. Christie and Jahoda），《威权主义人格研究的范围和方法》（克里斯蒂、贾霍达编写），14n，33n，47n，48n，50n，53n，56n，101，123n，124n，138n，169

Study of Bolshevism, *A*（Leites），《布尔什维克主义研究》（莱茨），11n

Studying Personality Cross-Culturally（ed, Kaplan），《跨文化视角下的人格研究》（卡普兰主编），29n，128n

Superstition，迷信，105，108

"Surge and decline" thesis，选举"起伏"研究，134–36

Survey Design and Analysis（Hyman），《调查设计与分析》（海曼），37n，38

Symbolic Uses of Politics, *The*（Edelman），《政治中象征符号的运用》（埃德尔曼），175

System characteristics and psychological characteristics，社会特征和心理特质，128–33，140

Systematic study of personality and politics，人格和政治的系统研究，1–14：

 attempts to discover general principles，试图发现一般原则，13；

 discouraging state of psychology，令政治学者感到沮丧的心理学研究现状，12–13；

 irrelevance of much research and theory，大量研究和理论与其不相关，13；

 lack of knowledge of psychological aspects of politics，缺乏关于政治的心理层面的知识，12；

need for knowledge of actors' psychological characteristics, 需要了解行为体的心理特质, 11;

need for psychological data, 需要心理方面的数据, 8;

need for study, 进一步研究的需要, 1, 6 – 12;

slowness of development, 发展缓慢, 12 – 14

T

TATs (projective personality tests), 主题统觉测验（人格投射测试）, 131

Theories of Personality (Hall and Lindzey),《人格理论》（霍尔、林德）, 147n, 155

Theory and Practice of Psychiatry, The (Radlich and Freedman),《精神病学的理论和实践》（拉德利奇、弗里德曼）, 156

Thomas Woodrow Wilson (Freud and Bullitt),《汤姆·伍德罗·威尔逊》（弗洛伊德、布利特）, 72n, 163 – 64

Tom Jones (Fielding),《汤姆·琼斯》（菲尔丁）, 99

Tumulty, Joseph, 约瑟夫·图穆蒂, 84

Types of political actors, psychological analysis, 政治行为体类型, 心理分析, 94 – 119:

　re-construction of authoritarian typology, 威权主义类型学的理论重构, 102 – 18;

　research implications of reconstruction, 理论重构的研究意义, 114 – 18;

　study of authoritarianism, 威权主义研究, 96 – 102, See also Typological analysis, 也可参见类型分析词条

Types of variables relevant to the study of personality and politics (Figure One), 与人格政治研究相关的变量类型（图表一）26 – 28, 32, 42, 47

Typological analysis, 类型分析, 15, 16:

　Barber's study of the Lawmakers, 巴伯对州议员的研究, 21 – 24, 95;

　codification of principles, 汇编分类原则, 94 – 95;

　co-relational types, 相关类型, 23;

　criticisms, 批判意见, 18 – 19;

　developmental types, 发展类型, 23, 95;

　isolation of patterns, 分类模型, 22;

　lack of clear conceptualization, 缺乏清晰的概念界定, 19;

Lasswell-Barber strategy, 拉斯韦尔—巴伯研究策略, 22 – 24, 95;

nuclear types, 原子类型, 22 – 23, 95;

progress in analysis, 研究进展, 21 – 24, 95

U

Unconscious, *The* (McIntyre), 《无意识》（麦金太尔）, 5n, 109n, 162

Under the Ancestors' Shadow (Hsu), 《祖荫下：中国的文化与人格》（许烺光）, 180

V

Variables, types of (Figure One), 变量, 图表一中的变量类型, 26 – 28, 32, 42, 47, 142 – 44

Versailles Treaty, President Wilson and, 凡尔赛条约, 威尔逊总统与凡尔赛条约, 73, 74, 76, 79

Voting (Berelson, et al.), 《选举》（贝雷尔森等编写）, 59n

Voting studies, 选举研究, 25, 134 – 36:

"core" electorate, 核心选民, 135;

French and American "politicization" analysis, 法国和美国的政治化研究, 134 – 36;

peripheral voters, 边缘选民, 135;

"surge and decline" thesis, "选举起伏"研究, 134 – 36

W

War (Bramsen and Goethals), 《战争》（布拉姆森、戈塔尔斯）, 16n, 182

War and the Minds of Men (Dunn), 《战争与人的思想》（邓恩）, 183

Wartime national-character literature, 二战期间关于国民性研究文献, 99, 122

Ways of Personality Development (Black and Haan), 《人格发展的路径》（布莱克、哈恩）, 118n

West, Andrew, 安德鲁·韦斯特, 76

Wilson, Dr. Joseph Ruggles, 约瑟夫·拉格尔斯·威尔逊, 81 – 86

Wilson, Woodrow, 伍德罗·威尔逊, 12, 17, 32, 130, 147, 164

Wilson, Woodrow, analysis by the Georges, 乔治夫妇对伍德罗·威尔逊的分析, 20 – 21, 69 – 86, 88, 90 – 91, 93:

    attention to logic of demonstration, 对论证逻辑的用心研究, 70;

    exceptional craftsmanship, 深厚的研究功力, 69 – 70;

    procedures, 方法, 69 – 72;

    principal themes, 主题, 73 – 86;

    genetic hypothesis, 关于起源的假设, 80 – 86;

    personality dynamics of Wilson, 威尔逊的人格动力, 75 – 80;

    phenomenology of Wilson, 关于威尔逊的现象学分析, 73 – 75;

    Wilsons relations with his father, 威尔逊与其父亲的关系, 73, 81 – 85

Wilson: The New Freedom (Link),《威尔逊：通向新自由》（林克）, 75n

Wilson: The Road to the White House (Link),《威尔逊：通往白宫之路》（林克）, 82n

Woodrow Wilson and Colonel House (George and George),《伍德罗·威尔逊和豪斯上校》（乔治夫妇）, 12, 17, 20 – 21, 69 – 86, 163

Woodrow Wilson: Life and Letters (Baker),《伍德罗·威尔逊：生活与书信》（贝克）, 82n

World Wars I and II, 第一次世界大战和第二次世界大战, 43 – 44, 99

Y

Young Man Luther (Erikson),《青年路德》（埃里克森）, 14n, 18n, 20, 72, 86n, 163

Young Radicals (Keniston),《青年激进分子》（肯尼斯顿）, 175

图书在版编目（CIP）数据

人格与政治：实证、推论与概念化指南／（美）弗雷德·I. 格林斯坦著；景晓强译. —北京：中央编译出版社，2022.5

书名原文：Personality and Politics: Problems of Evidence, Inference, and Conceptualization

ISBN 978-7-5117-4035-9

Ⅰ.①人… Ⅱ.①弗…②景… Ⅲ.①人格-关系-政治-研究-美国 Ⅳ.①B825②D771.21

中国版本图书馆 CIP 数据核字（2021）第 239477 号

Personality and Politics: Problems of Evidence, Inference, and Conceptualization
By Greestein I Fred
Copyright © 1975 by W. W. Norton & Company, Inc.
Simplified Chinese edition copyright © 2022 by Central Compilation and Translation Press
Published by arrangement with W. W. Norton & Company, Inc.
Through Bardon-Chinese Media Agency
All rights reserved.

著作权合同登记号：01-2022-0568

人格与政治：实证、推论与概念化指南

责任编辑	郑永杰
责任印制	刘　慧
出版发行	中央编译出版社
地　　址	北京市海淀区北四环西路 69 号（100080）
电　　话	（010）55627391（总编室）　　（010）55627309（编辑室）
	（010）55627320（发行部）　　（010）55627377（新技术部）
经　　销	全国新华书店
印　　刷	北京时捷印刷有限公司
开　　本	710 毫米 × 1000 毫米　1/16
字　　数	230 千字
印　　张	15
版　　次	2022 年 5 月第 1 版
印　　次	2022 年 5 月第 1 次印刷
定　　价	68.00 元

新浪微博：@中央编译出版社　　　微　信：中央编译出版社（ID: cctphome）
淘宝店铺：中央编译出版社直销店(http://shop108367160.taobao.com)　（010）55627331

本社常年法律顾问：北京市吴栾赵阎律师事务所律师　　闫军　　梁勤
凡有印装质量问题，本社负责调换，电话：（010）55626985